元行銷

Meta Marketing

元宇宙時代的品牌行銷策略，一切從零開始

王福闓

—— 著 ——

作者簡介

- 王福闓
- 台灣行銷傳播專業認證協會 理事長
- 中華品牌再造協會 理事長／品牌再造學院 院長
- 凱義品牌整合行銷管理顧問公司
  負責人&總顧問
- 行政院勞動部、農業委員會、經濟部商業司／國貿局／工業局、新北市政府、台南市政府、台中市政府 訓練講師／顧問、評估委員
- 中小企業服務優化與特色加值計畫、連鎖加盟及餐飲鏈結發展計畫、微型及個人事業支援與輔導計畫、創業輔導計畫 輔導顧問
- 年代／壹電視新聞、八大電視、東森電視、三立電視、GQ雜誌、食力foodNEXT、數位時代、蘋果日報、聯合報民意論壇、工商時報專家傳真專題作者／受訪專家
- 國立台中教育大學、中國文化大學技專 助理教授

自　序

常常有人說自己做的是行銷工作，也常聽到有人想自己創業當老闆；但我們卻常常忘記了，不論是行銷傳播的對象，還是銷售買單的消費者，最終要先說服的不是別人，而正是自己！

因爲環境的改變，讓我們更需要從自身的內在去思考，不論是想在行銷的工作上好好發揮，還是建立自己的專屬品牌，都能從「元行銷」的角度出發，用更寬廣的角度去看待這個世界，最後回歸傾聽自身內心眞正的聲音。

這本書是我的第五本書，也是我從一開始喜歡行銷、進而從事行銷工作，而後教行銷的過程中，更想完整傳達的核心思維。或許書中沒有滿滿的實際案例，但卻更能讓人有所啓發。

再次感謝父母、妻子所給予我的支持，也謝謝出版社與合作夥伴的一起努力，最重要的是當我看到當年教過的學生，成爲別人口中讚許的人才，甚至是自己創業獨當一面時，我就知道，自己一定程度堅持的方向是對的。

也希望這本書能夠帶給還在行銷傳播領域、想要創業，或是接手家中事業的朋友們一個新的觀點——就讓「元行銷」成爲今年最夯的新名詞吧！

耶和華是我的巖石，我的山寨，我的磐石，我所投靠的，祂是我的盾牌，是我的高臺。（節錄自詩篇18：1–2）

推薦人

黃鼎翊

台灣行銷傳播認證專業協會第五屆理事長

一本書讓你創業不踩雷，讓行銷變成一門好生意！

温慕垚

創宇數位執行長

創業成功要實力，更要人才和故事。

拾已寰

國立臺中教育大學文化創意產業設計與營運學系教授

品牌是行銷的核心，以文化、歷史、記憶、情感引發共鳴的故事，才能有效打造品牌，建立行銷力！

巫漢盟（阿包醫生）

禾馨醫療體系兒科專任醫師

創業者或行銷人想要擦亮品牌時，請讓這本書來告訴你。

林佩霓

黑沃咖啡創辦人

失敗是成功的養分，不要怕失敗。

李榮閔

品八方國際餐飲公司 董事長

當今創業離不開行銷，王福闓老師以精準行銷策略，用故事行銷來敘述企業理念與商品。

杜韋

巨力國際創意行銷公司創意總監

詳讀此書，若有麒麟之才傍身；得之，天下得。

林子瑄 Lindsay

先勢公關資深經理人

本科畢業生步入行銷領域，還是免不了苦苦適應產業節奏與順應時代不斷變化調整思維，謝謝王福闓老師為新手行銷人指引一條方向，讓初入社會滿腔熱血的新人能有所依循，在行銷道路上更加穩健自信。

推薦人

曾于馨

新聞台記者

筆者以精準市場洞悉力，融合多年整合行銷實戰、教學經驗，濃縮而成的珍貴寶典。指引迷航中的職場奮鬥者，更明確方向。

邱泓翰

研達國際股份有限公司 董事長

犯錯並不可恥，因這是必經之路，只要能發現原因並改進，就是成長最好的養分。

沈湄

台灣寶石學協會理事長

「待月西廂下，迎風戶半開，拂牆花影動，疑似玉人來。」

膾炙人口的西廂記中，情人私相約會的浪漫；又如倪匡科幻小說，曲折離奇，大膽設想，真真假假，跨越時代用夢來串聯。

元宇宙虛擬現實與數字無處不在，技術專家們一直夢想的虛擬生活將和現實生活發揮同樣重要，顯見作者王老師先見之明，獨創見解，文簡意賅，乃世代未來創業，各種產業不可或缺的典範讀本。

願大家追上時代巨輪腳步，開創美好璀璨人生。

Content

chapter 1

行銷的核心當然是
產品成功銷售並且獲利！

後疫情時代的未來還有很長一段時間，我們都將持續探討行銷、品牌與消費者之間的關聯；但不論是想成功創業還是做行銷，首先應該要了解什麼是「元行銷」的概念。

找到自己的「行銷動力球」——不僅能讓我們深刻建立內化的信心，且更能發展得更有方向，是最爲重要的關鍵。不論是新創者、行銷人還是品牌經營者，唯有當我們獲得自己眞正想要的東西，路才能走得長久。

疫情下的未來進行式

消費者對企業運作的衝擊

想做不一樣的事

元行銷的核心

我們的自我覺醒

回到初心

打破創意的框架

1.1疫情下的未來進行式

我身邊不少企業自新冠疫情後，就取消了打卡上下班的制度，而改採較爲彈性的工時責任制。這可說是不少企業數十年來都未曾改變的制度，在時代的劇變下也不得不做出的因應措施。對於消費者的行爲來說，更是產生了明顯變化！以往人們到商店貨架親自選購產品、到餐廳等待用餐，現在我們可能只要上網，就可以透過電商、外送平台，便完成交易等待商品送到家門口。而更爲劇烈的變化，則是發生在從事行銷或是新創事業的人身上。

未來世界中可能發展的趨勢，甚至都超乎了以往的想像，各種實體的行銷及溝通方式，都轉變成透過數位方式就能完成。我們可以從中觀察發現，數位化加強了人與人之間的連結，也更讓品牌工作者與消費者之間，不再有那麼明顯的距離。顚覆過去的創新概念已逐漸形成，當員工、消費者以及品牌本身，逐漸互相影響並融入彼此時，也開始產生了更不一樣的新世代商業運作型態。

疫情至今已經蠻長一段時間，許多組織的運作型態也逐漸跟著改變，我們發現居家上班和線上作業的模式，對於不少從事行銷工作的人來說其實是件好事，尤其是當我們需要安靜地做企劃時，在家工作的型態並不會有太大的影響，反而更爲舒適且省下不必要的通勤及交際時間，當然有些人的家裡不一定都有合適的環境，但也有企業願意補貼一些費用，讓行銷人可以更願意配合這項工作型態的改變。

這時，很多有才能的行銷人開始發現，自己其實並不願意只是受雇於單一企業，而希望能在更廣大的市場有所發揮，這樣的念頭除了源自於疫情帶來的不穩定外，還有就是對於自我的工作實踐，有了更多的想法。對於具有新創特質的工作者來說，本來就有很多的人是因爲不喜歡原有的職場環境，所以選擇自行接案發揮才能，甚至是經由創業而發展出符合理想中的生活及工作模式，把家當作辦公室更是常見的現代工作室型態。

我們開始感受到，在疫情的衝擊和影響下，對於不論是企業、非營利組織，甚至是個人工作者，都需要有更跟得上時代，更能走出新局的新思維，不論是看待商業的運作，還是個人職涯發展的滿足。有許多我們不曾想過的消費需求出現、源源不絕增加的創業機會，以及顚覆傳統的工作制度改變，當然也有許多過去我們熟悉的生活方式，逐漸的消失而被取代。

消費者掌握控制市場的選擇權與淘汰權，不但因爲衆多的同質性產品競爭，增加了多元選擇的機會，消費者在使用產品及服務時，更重視當下的情境與經驗。以國內咖啡市場的變化來說，根據國際咖啡組織（ICO）2020年的調查顯示，台灣市場規模一年超過700億元，初估有超過兩萬家的門店，以提供現煮咖啡爲核心商品，並同時延伸週邊產品的銷售。以開店數量前三名的星巴克、路易莎、85度c爲過去的領導者，有許多連鎖品牌像是黑沃咖啡也正急起直追，甚至持續還有新品牌加入戰場，而像是統一超商、全聯這類的零售業推出的咖啡品牌，也運用了龐大的自帶客流量，持續吸引並滿足消者的需求。

因爲生活型態的改變，以及咖啡知識的普及化，消費者正在經歷新一波咖啡革命，願意在家自己沖咖啡的比例也在逐漸提升，顯示咖啡消費市場開始有了新風貌，但是在競爭中有哪些品牌能夠存活，持續受到消費者的青睞並脫穎而出，這時不僅考驗經營者能力，還有各自咖啡品牌的行銷策略、新的加盟主持續加入支持，以及持續打造出受歡迎的產品及服務，都是在這場咖啡戰爭中能否存活下來的條件。

從咖啡的產業變化來說，因爲更多的人本來只是一般的消費者，但是在自己逐漸從購買外帶咖啡、變成自己在家磨豆手沖，甚至是利用空閒之餘去上課學習專業知識技術，這時消費者不會永遠只是消費者，順著興趣和偏好，還有看中未來的商機，可能就會因爲公司徵才，而加入成爲組織的一員，也可能在因緣際會下爲了自我實踐，而成爲了新創者建立自己的品牌。許多新咖啡店的出現，就是因爲原本的消費者爲了某個原因而決定創業，這時其身分也就從消費者轉變成業者或加盟主，也從過去的消費行爲，轉變成提供產品及服務的新身分。

對於傳統企業來說，若是跟不上時代的腳步，就會失去消費者的支持，也就無法吸引年輕的工作者加入，陳舊的思想與行銷方式，只是在消耗組織的資源。因爲不斷出現的機會，讓更多的新創品牌冒出頭來，用新的商業模式和創意，塡補市場中缺乏的部分，不但滿足了消費者的購買意願，也吸引了一些認爲自己很有想法的行銷人，願意投身工作。就像是本來具有專業能力的行銷人，也是咖啡的重度使用者，雖然看上了咖啡產業的發展機會，但是若對傳統的連鎖品牌沒有個人偏好時，就很有可能選擇加入了新創的品牌陣營。

這個時代的齒輪正朝向我們無法阻擋的方向前進，整體市場環境正在推動企業、消費思維和工作型態的轉變。對我們來說，維持現況可能會產生歷史性的悲劇，想看透悲劇的成因並找到改變的方法，就必須跳脫原有領域的思想限制。其實創新者的創業機會出現，或是行銷人的思維改變，很重要的一個原因就是——消費者所在乎的事情，跟以往越來越不相同，消費者不再只是購買產品，也更想花時間了解產品背後的企業和組織。

不論是設立品牌觀光工廠、還是打造感動人心的品牌故事，或者是在媒體上塑造創辦人的魅力宣揚理想，甚至是熱心舉辦公益活動；除了滿足消費者實質上的商品及理想的服務需求之外，讓消費者能看見企業願意爲了達到溝通所多做努力，同時讓消費者感動並且認同後，使雙方成爲同一陣線。對這個時代來說，越是願意去跟人溝通才越有被了解的機會，這對從事行銷工作、創業者和企業來說，都是一樣重要的關鍵。

1.2消費者對企業運作的衝擊

像我們發現，消費者行爲早已深刻地影響了絕大多數企業及組織的運作方式，但是這樣的變化，在新世代職場中又更進一步地改變了企業內任職的人員，以及新創事業的創業者。從以往一般消費者只是單方面受到行銷活動的吸引就做出消費支持，發展到現今社會，有越來越多曾經具有消費經驗，又對特定產業及品牌有偏好的人，開始進入了職場加入了不同的組織，並且成爲了品牌內部的一員。

另外越是在消費時投入許多像是金錢或時間等資源，而且期望自己在實質或心理，能獲得對等利益的消費者，往往對品牌的影響力就越大，尤其是當市場需求出現改變時，也對品牌的經營模式產生劇烈的影響。例如常常上電影院休閒娛樂的資深影迷，從上映的電影主題、觀影空間的舒適度、到電影院本身的經營方式，都具備一定的影響力。而消費者以往喜歡的品牌，可能因爲表現不佳而出局，過去習慣的服務不再能滿足市場改變後的需求，只有更好、更新、更有吸引力的品牌，才能滿足這群重度消費者。

像是過去我們曾經旅行過的城市，因爲缺乏更多讓人感到期待的亮點，又或者是某個觀光環節出了問題，因此我們就未曾再到過這個城市拜訪。而此時若有城市能推出了吸引人的節慶活動、令人驚豔的美食行程，或是漂亮壯觀的打卡景點，不但一般觀光客會受到吸引，想要重覆到訪旅行，甚至是擁有較高資產的消費者，也可能因爲在旅遊的過程中，找到了得以滿足內在心靈的條件，而因此考慮定居下來。

但是選擇在自己喜歡的城市定居生活及工作，就會期望這個地方能持續更好，這時我們就可能會透過自身的投入，來實踐這個理想。當中有的人選擇進入企業，爲喜歡的在地品牌工作，也有人加入了政府機構，透過推動城市的發展，讓自己居住的環境發展得更好，也有人因爲特別討厭在某個在城市中親身經歷不愉快的事，而選擇投身非營利組織，成爲社會進步的推行者，其目的也是爲了讓城市更好。因此不論是青年返鄉或是地方創生，消費者透過的身分轉換，就更能將自己親身感受以及期望，帶入所投身的品牌當中。

另外當我們曾經任職於某個喜歡的產業或公司時，雖然可能因爲某些原因離職，但依然持續以消費者的身分，來支持與連結這份羈絆。等到能力及時機許可時，也會想憑藉過往的經驗，再次擔任特定企業品牌行銷主管的工作，甚至經由自己創業並創造新品牌，期望重新以理想的方式，來服務其他有需求的消費者，說不定同樣在這些消費者中，就有因爲我們做出的改變，而達到影響其中願意加入企業或產業工作的人，正等待時機一起站出來。

在許多產業中，新一代的消費者，有的身分可能是企業的第二代、第三代接班，也有專門服務企業與企業間交易的採購經理，也有在廣告公關產業服務的行銷人，等到自身掌握了可運用的資源和機會，有權力能使用手上的品牌做出決策時，因能深刻的瞭解消費者的眞實需求，不但可以利用工作的專業，滿足過去自己身爲消費者所嚮往更良好的產品及服務，同時也能從身爲行銷人與經營者的身分，來實踐理想；這時不但能讓其他有相似需求的消費者得到滿足，也能爲企業帶來實質的獲利。

1.3想做不一樣的事

就像我們雖然喜歡喝咖啡，也是常常前往咖啡店的消費者，儘管對咖啡相關知識有些許了解，但若沒經過足夠的能力培訓，也無法成爲一個優秀的咖啡師及店長。或是我們在工作之餘，雖然私下利用自己的時間，經過了一番努力訓練後，將喜歡做手工皮雕的興趣，變成了可以上得了檯面的專業技術，但仍因更擅長於餐飲業的廚師工作，收入也較爲穩定，就沒打算轉職爲工藝創作者，沒有將興趣轉成職業的立即意願。

但是因時代改變，有越來越新的機會出現時，我們就更能從中找到發揮的空間，畢竟有許多職務甚至是公司經營的方式，是過去所沒有的，但是以行銷及創業來說，只憑著我們的喜好、興趣，所具備的能力是不太足夠因應相關職業需求的。而有些時候，則是因外在的環境與條件，讓我們必須選擇跟自己興趣不相關連的工作，就如同在廚師和工藝創作者之間選擇，除了興趣和能力之外，最大的考量可能還是穩定且豐厚的收益。

在選擇工作的時候，我們常常有許多不同的考量因素，不一定能隨個人理想做出選擇。有些人因爲家中有資源，允許孩子們自我實踐，但也有因環境所迫，只能靠創業賭一把，希望能走出困境過上好日子的。就像是父母親苦心經營的工廠，子女可能沒太大興趣，但是在責任感和既有收益的考量下，仍有可能選擇接班；又或是讀書時成績很好，考上了律師、醫師，考量這是一份理想的工作，且實際收入也很不錯，還能獲得崇高的社會尊重，卻不盡然是個人興趣與內在的理想所在。

這時就要探討一個我所發現核心的問題——基本上就我所知，幾乎很少有人是因爲被迫，而成爲行銷人的例子。除了少數二代接班因爲職務輪調，必須在行銷部門歷練非出於自己的意願外，其實我們會自願成爲行銷人，從求學時期就已能看出端倪；尤其對那些成功的品牌案例特別感興趣，或是很年輕時就特別留意消費那些有創意的品牌，甚至期許自己哪天進入職場，能成爲這些品牌的一分子。當然我們往往除了希望自我實踐外，也想憑藉自己的努力，獲得理想的報酬與薪資。

從個性上更能明顯發現，具備行銷人及新創者特質的人，個性上常顯得特立獨行，總有種莫名的自信，自覺不論在現有的企業組織服務，或是出來創業打天下，都能憑自己的能力創造出不一樣的世界。但是要成爲一個足夠專業的人才，卻必須有相當大的決心與學習過程，那又是什麼樣的動力，驅使我們前進並達到目標？那一定是十分重要的原因，不論是自己主動還是不得已，都是一股很強大的內在動力在驅使。

我們在疫情的亂世中，更明顯的感受到機會與變化，對於社會環境的衰敗、階級權貴不公等議題特別感到興趣，想要做出「與衆不同」的事情，而這時正可說是我們內在的「元宇宙」開始覺醒！不論我們現在的身分，是行銷人、創業者，還是一個對特定事物充滿熱情的消費者，都需要透過自我覺醒及思考，來找到這股隱藏的動力。

1.4元行銷的核心

以往我們會因爲個人的學習經驗、生活歷程、成長階段、外在影響及條件，來對自己的職涯發展及日常消費行爲加以評估，並且在過程中不斷地做出選擇。

當我們相信自己所創立的公司、服務的品牌，不但對其他消費者確有助益，且是以自己喜歡的樣貌屹立市場時，品牌的發展才能眞正緊扣內部成員認同，足以迎戰外來的挑戰。就算我們沒有成爲行銷人或加入新創公司，仍能在數位時代中發揮影響力，透過忠誠消費者的個人身分，以實際行動來參與並表達意見以改變品牌及產業，也讓自己最終獲得更符合期望的結果。

在新世代文化的發展中，消費者、品牌與內部同仁，早已形成一種更緊密的連結關係，尤其可以看到，許多快速崛起的新創公司、老品牌的二代創新接班，以及成功倡議的非營利組織，當中的主要領導者和行銷人，本身都是重度的消費者，也可能對過去的消費生活經驗極度不滿，因而選擇自行創業，試圖改變產業運作，以新產品及服務的推出，結合行銷傳播的溝通方式，讓整體市場環境變成自己想要的樣子。

就像新創的酪農在過往的經營模式上，希望能改變產業樣貌，以創辦人身兼獸醫也是消費者的身分，更能在創業之餘，訴求部分消費者也特別在意的社會議題，選定議題進行適當的行銷溝通，因此不但新創的公司越受肯定，想要傳達溝通的議題也更有效地被接受。

如果企業品牌只是想賣東西給消費者，卻沒有找到眞正了解消費者需求的人擔任行銷溝通的工作，甚至連經營者都對目標消費者的樣貌感到陌生時，那又如何能期望企業塑造出消費者喜歡的品牌？我曾看過一些企業的經營者與行銷主管，其實根本不會購買自家公司的產品服務。有一次我意外得知A零食公司的行銷主管，他們家中根本沒有自家產品，才知道他根本不希望自己的孩子吃所謂的「垃圾食物」！不論背後有什麼原因，從此以後我再也不買這家公司的產品。

因應種種的趨勢與改變，我提出了「元行銷」的概念。這是一群在未來會引領企業及組織持續發展、讓品牌能被肯定支持，並且身上具備「新創者」、「行銷人」及「消費者」三重元素的人，也是新型態組織的帶領者及品牌運作者，具備了獨特而強大的自我成長驅動力，而這樣一群人也就是正在讀這本書的讀者們。

當我們具備「元行銷」特質越強烈時，在行銷領域的工作中表現就越是突出，在經營新創事業時也就越接地氣，因爲這些人想傳達的，是從我們的自我覺醒而發散出去，而這股力量會從員工擴散至企業、組織，再到品牌的發展。能夠具備這樣特質的企業和組織，所推出的產品及服務，透過了故事行銷與消費者洞察，更能吸引到品牌認同度高的消費者，最後當中又有願意爲品牌服務的人，再次進入組織內，形成一個持續的循環，最終建立了由人、品牌和社會交互影響的虛實整合的環境。

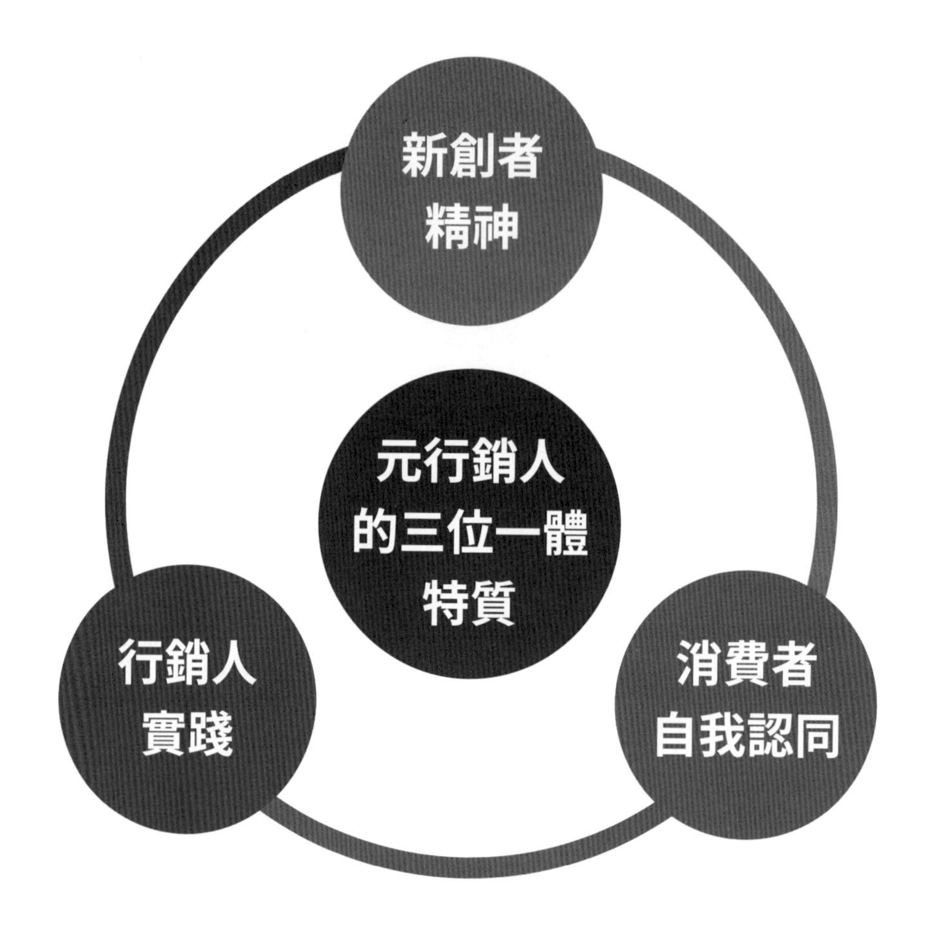

附圖 1-1、元行銷人的三位一體特質

在這邊我特別說明，並不是說開了一家牛肉麵店，自己及所有員工都應該只能很熱愛牛肉麵，而不吃其他類型的食物，那就有些太荒謬了；但是至少經營者和行銷負責人，自身能具備高度偏好牛肉麵及類似餐飲習慣的消費者特質，要是連廚師或是行銷人，都不喜歡吃牛肉，那就算品牌的形象建立得再成功，終究會被人發現而感覺受欺騙。

若任職的企業是屬於專門服務其他企業的產業，像是化工原料的生產、工業設備的製作，一般人更不可能沒事就把你們的產品買回家。但關鍵重點在於——這樣的化工原料要是賣給什麼樣的企業，加工成什麼樣的產品，或是工業設備的交易對象是什麼樣等級的企業，在交易行爲中我們又是否了解最終末端製作的成品，以及可能購買的消費者……這些都影響了品牌發展的方向，也是影響行銷與否成功的關鍵！

本身具有「元行銷」特質的新創者，或是負責行銷的同仁，在一定的生活需求中，接受且喜歡自家產品，並了解最終這些企業商品，在加工製作爲一般民生消費品後，能夠創造的獨特價值，甚至會特別偏愛使用自家企業生產的設備或原物料，所生產出來的最終產品。而有如此的信心，正是因爲我們就是爲了生產出更好的原物料、或是更好的工具機，做出的努力及用心的人。

就像有的人在買房子時，若是看到該建案是使用自己服務的公司所生產的起重機在進行施工，或是建築的原料是採用自己公司所提供時，可能更願意將建案推薦給朋友，甚至自己也因爲信任及滿足需求，而考慮買上一戶。這並不只是單純的偏愛，而是因爲我們眞正知道自己及公司，爲了這些產品及服務，付出了多少心力與代價，甚至是爲了認同品牌所堅持的理念與社會責任做出的種種犧牲。

用我們自己認同的方式，在行銷及新創工作中去實踐，並在與溝通消費者時，站在相近的角色與立場，來產生關係的建立，這就是「元行銷」的應用概念。像是需要大量運用行銷工具，與消費者進行溝通的消費品公司，或是廣告代理商、公關公司這些跟行銷工作有高度相關的產業，其實都越來越重視具有「元行銷」特質的人才，而營運模式屬於企業對企業服務的公司，很多負責採購的同仁，甚至是企業的第二、第三代接班人，很多也都是具備「元行銷」特質的人群。

這些企業採購及接班人對於品牌認知的意識，和身爲消費者的自我覺醒，都同時也影響了採購與交易時的決策行爲。「元行銷」特質的人願意交易的對象，除了產品價格更便宜，或是服務更專業之外，對方企業是不是具備企業社會責任、品牌有沒有特別感人的故事，以及經營者的理念和品格，都影響到企業間的交易機會。從我的觀察來說，不論交易對象是企業對企業的形式，還是企業對消費者，甚至是政府機構、非營利組織，當中的領導者和行銷人員，都應該思考擁有具備「元行銷」特質的人才，才能在未來持續變化的時代中，擁有更強而有力的生存能力。

回頭來看，以往消費者與行銷人之間的溝通落差，很多的原因在於負責行銷的人，不夠了解真實的消費者需求，而消費者和新創企業的認知落差，則是在於新創者更在乎創新，卻忘記怎麼跟消費者溝通。從品牌內部而言，經營者與行銷人的需求差異，則是在於新創者的商業營運思維，重點在於獲利，但是常常行銷人在乎的，是能夠在發揮專業後，所得到的自我認同與獎勵。具備了「元行銷」的認知後，新創者對於行銷人的知識與技能更理解與尊重，也可以自己經過學習後提升行銷能力。

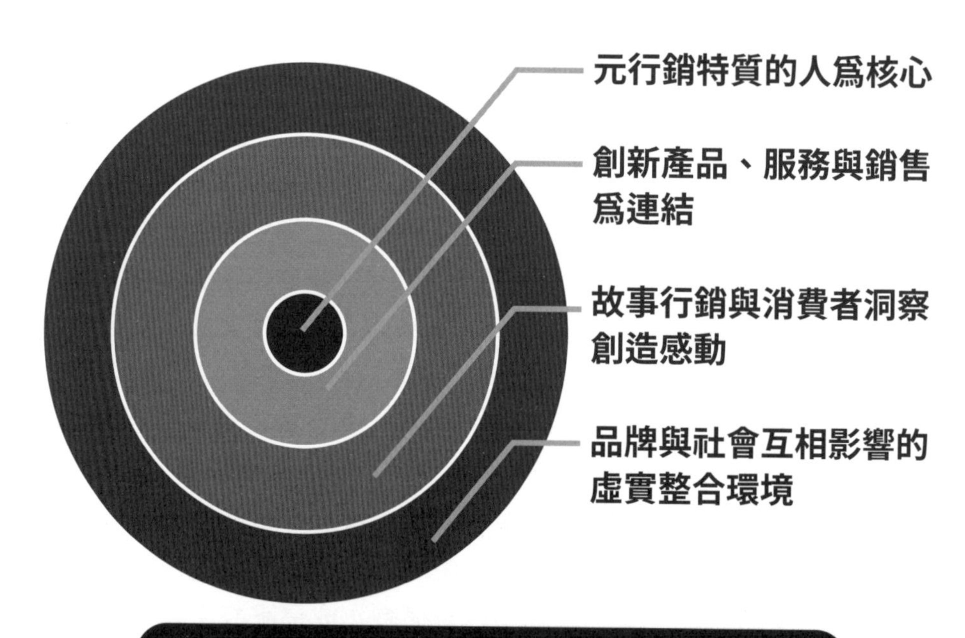

附圖 1-2、元行銷人從內到外的核心概念

而行銷人也需要用更寬闊的視野，看待一家公司或一個組織實際運作的不同面向，並且在決策中更顧及公司必須生存的考量因素，並且同時將「元行銷」的思維納入，達到滿足企業成長與消費者滿足的雙贏結果。並能夠讓持續成長的品牌，對內滿足了組織成員的實質收益和公司獲利，對外也能因爲品牌形象的提升，增加員工的自我認同，最終讓消費者能夠購買及使用公司的產品，提供更符合實際需求的理想產品及服務，也滿足內心對品牌依賴的渴望。

但要如何將「元行銷」的概念擴散出去，就必須經由內部先達到第一層的「品牌內部同仁的認同」，建立企業與組織的向心力。當組織內大家都一定共識之後，就可以開始第二層的連結，運用產品及服務、行銷傳播工具，以及實體及虛擬的接觸點，達成「品牌與消費者關係建立」，讓消費者可以透過實際與品牌的互動，進而滿足自我的需求層面。最後第三層就是達成「外部消費者的口碑與支持」，當消費者認同我們的品牌之後，也更願意分享品牌的訊息給其他人，透過社群爲品牌發生，達到消費者對品牌的影響力。

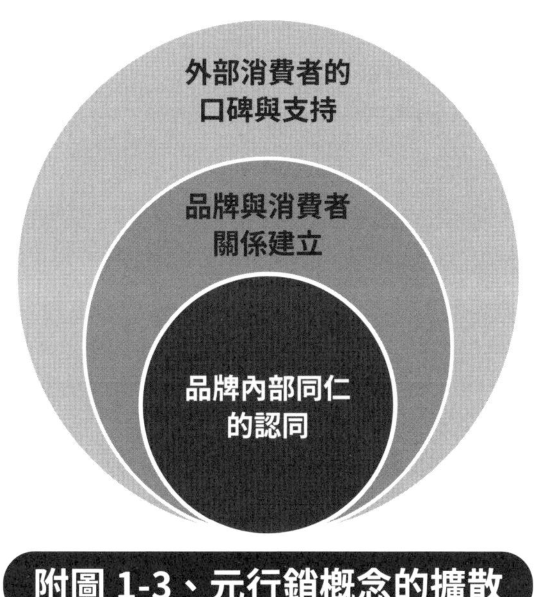

附圖 1-3、元行銷概念的擴散

不論是行銷人還是新創者，以從自身發出的動力，才能推動未來的發展與前進，當我們找到了發揮自己價值的方向時，不論是爲企業或組織服務，還是加入行銷傳播行業的代理商，運用創意和爭取客戶的認同，又或是自己創業成立公司或個人品牌，持續將「元行銷」的特質不斷轉化，並且對外發散，才能讓我們擁有的特質被看見，也才能幫助所服務的組織、建立的品牌，也因爲努力而發生改變。

1.5我們的自我覺醒

對於具備「元行銷」特質的新創者來說，掌握機會的敏感度通常是一大特性，也會被人認爲是敢於冒險，我遇到很多新創者，創業的初衷也不少都是希望讓家人過上好日子，但是自己開咖啡店、做成衣貿易、居家修繕，才發現各行各業的競爭並不容易，於是除了精進企業經營的能力外，也開始自學自練行銷的基本功，希望能打出一片天。因爲只有紮紮實實發展品牌，提升及累積營收，並且獲得消費者認同，才能實現自己當初創業的承諾。

自我認知是職涯發展很重要的一環，以往包含社會文化、家庭環境和教育條件，很少讓我們對於創業與行銷有更足夠的認識，而以往的消費者更是處於弱勢，只能在商品及服務交易時，才會跟企業產生連結，但是現在不論是求職面試的情況、在公司裡的實際感受，以及是否願意持續消費的行爲，經由了社群與數位資源的揭露而更獲得平衡。在成爲一個行銷人或是創業者來說，也都比起過去有了更多的資源和發展的空間，其關鍵就在於我們對自己的內在渴望和外在能力，是否跟得上機會的來臨。

而憑藉自身策略及分析的能力，讓商機成爲實質的獲利機會，新創者在外人的眼光中，也常常是一群充滿創意與執行力的人。例如小張過去在公司任職行銷主管時，負責針對銀髮族市場推廣機能衣物，但是公司的經營者並不積極，以至於市占率成長始終有限，產品的設計也未能滿足消費者的需求。但小張因爲自己家中有銀髮的長輩，也希望能爲他們盡一份心力，便自己出來創業成立新公司，除了不再受限原有公司的包袱，也可以更積極地去開拓市場，雖然有可能失敗，但也可能有一番好成績，同時獲得更豐厚的收入。

認清自己的工作特性與其他人的不同之後，能夠讓我們較容易看得更清楚未來發展的道路，行銷人沒必要去跟建築師比較專業的難易，但是能具有行銷人思維的建築師，或是了解建築專業知識的行銷人，都能在自己的專業領域中有更突出的表現。有人開始將行銷當作是原本職務的加分，也有人在創業之後才發現行銷的重要後開始學習。

同樣的，像是有營養師因爲具備新創者特質，就可能會選擇自己開公司，來幫助消費者吃得更健康，並且也能達到想建立個人品牌的理想。其實對於多數專業的營養師來說，在醫院或是企業服務，都能有相當不錯的待遇，但是爲了更上一層樓的生活，並且從消費者的角度來實踐自己的信念，希望消費者能使用自己把關的產品才能更安心。

我發現有趣的地方是，越是在職場中表現優秀的人才，內心對於成功、創造價值的渴望也越強大，而對於自己的個人經營動力也越積極，透過自我覺醒的認識與發展，會爲我們找到在職場中，最適合的發展方向，不論是選擇創業、擔任行銷工作，並從消費者角度和品牌同行。那些充滿動力而積極的行銷人，其實內在所想要的就是自我實踐，找到自己接受且認同的品牌所提供的機會，在行銷工作發揮並落實創意與想法，同時能在收入及心理層面都獲得滿足。而新創者的特質則更引導我們，想要擁有自己的一番事業，或是經由個人品牌的創造，讓自己能創造專屬自己的掌聲。

雖然消費者也可能會喜歡某個品牌，但憑個人能力有限而無法進入欣賞的企業內部服務，也有可能是沒有強烈轉職的意願，就像我們可能很喜歡LOUIS VUITTON路易威登的品牌設計風格，或是Porsche保時捷的產品風格與品牌象徵，但並不是都有機會或適合加入品牌任職。但是因爲現代的數位環境，讓消費者能夠透過社群，與心儀的品牌產生關連，甚至影響並幫助品牌成長，而這樣的消費者，則成爲了品牌發展中最堅實的後盾。

「元行銷」的出發點可以是新創者、行銷人，更必須是消費者，在落實行爲上讓企劃的功能，做爲執行方案前的基礎及落實成效的依據。我們的自我覺醒不僅是更了解自己各種身分的獨特性，更可以用身分轉換的方式來思考，不論是創新策略、新產品與服務開發、通路及銷售規劃，以及行銷傳播工具應用上，都有了不同於傳統的思維與視野，能設計出更具消費者參與感的品牌故事，透過運用忠誠消費者達到社群的連結，都讓品牌具備全面性的溝通思維。

1.6回到初心

其實在職場中，尤其是當我們面臨要進入下一個工作階段時，如何喚醒自己內在的「元行銷」特質，別忘了進行一個重要的關鍵動作——「歸零」。當我們在職場完成了階段性任務，或準備離開原有職場自行創業時，須將過去的成功與驕傲放下，重新開始思考，怎麼做能夠比過去更好，而不是只懷念回想過往的榮光。歸零的目的在於去蕪存菁，保留眞正屬於我們的價值。

那就好比是今日曾在職場中擔任中階主管，要先自行回顧過往的職場表現，究竟是公司給我們的資源讓我們做到成功，還是我們眞的具備了一些公司所沒有給予的條件，但憑自己的能力和資源而能達成目標。我們常看到很多行銷任務，其實在公司擁有充足的經費時，或許不難達成；但如果今天公司沒有充足資源，我們還能憑藉自己的關係與能力，依然達成超出預期的結果，那就是專屬於我們的能耐。

一些創業家之所以能夠成功，就是因爲自己過往所累積經營的人脈及過去學習累積的經驗，在歸零重新思考後，能爲自己與企業創造更高的價值。此時我們要問：如何在每個工作階段歸零之後，還能留下那些無形的價值？像是我們可以利用在工作之餘的時間去進修，提升專業及語文能力，或是參加社群團體的活動，建立一些人脈，爲我們帶來一定的幫助，譬如增加與合作對象、客戶或媒體交流的機會，也因爲我們提升了自己的專業能力並建立了良好的人際關係，日後就算轉換跑道或自行創業，累積的資源就能繼續保留下來。畢竟學會的專業知識不會忘、建立的人脈若是願意繼續跟我們打交道，甚至很多都會是創業及職場的貴人。

還有，假如今天我們創業成立個人工作室，過去我們所能完成的任務，確實是因爲自己詳實掌握了關鍵流程細節，無須倚賴團隊中的他人，那這點就是自己的競爭力所在。甚至以往礙於職務立場，僅涉獵產業的某個部分，現在更可以重新多面向的學習，更全面去瞭解整體的各個層面，避免產生以偏概全，甚至錯失絕佳發展商機，或面臨重大的風險的產生。

當很多創業者還沒準備好，就展開了創業之路後，若發現自己仍缺乏一些重要的思維或能力，才能讓自己從就職者身分切換成企業的負責人時，那就得回歸到「元行銷」的觀點出發。像當初我獨立出來創業時，常常會問自己：現在應該如何從一個過去擔任行銷主管的角色，來思考怎麼發揮自己的專業，再從一個新創者的角色去思考公司接下來適合的商機與方向，最後還要回歸消費者的身分判斷，我會不會買單自己的服務？從自己最初進入職場的期望來回顧，以及自己身爲消費者時的不滿足，最後再從新創者想要創造及改變的理想出發，將能力和資源的缺口一一補滿，最終創造出滿足不同層面需求的價值。

時代的巨輪持續前進，有時不管我們怎麼準備，都不一定能足夠，但是能面對自己匱乏的事實，才能一直前進，而不僅只是等待。如果我們把自己視爲一個優良的產品，例如擁有獨特的技術、專精於企劃，此時若自問我們具備比別人更好的條件是什麼？能不能賣給合適的對象？就像去應徵談薪水時，我們的價值有多少，取決於我們現有的能力和企業必須錄用我們的關鍵；同時，跟其他求職者相比，我們更具優勢的地方在哪裡？爲什麼有的人可以領到七、八萬的薪水，有的人卻只能領到三、四萬塊？很多時候看的不是只有專業知識與技能，尤其是行銷領域的稀缺性思維，更是影響公司任用我們之後，能夠爲公司帶來什麼更多創新的關鍵。而具備「元行銷」特質的我們，就有機會展現出這樣的思維。

再來就是我們可以在哪裡「被看見」。在個人品牌當中，「被看見」這件事，既是通路的概念，更是溝通的機會。所以如果哪一天人家要拿錢資助我們創業，甚至要投資產品或技術時，能不能讓更多人感到信任、願意買單，或願意邀請到他們的企業擔任高層或顧問。有些人可能會以發表文章的方式，跟大衆分享自己對於某些事情的觀點及專業知識，或是拍攝影片，跟大家分享自己的經歷和故事。也有行銷人本就是以塑造自己的個人品牌，成爲特定領域的行銷專家，作爲職場發展時的加分價值。

我自己也會運用這些方式分享，讓更多人知道品牌再造、節慶行銷與職涯發展的觀點。但並不是「被看見」就一定都是好事，很多人會誤認自薦可能得到機會後，就不斷的去推銷、介紹自己，其實邏輯剛好相反。越是不斷的把自己當成是一個產品的時候，越應該回頭去思考，大衆想認識的不只是這個人而已，而是我們眞正具備的專業知識、產業分析或對於某個事件的觀點。

不少人在職場上，覺得自己在公司待了一段時間，工作已經很努力了，但就因自己沒在職場上被肯定，於社群網路上也沒有建立自己的知名度，在這個社會中更不容易獲得機會與關注。就如同好的產品與服務，若沒有建立品牌並且與消費者進行溝通，不會被消費者關注青睞。因此，解決我們自己的問題，建立個人品牌的形象與價值，也能去思考會關注與喜歡我們的對象想獲得什麼？從自身的「元宇宙」出發，才能眞正去實踐這個概念的價值。

1.7打破創意的框架

將尚不明確的創意想法，在掌握時代機會、消費者需求及可行性的情況下，從概念轉化成實際的新產品及服務，並找到能夠完成銷售的方式。在個人特質中，越有創意的行銷人可能越容易天馬行空，但是越具備邏輯的行銷人卻可能更相信合理的判斷。雖然有時我們會覺得，在創意與邏輯的堅持上偶而會產生衝突，但是卻也因爲這樣的特質，就如同在滿足消費者和企業之間，必須達到的理想平衡點。

當我們領悟了自身的獨特性，且希望能更強化身上具備的「元行銷」特質時，更重要的就是將視野打開，並且在累積知識與訊息之後培養創意。將獲得的資訊加以變化、重組加工和再呈現，像是創新的行銷手法可以用來增加品牌的競爭力，而創新的產品提升了消費者的關注度，若是我們沒有一直累積新的知識與訊息，就會慢慢陷入創意貧乏的困境，這時不但對消費者的敏感度會降低，新創能力也會慢慢遲緩下來。

在創新的訓練上，我們首先可以針對設定的主題，提出一般認爲正確常見的觀點，將現有認知化爲文字，並將想到的內容全部寫下，再針對列出的觀點進行逆向思考，著眼於以往沒人思考的角度或癥結原因，訓練自己透過與常識相反的方式思考。例如一般出版社與消費者的關係，是付費購買之後才能閱讀書籍，但是從消費者的角度來思考時，藉由思考「到底是書有價值」還是「閱讀的內容有價值」，經過反向思考後便能想到「書本身眞的有價值嗎？」這個問題的觀點，最後提出「讀完後滿足也不需要付費，但是由衍伸的服務獲得更高的收益」之可能性。

不受常識侷限的去靈活思考，刻意從一般認爲正確事物的對立面來尋找問題破口，藉以發現新創意與機會，並發展出更特別的未來可能性，尤其是未來的社會結構改變，不論是消費者的需求、專業行銷人才的職涯發展、創業者的遠見，都要從解決問題創造新的機會，而不只是滿足現況。創新是指創造新的事物，或是運用有別於以往的看法及作法，去改進修正已經存在的事物，並獲得更好的結果。就像過去的交通工具中，因爲能源使用方式的改變，從汽油車發展出電動車，但是若有人眞的能將哆啦A夢的任意門設計出來，那就是超越以往的創新，不過在此之前的每一個創新，也都很重要。

我們用更廣闊的思考方式，才能發想出不同問題的解決方案，並看到更遠的未來。我將能運用在「元行銷」的領域中，針對問題解決的模式，用九種創意面向來思考，包含：增加、減少、結合、分割、交換、回復、未來、過去及歸零，所有的起點都是從現在開始，這也稱爲「元行銷創意思考法」。而這樣的創新思考，就是源自於當我們不論是設計新產品、開設新店面、規劃新的行銷傳播內容時，不是因循著過去的成功就夠了，也不必害怕曾經失敗就停滯，只要找出一定的一個原因，由我們去加以改變而且創新，就能與當下的其他競爭者與現在的自己有所不同，而達到創造期望的未來結果。

附圖 1-4、元行銷創意思考法

具有創造性和創新的「元行銷」思維，能以更全面的方式來看到未來的發展，行銷人因爲具有專業知識和經驗，能夠較深入的判斷方案的可行性，並且提出分析和看法。而新創者的性格能夠更有勇氣的去執行並更站在獲利的角度，而消費者爲基礎的經驗與個人特性，能讓行銷方案不會偏離眞正需要滿足的對象。

舉例來說，運用不同的創意概念來發揮，像是在企業對企業的交易關係中，專門做包裝設計及生產的公司，幫助採購的企業增加喜餅市場調查的服務，並且透過協助資訊的解讀，讓交易更容易完成，也能更快設計生產出合適的包裝；這就是運用了「增加」的面向。但是要讓公司的未來發展更具優勢，甚至打造成爲未來其他交易對象，都願意主動上門的獨特價値時，可能就要進一步聘請專業的行銷人，從末端消費市場的調查分析中，有系統地進行並建置成專屬的喜餅包裝資料庫，這時再結合第二個創新層面的「未來」的元素，透過未來需求的建議，最終設計生產出不但能滿足客戶，也能滿足末端消費者需求的成果。

對於我們來說，創意的培養和訓練，更是找到新商機的重要方式，在累積創意的過程中，將自己常見的資訊更有系統地整理起來，例如覺得有趣的創意廣告、朋友分享的小廢物商品貼文，或是每天特別有印象的商業新聞，並且把自己想到可能有創意的事情，也不斷的累積下來，並看看過一段時間是否依然經得起考驗。另外在時間的運用上，能有完整數小時的空檔時可以好好閱讀一本書，但若只有幾十分鐘的時間，則適合聽一集有內容的podcast。

然而，資訊若是沒有親自去整理、思考和吸收，就只是停滯不流動的訊息，但就算整理了再多別人的觀點，而沒有去反思自己的看法，甚至將別人的想法占爲己有，那最終必然將只是個失敗者。尤其是當我們常常身處壓力之中，轉化創意的時間有限，可能需要強度更高的方式，來產出獨特的想法，並且從中找出可以應用實踐的可能性。當我們能夠聚集更多具備「元行銷」特質的人加入團隊時，不但要鼓勵好創意被勇敢提出，持續加強同仁的能力和創意訓練，也必須設計適合組織的創意資源管理方式。

chapter 2

想要與眾不同？
自我覺醒才是關鍵

許多人在進入職場時，多半對自己的能力有一定信心，期望能在工作崗位上闖出一片不一樣的天地，尤其從事行銷領域工作，不論從在校期間看到那些突出精彩的成功案例，還是自身本就有很多想法，總認爲自己一定能想出些特別的創意，甚至能在執行後受人矚目。然而有趣的是，這樣想的人往往在職場中不受關注，甚至常接收白眼；因爲，當你越有創意，越可能背離現行做法，甚至可能挑戰了以往前輩們的工作成果。屢遇挫折就可能會萌生另外一種想法：「要是我自己創業，一定可以做的更好！」

- **持續進化的行銷動力球**
- **行銷人養成記**
- **自己的成長階段**
- **都是行銷工作差很多**
- **行銷代理商的機會**
- **職涯發展的藍圖該怎麼畫**
- **找到自己的機會**
- **培養成材的行銷人**

2.1持續進化的行銷動力球

行銷人的工作範疇中，包含負責分析與解讀來自外在環境、競爭者與消費者的變化，再與各部門的同仁討論，透過更深入的調查分析來找到答案。我們該從哪些面向來思考訓練，找到未來可能出現的商機呢？例如，從事保健食品產業的行銷人，可以觀察疫情期間消費者在意的健康趨勢，並從業務部門的分享得知，現今藥局的藥師更偏好採購哪些訴求的保健品，進而找到能繼續開發的市場。

或者，我們若擔任的是旅行社的行銷人，從合作的業者口中探知，哪些營業額持續攀升的優質民宿，都有什麼樣的獨特賣點？平均價位與消費者反應如何？再進一步從政府的公開資料及新聞中所見之國旅發展機會，經由我們自己的判斷，進一步去思考如何將看到的機會，與產品部同仁深化成為公司可以推出的創新國旅行程，且利用合適的通路來推薦給原本就對此感興趣的目標消費者。

行銷策略不是選擇題，也沒有最佳公式可以解題，只有在提出方案的同時自我檢視，並在接受外在挑戰時去面對因應。例如在做前置調查的市場分析時，更大量的去閱讀並尋求任何可能的合作空間，進一步篩選最有用的訊息加以保留；若是仍有不足或疑惑之處，也能親自設計問卷來實做調查。像是在進入企業前，我們可能就知道企業品牌有老化的問題，但因對這個品牌仍有偏好，所以除了以自身的消費者經驗來思考外，找出更多跟我們有一樣經驗和觀感的消費者，來做焦點團體的調查，就能更清楚品牌老化的原因。

若原本企業品牌就形象不佳，或是原有的行銷表現不理想、主力產品的包裝設計過於呆板無趣、訂價過高導致消費者興趣缺缺，以及原有通路太少能見度不高……這些都可能是原本就存在的問題，但有趣的是，行銷人在爭取一份工作機會時，這些問題早已存在，而公司卻期待能有個救星降臨解救一切？但話說回來，若是連行銷人都解決不了，那又有誰能改變現狀呢？我們其實都明白，若不是自己的個性喜歡接受挑戰，又或者是在爭取機會時，覺得自己一定能創造不一樣的價值，當然也因為能獲得相對應的收入，不然，又怎麼會接受這麼高壓的工作挑戰？

回頭想想，自己一路走來，不論是在行銷的路上，還是已進入創業的征途，說是為理想奮鬥並非不切實際，但是，想要過上更理想的生活，才是推動我們持續前進的真正動力。就像從事行銷工作，不論是因為喜歡寫企劃，還是享受將提案付諸執行後獲得的成就感，又或者是在不斷加班辛苦工作之後，期待成效良好而獲得晉升加薪的機會，這一切都須仰賴自己願意不斷前進。但如果我們自己也身爲這個品牌的消費者與愛好者，當身分轉化後，就可能希望自己與品牌都能一起成長，變得更好。

至於要能達成我們期望的行銷成果，必需具備足夠的「才能」與「技能」。這裡所謂的才能是什麼？有的人從小就很有創意，對事情總有其獨到的見解與思考邏輯；然而，技能則是透過經驗的累積所訓練出來，從學習及實務經驗中去嘗試，獲得成功就繼續努力，失敗了則重新站起來。同時兼具才能與技能的行銷人其實並不常見，但就算先天不足，還是能靠後天的經驗累積成長，關鍵還是在於自己的內在動力。

我分析了包含基層職場從業人員到部門主管，甚至是創業的朋友，在這些職場技能的培養重點中，主要區分爲「職務技能」、「專業技能」及「社會技能」，當我們面對問題時，雖然解答很有創意，但卻在提案簡報時無法順利表達；又或是在企劃撰寫時行雲流水，卻不懂得跟團隊成員溝通合作，這就很可能是上述三種職場中生存的技能，某項很強但他項卻不足，所產生的問題。

一、職務技能

很多人都以爲，職務技能是進了公司或擔任了職位，才會知道的事情，但其實舉凡實習生、專員、組長、課長、經副理，甚至處長、副總，若是不能清楚了解擔任不同職務時，必須要具備的能力，就常發生所謂的「天花板效應」。身爲基層職員時，就應開始學習部門管理的概念，等到有機會擔任主管職位，自然較容易能上手，而中高階主管則更需要具備策略與洞察的能力，才能在自己的職務上，發揮更高的價值。

二、專業技能

不少人認爲，自己已經具備足夠的專業知識，但若未能釐清工作職場的實際需求，就算學了一堆知識，仍常常遇到不夠用的情況。像是從事行銷傳播的工作前，你可能在學校已學習了包含品牌、廣告、公關、甚至整合行銷傳播等專業知識，但進入公司後，可能因爲工作需要，仍須持續學習撰寫文案、新聞稿的能力，以及社群及數位廣告的專業知識。然而，專業技能的培養並非只是一昧的聽課或看書，而是要有目的性，更不要爲了「看起來懂」而假裝努力。

三、社會技能

有人的天賦就是口才好，善於交際就是他的本事。在這方面自認不足的人，常會去學習像口語表達、自信建立或是溝通技巧，也有的更近一步修習團隊共識凝聚、社交互動等課程。就像許多新創者能獲得資金挹注，除了公司團隊優秀之外，創業者本身良好的社交技能可能也是重要原因。然而社會技巧只要肯學，多少都能改善；但在此之前，首先要釐清的是：究竟是社交技巧本身需要實質改善，還是心理因素導致人際互動不良？與其專注培養社會技能，更重要的是與人相處時，面對人際互動所出現的問題是否能做出改變。

在我們的職涯發展中，其實多數時候都很難如自己所願，但是與其一直記取過去的失敗，不如從中汲取經驗與教訓；許多具有行銷人特質的職場工作者，會更願意去嘗試及創新；畢竟多數成功的行銷都是在許多失敗之後才出現。想從職場中獲得更多的認同、更好的實質收入，以及能被肯定的成果，那就只能不斷在跌倒後重新地站起來，就算是成功了也必須趕快爲下一場挑戰做準備。

在職涯發展過程中，許多人總是看到別人升等加薪而嫉妒，卻沒有去了解他們背後花了多少時間去做準備。我身邊優秀的行銷人，並不見得都是那種思緒敏捷、創意無限的人，有的是能完整地對資訊做出分析和判斷，然後給出合適建議的人，也有的是在執行上非常細心，但又能適度將行銷的創意運用在現有的作法上；但是不論是什麼樣個性、思考方式，及做事方法的人，都是在行銷的道路上一路披荊斬棘，才能在重重考驗中獲得他人的肯定。所以，認清目標對於行銷人來說十分重要，尤其是當你決定要成爲諸葛亮而不是秦始皇的時候，那就必須找到明君輔佐。

以往我總是希望透過教育或培訓，來幫助那些想走入行銷領域的人，建立足夠的知識與技能，但是在努力了這麼多年之後，眞正領悟到——能夠有優秀表現的行銷人，其實最需要的是一種邏輯的建立，和原生於自我的成長動力。

當有了足夠的知識與能力後，從中保留含金量最高的部分，然後持續去精進鍛鍊，並不斷針對自我反省檢視，只有當我們不斷的往前進步時，才不會被其他人趕上，甚至遭到時代淘汰。

因此不論是源自於內在覺醒後想自我實踐的動力，或是外在生存下迫於無奈的壓力，透過從事行銷工作的機會及新創方案的落實，唯有自身不斷進化，才能讓組織所需的行銷策略及成員支持跟上腳步。對於具備「元行銷」特質的人來說，品牌價值的提升和公司的持續成長，也攸關其他一同奮鬥的夥伴生活，同時也影響了自己能否讓其他有相同需求的消費者獲得更好的產品、服務及令人感動的品牌體驗，在看到品牌故事微電影時，能否感同身受，最終獲得更多的滿足。

因此對於我們而言，推動自我成長的「行銷動力球」，概念就是先從擁有「元行銷」特質的人身上出發，培養並累積六種關鍵能力，包含創新力、企劃力、獲利力、品牌力、數位力、警覺力，從個人能力擴散到組織和品牌，新創者及行銷人能扮演發動機的角色，讓品牌內的成員動起來，並落實在公司每個同仁、每個決策上。就像要設計出一部讓消費者感動的品牌微電影、或在母親節推出一組眞正讓媽媽感到放鬆的美體課程，又或是能設計出一個位在眷村的軍人節同慶實體體驗活動，都必須要有足夠的才能。

「行銷動力球」的特徵在於：基於我們自己對有趣的事物、未知的挑戰及創新的興趣，具備了一定的渴望，甚至如同海綿一般，大量去接收信息和知識，因此產生超凡的敏感度。從個人特質開始所展現而出的特徵，到工作上的表現，甚至是成爲新創者後的持續成長，將行銷與創新的元素打散，分布在每一件可能與消費者產生關連的地方，而我們正處在這個處處是行銷的世界中，一邊持續汲取養分，一邊又在工作與生活中實踐著。

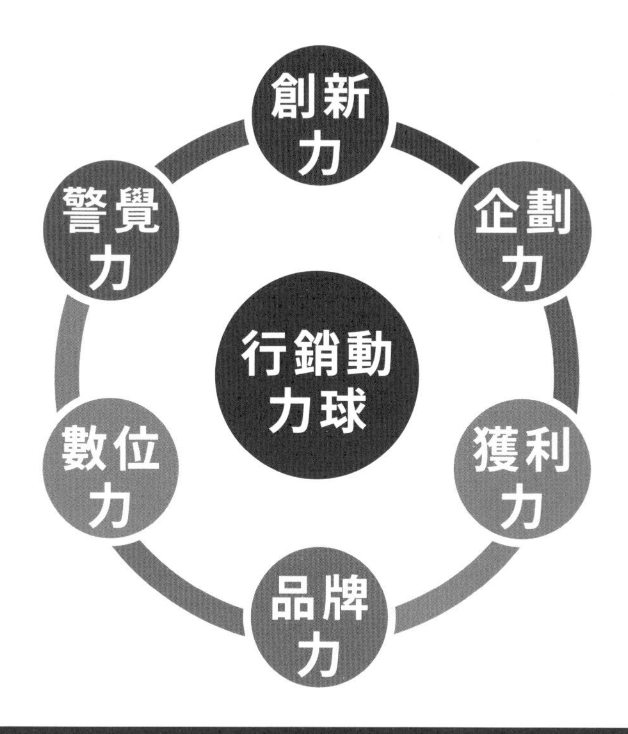

附圖 2-1、元行銷動力球的六種關鍵能力

通常，我們會顯現出新創者及行銷人的獨特性格，像是願意擔任團隊的領導者，喜歡事先規劃及做決策，並樂於接受競爭挑戰，有較強的意志力和自己的原則。

當我們越來越瞭解自己是誰，並勇於脫穎而出做自己，堅守心中的原則與理念做我們認爲對的事情，儘管將因此付出代價，依然會勇往直前。正如同支持我持續前進的一句名言：「奮起反抗、再奮起反抗，直到羔羊成爲雄獅！」

2.2行銷人養成記

我們在學生時期，其實就已經進入職涯發展的階段，經由探索、分類、認同、角色實習到現實考驗，並從過程中觀察，已經在職場的工作者，一旦覺醒將選擇適合自己的職業特性，直到經具備職業標準及符合相關資格的教育訓練後，最終透過求職管道尋找就業的機會。還記得早年國內的市場環境對行銷領域專業仍不了解時，有不少人誤將促銷或銷售當成行銷的全部，但這些年在行銷專業教育的快速發展之下，已有越來越多人開始認識更全面的行銷專業，也明白一個行銷人的專業養成並不容易。

其實，需要行銷人的領域範圍很廣，從企業、非營利組織、影視文化單位、醫療院所、地方政府到政治人物，各個不同產業的行銷也有了更多元的發展與應用。在國內開始出現正式的行銷相關職缺需求，可以追溯到從外商公司進入台灣開始發展市場為起點。當時，早在歐美或日本的企業中，對於廣告、公關及品牌專業就有一定程度的認識及需求，也因此當這些企業品牌進入國內，因應在地化發展的同時，就需要具備這些專業的人才進入公司來服務。

不論是因為公司給行銷人的薪資待遇，還是嚮往廣告公司、公關公司的發揮空間，越來越多人更願意投身從事行銷專業工作，並且期望在職場中找到自我肯定的機會。逐漸地，國內企業的發展也越來越上軌道，也發現了行銷專業的重要性，為不落人後的情況下，也出現越來越多職缺和就業機會。從行銷產業在台開始發展至今，也經歷了漫長的時間，直到近二十年來，國內才眞正開始重視透過教育有系統的培養專業的行銷人才。不少國立大學的相關科系，不但希望能吸引具備獨立思考能力及積極特質的學生前來就讀，也有優秀的私立大學透過專門科系與專業課程的規劃，以產學高度結合的方式，讓學生能透過實務磨練提早與社會接軌，並擁有充分的實習經驗，以利順利進入職場發展。

我們所熟悉的行銷專業培養大致分為五個階段，第一個階段是從大專院校的企業管理相關系所開始。不少學校聘請了曾在國外留學，對行銷專業有一定程度的師資，來擔任開設行銷相關的課程。當時的畢業生雖然對行銷領域的認識僅限於少數學習過的知識，但在當時行銷界需才孔亟，且沒那麼多企業願意支付薪水設立行銷專職的年代，當時的行銷人只要能說出一番道理，就有機會找到工作，因而擁有商管或大衆傳播相關學位的畢業生，就佔了相對優勢。

第二個階段是由學校社團而發展出來的機會，像是早期的廣告公司找創意及業務，或是公關公司找公關企劃人才時，因具備相關科系專業的學生有限，甚至就算是商管或是傳播科系畢業生，也不一定對行銷傳播的實務工作有足夠的了解。此時，在大專院校就學時期即在社團裡擔任社長幹部，人格特質多半具有願意互動、執行力及領導能力的學子；社團的類型從救國團、康輔社、戲劇社甚至是系學會、學生會中，反而更能找到具有從事行銷人特質的對象。當年的這些畢業生，就算對自己所讀本科系不感興趣，但是豐富的社團經驗，卻能夠讓他們有機會進入行銷領域嘗試並適應這些新鮮而具挑戰性的工作。

當國內產業發展越來越成熟，像是連鎖品牌的總部、上市櫃公司，甚至是大型的非營利組織，都需要更多專業而且專職的行銷人才時，就進入第三個階段。廣設大學以及技專院校升格成科技大學，也讓學校的科系競爭進入了大爆發時期，許多科系爲了更容易招生，將系所名稱改爲與行銷相關，其中尤多的是「行銷與流通」相關科系，行銷專業的課程也大量增加，讓有興趣學習的大學生們，可以具備更完整的知識與概念，也替國內大量擴充了許多行銷人才，並且因爲行銷工作的普及化，也讓更多連中小企業都開始設立了行銷部門及職位，爲企業建立品牌的概念打下更好的基礎。

直到進入了第四個階段，大量的在職教育的機會開放後，許多具備新創特質的老闆或高階主管發現，自己對於經營公司或銷售達標可能很在行，但年輕時沒有機會好好學會行銷，這時不論是重返校園拿學位，還是在自己找名師上課，比比皆是；不少人因此對於行銷、廣告公關等專業領域，有了更深一層的認識。但同時產業與學校教育的斷層，以及原來大學教育培養出的人才，出現了過剩的問題，行銷相關系所的畢業生對未來的職涯，需要有更多的出路引導，因此在教育政策的推動下，許多學校就開始大量的開設創業課程，試圖引導學生也能自己當老闆。

現在的我們身處的環境正逐漸邁向第五個階段，以國內大專院校109學年度開設的行銷相關課程統計來看，國內的大學一年有超過153校、1387系所，都開設了行銷爲主的課程，更有超過26萬人次修習過這些課程，另外像是廣告及公關領域的相關課程，也都有2～3萬名的學生上過課，已經不再只侷限於行銷相關科系，而是各專業領域的學生，都開始認識了這些行銷範疇的專業知識。更有趣的是，若論創業相關課程，已有在138校、553系所及超過5萬人都有上過課，這時我們可以說，不論這些學生是什麼科系，未來想進入職場從事行銷相關工作，甚至是自行創業，都已經不再毫無準備。

2.3自己的成長階段

對於我們想發展培養自己成爲專業的行銷人時，可以發現從「元行銷」的角度來看，也就是從消費者的生活經歷，一路經歷了自我認知與覺醒、專業能力的培養，再到成爲能獨當一面的專家，甚至建立了受人肯定的個人品牌。尤其是每個年代的行銷人都得經歷包含學習歷程和消費環境變動的轉型階段，這更是成爲一個行銷人的過程中，關鍵的轉折及必須突破的關卡。我將行銷人的個人成長分成三種階段，這也是我身邊不少行銷朋友們，一路走來的血淚經驗。

一、求學階段

現在大學生通常在選擇科系時就知道，未來可能走上行銷、廣告公關甚至社群等領域，卻很少認知到這樣的工作，可能需要自己絞盡腦汁和全心（肝）奉獻，才能在一份份的企劃書和執行過程中，獲得上司、同仁及客戶的肯定。所以我們仍在校堪稱幸福的時候，若能及早使自己的企劃經驗此時就從零開始累積，不論是課堂作業的要求、自己參加比賽，甚至是實習工作都是練習機會，畢竟年輕的肉體最大的好處，就是充滿好奇與活力！但最重要的一點是——開始在生活中去認識「眞實」的世界。例如未來如想從事咖啡產業的行銷工作，至少可以多去喝些不同品牌的咖啡、偶爾去咖啡店坐坐觀察一下、甚至打工或者從實習就開始嘗試接觸自己喜歡的品牌。

若是從學習知識的角度來說，我們可以分成這幾大類來學習：

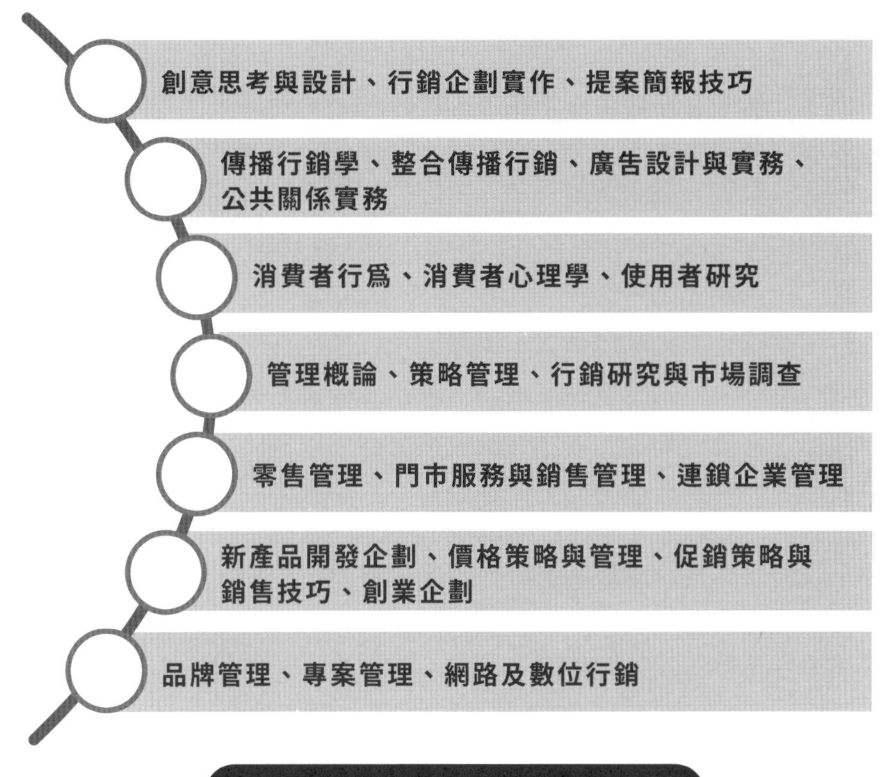

附圖 2-2 知識學習的分類圖

二、進入職場七年內

有機會真正從事行銷工作後，能從支援專案執行到開始寫企劃書，直到獨當一面負責專案，這幾年的磨練是自我成長的關鍵。通常企業的行銷需求，會因產業類別不同，也會有明顯職務內容和組織結構的不同，對行銷人的發展方向也會有所影響。像是傳統的食品零售業與電子商務平台，兩者同樣是「行銷企劃」這個職務的工作內容，就有很大的差異，而企業對企業（B2B）的行銷工作內容，與純粹面對末端消費者（B2C）的也有很大的不一樣。因此，倘若是我們剛進入行銷工作時，就只能參考公司的過去執行的方案來自我成長，但是當產業環境及品牌需求改變時，就必須主動向外尋求外在的學習資源，才能在公司維持一定的表現。

若是進入像廣告及公關業擔任代理商職務，則多半也是先從執行既有的工作開始，直到表現穩定，才能有機會參與撰寫像是比稿的企劃書，然而代理商的客戶因爲形形色色，所以常常還要針對跨產業的知識適當的進修學習。很多時候行銷人會選擇代理商的工作機會，也是因爲嚮往那種更不受企業制度限制，而能憑藉自己的專業能力與創意獲得客戶肯定，也能從中快速的成長的成就感。

但不論是企業內的行銷人，還是進入代理商任職的勇者，這個時期的經驗和訓練，可說是最爲艱難的，職務上的企劃就是得拳拳到肉，退件退到瘋、提案提到哭、還得兼顧人情世故……但一直寫、一直嘗試新想法並落實，總是能逐漸進步。我們也能發現，由於數位時代的影響，對於新世代的工作者來說，在這個階段更大的改變，就是職業資訊的流通性，同儕之間很容易就透過社群互相分享自己對於工作的看法，至於公司與組織有沒有發展性，對員工的態度和機會，都會對行銷人繼續留在公司還是另謀高就產生影響。

因此我們生活態度的養成就更顯得重要，我曾遇到行銷人在遊戲產業不玩遊戲、在動漫產業不看動漫、在時尚服裝產業隨便亂穿的。或許不是從事該行業就會瞬間變成電玩高手、動漫收藏家或時尚達人，但有效的行銷就是讓消費者接受，甘心樂意掏錢買單，自己都跟市場脫節的話，又怎麼能說服別人？

不過，畢竟還是有產業不是我們可以直接消費的，總不能要做石化原料的行銷買兩桶汽油回家吧！這時更可以花些心思在產業鏈發展和未來趨勢上研究，思考自己從「元行銷」的概念中，如何發現消費者身分會有什麼需要，這樣也能讓我們就算身處在企業對企業的行銷工作中，也很有很多創新的機會。

三、進入職場七年～十五年

這個時期通常也是不少人成家立業、背負更多重擔的時候，生活與經濟壓力也很大，但若是我們對行銷這條不歸路有種執念，抱定「血肉相連、同歸於盡」的覺悟，那就能開始爲人生的轉型階段做準備。通常，此時我們的資歷應該已晉升到行銷主管以上的職位，此時要累積的往往不再只是工作經驗，而是訓練自己對整體環境的判斷，並能對未來趨勢提出看法，同時規劃個人品牌的建立。透過以往的工作經驗累積人脈及在社群媒體上的聲量，有些人會選擇自己出來創業，但也有人願意與組織一起再造，繼續成爲品牌中的一分子，並提升自己的價值和深度。

此時，我們在職場的人脈又該如何建立呢？比較常見的像是參加業界的公協會，除了多與其他行銷領域的專業人士交流之外，也可以更了解不同產業的行銷思維，甚至有機會也可以爭取代表公司參與產業會議，或是代公司在媒體上發聲受訪，不但能提升公司的形象，也能建立個人品牌的記憶點。另外不同的行銷職務中，也有人還會負責公司的內部溝通，因此與不同部門的同事建立更良好的關係，或是從中找到可以一起培養興趣的朋友，在工作之餘一起騎單車、抽雪茄，都是另一種人脈的養成。

也有不少行銷人具備「斜槓」的特色，像是本職爲廣告從業人員，生活中也是個廚藝大師，還幫忙接私廚的服務，或是在企業擔任公關企劃人員，同時也是咖啡師，還固定開課分享，並客座服務合作的咖啡店。從我們的角度來看，想讓自己的職涯發展成什麼樣子，雖然沒有一定的規範，但是從「元行銷」的角度來說，雖然過度多元的發展可能讓自己更找不到方向，但是適度且有目標的多元性職涯規劃，從自己的個性、興趣和職務專業來思考，怎麼運用多元學習培養創新的能力和觀點，才能讓自己更具有專屬的價值。

2.4都是行銷，工作差很多

我們會發現，就算是行銷相關科系的畢業生，已經對於行銷領域各面向的理論有了概念，但是在眞正進入職場後，因爲各種不同的產業、職務的實質差異、組織的需求，有時還是只能先選擇自己優先找到的工作機會，再逐步從任職過程找到更適合發揮的行銷工作。從廣義面向來看，行銷領域的工作包含了品牌管理、產品及服務的開發設計、通路及銷售的規劃與協助，以及行銷傳播工具的規劃和執行，從更詳細節的環節中還有更多的不同工作內容的職務細分，但是也有不少彼此之間的相關聯性很高。

因此若我們眞想讓自己成爲專業的行銷人，除了逐漸完整自己的經驗和視野外，儘可能在一開始進入行銷工作時，就選擇自己理想中的機會。那麼事前作的準備功課及選擇標的時的明確性，就務必得事先搞清楚。畢竟如果心目中理想的工作是跨入電視製播類型的廣告代理商領域，卻錯進了捷運燈箱廣告的代理，或原想負責規劃節慶促銷活動的行銷工作，卻在應徵後才發現該職務負責的是公共關係等對外的職務，這都是事前對行銷領域的分工理解不足導致。

從求職管道所開出的行銷職缺中，我整理後發現行銷部門的工作，大致包含了產品推廣與執行、制定年度推廣方案、根據公司整體品牌發展制定行銷策略，與媒體的溝通與協調，以及與合作代理商的溝通工作。

另外也會因爲主要的工作內容，而區分成產品行銷企劃、通路行銷企劃、營運行銷企劃及行銷溝通企劃。從「元行銷」的角度來說，最終行銷的價值就是溝通，因此這些工作內容都有著一定的關聯性。

以生產製造爲主的產業在行銷工作範疇中，針對產品線整體規劃的品牌經理及產品經理，因爲必須針對特定的品牌或品類負責，所以像是製作新產品的損益平衡表，推論月、季、年的預估銷售數據，以及實際銷售後的結果檢討，都要能做到相當程度的掌握，並且適時的調整策略。此外還必須根據銷售預測的數量，掌握生產製造或委外代工的排程進度，並確認製造成本控制的相關細節，以及倉儲物流配送的作業。等到生產完成後還得安排讓產品到各種通路上架完成。同時在爲新產品及品牌行銷傳播時，還需要用到照片或影片，因此還必須安排拍攝的工作流程。

這些年國內的連鎖品牌大幅度成長，所以像是連鎖總部行銷人負責的面向，包含整體的品牌行銷與溝通，規劃廣告、公關、異業合作等行銷工具，年度規劃與節慶行銷，還必須考量新產品及新服務的推出，以及協助各店達到業績成長目標。在通路品牌服務的行銷人，所具備的能力除包含品牌溝通外，甚至對通路的推廣方案，也要有一定的認知，大型店的行銷人員還要負責規劃單店的行銷方案，結合特定商圈及展店需求，達到支持店家成長的目標。

多數的通路品牌在擴張的過程中，資源的分配會更著重在新開店的溝通，而從開店的前期規劃，直到開店後的促銷方案，都常常是行銷人的工作範圍。另外不同品類的採購經理，要決定每間商店配置何種型式和多少數量的商品，負責預測通路中各品類商品的銷售額，並規劃出商品組合搭配的銷售計劃，適時提高存貨週轉率增加銷售量，並決定活動檔期所需的商品庫存量，以達到預期的銷售結果。

不同品牌的行銷實際需求可能有極大的差異，有的組織將行銷人的工作賦予重大責任，並具備影響公司決策的權力，也有公司將行銷人設定爲策略促進者，負責界定問題、擬定策略與提供方向建議，或是將行銷人的工作設定爲溝通協調者，介於組織與消費者之間，擔任溝通的橋樑。對於我們來說，組織本身若是有越高階的行銷職位，及越龐大的行銷部門分工，代表在這個單位的未來發展機會可能越高，甚至在企業和組織地內的發展也更有空間。但是若組織只是將行銷人的工作，設定爲專案執行者，負責執行上面高層已經決定好的行銷任務，那就很難有更多發揮的機會，但相對而言，這樣的工作壓力和對工作能力的要求條件，通常也就沒有這麼高。

通常行銷部與業務部是分開而且平行的單位，但也有少數公司是在業務部門下建立行銷部，另外像是以企業對企業交易型態的公司，因爲常常會有參展的需求，所以有時也會將行銷部的功能結合參展規劃，透過參展拿到重要的訂單，這時仍須與業務部門之間密切合作。有時如組織規模較小，像是社會企業或微型企業，行銷與業務部門常常是互相支援，例如在蝦皮開的賣場從產品上架到文案及消費者訂單問題回覆，甚至是包裝出貨都是萬能的一人解決，因爲這樣行銷人就要覺得自己大材小用嗎？或許我們也能換個角度，若是公司未來有持續發展的機會，也有可能讓自己後續好好發揮行銷專長，那就是個不錯的結果。

讓我印象蠻深刻的是之前我曾協助一家餐廳轉型，因爲該店專門承接外燴及企業訂單，但也會接一些旅行社散客，所以受到疫情影響衝擊很深。本來的行銷人員和業務人員是分別獨立的，所以時常會發生行銷部規劃的促銷方案，太偏向只跟末端消費者溝通，而業務人員卻自行決定折扣額度給旅行社窗口，導致兩個單位在公司內部的相處出現問題。經我建議後將兩個部門整合，一起擬定年度計畫和促銷方案，全員都要支援臨時性的業務訂單，後來反倒在營運績效上有所提升，因爲行銷人設計的方案變得更適合企業對企業的模式，而業務也更能對於品牌溝通和價值維持有所認同，最終在公司發放績效獎金時，兩方人馬都獲得了滿意的收穫。

因應環境的影響，未來越來越多企業也開始面對現實，對於正職的行銷人員雖不容易擴編，但常有公司將不易執行的工作項目，改發案給廣告公司、公關公司或社群公司，因此在行銷部門的工作內容中，任務導向的專案運作模式，已逐漸取代了單一職務；也有的直接將行銷部門與產品、業務、門市等部門結合，所以越來越多元的行銷部門和工作型態，也影響了行銷人在專業能力的培養和職涯發展的方向。

在行銷人的工作領域中，對於職務的「平移思考」也很重要，例如從事公關職務的行銷人，其工作範疇包含與媒體建立良好關係及互動、相關企劃專案的規劃與執行、危機處理與因應，甚至還負責品牌內外部的形象維持。當我們具備這樣的公關專業工作能力時，就算轉職到公關公司，都會有一定的發揮空間，甚至因爲常常要透過比稿爭取客戶，反而比原本在企業更有發揮空間，我也看過不少人因此獨立出來創業，找到了自己的一片天。

以往不少企業甚至是非營利組織，在建立規劃行銷部門時，通常首要考慮的是具備策略佈局能力的人才，或是能夠促銷推廣長才的企劃專業，而在較具事業規模的單位，則會有廣告及媒體採購的需求，以及公關媒體對應的窗口。

有強烈自我成長動力的人，不但會持續精進在工作上所負責的專業，更會從消費者需求及創新的角度，去思考及發展更完整的專業能力。在我們具備了「元行銷」的思維後，就能更清楚了解自己不論是從與消費者溝通的角度，還是具備新創者的能力，只有擁有更完整的行銷專業，以及對行銷相關歷練的養成後，才能讓我們未來的職涯有更寬廣的發展機會，也才更具個人的競爭力，甚至成就個人品牌的可信度。

2.5行銷代理商的機會

曾經有許多人在選擇大學時，都夢想自己畢業後能成爲一位充滿創意的廣告文案，或是負責專案光鮮亮麗的廣告業務經理，更曾有句「不做總統，就做廣告人」的名言，讓廣告傳播產業有著特別的崇高地位。我身邊更是有許多很早就決定進入行銷代理商任職的專業人士，不選擇企業組織的行銷工作，絕大部分原因是不喜歡傳統僵化的企業體制與工作型態，但另一方面也因爲，具有特殊的新創者個性的行銷人，喜歡不斷嘗試新的挑戰，並經由自我實踐獲得更好的收入。

廣告代理商的工作包含市場調查、廣告企劃提案、廣告設計製作及效益評估，媒體代理商則主要是與媒體單位接洽，購買媒體版面或時段，並提供客戶選擇媒體屬性、內容、時段的建議，同時完成後續的刊播作業。代理商的業務部門是客戶的直接接觸者，工作內容包含訂單接洽、拜訪客戶爭取案源、比稿提案的企劃撰寫、預算執行及結案效益確認，還有客戶服務。多數代理商會有專屬創意人員及部門，負責創意發想和具體呈現，例如影像廣告表現、文案寫作、記者會整體視覺設計，甚至像是社群所需的系列主題圖片製作。

不過數位環境的興起，讓微電影、社群操作、搜尋排序優化、點擊式廣告等圍繞在網路世界的數位傳播工具，成爲更能幫助品牌的新寵兒，也因此影響了傳統廣告代理商的轉型，必須吸納更多具備「元行銷」特質的年輕工作者加入，才能讓客戶買單認同。此外也延伸出一些專門以數位行銷爲主的公司，除了能夠規劃執行數位廣告的相關工作外，同時也負責更多屬於數位行銷的其他工作範疇。

公關代理商的發展，則是跟媒體的訊息需求有相當程度的連動，當媒體需要品牌端的訊息時，從最基本的新聞稿製作撰寫，到記者會活動舉辦的整體細節安排，都替企業省了不少力氣。另外像是政府單位必須常常發布相關政策，或是上市櫃公司固定發布的重大訊息及法人說明會，都常見到公關人員的身影，同樣的，公關公司在數位環境中，也越來越強調社群經營代操作的服務。

危機處理更是公關代理商身爲防火巷的重要角色，姑且不論危機發生之眞相爲何，當下的即時回應，或是事件釐清後的聲明稿、甚至是道歉方式，都有其專業的流程及作爲，一般企業很難常態編制一個團隊來進行運作，而公關公司具有議題掌握的能力，以及一定程度的媒體關係，從事公關工作的行銷人，也樂於迎戰這種高壓挑戰，因此能幫助企業及組織度過危機。

至於在行銷專業服務公司中，還包含了活動公司、市調公司、會展公司及其他協助企業組織解決特定行銷需求的單位，我們想投身進入這些公司，一樣要經過一定程度的培訓及專業養成。在「元行銷」領域不少這樣的公司也是原本從事行銷工作或是代理商的職人，在思考自己的職涯發展之後，可能加入或以自行創業的組織型態，幫助客戶達成行銷工作的需求，成爲企業與消費者接觸的橋樑。

2.6職涯發展的藍圖該怎麼畫

行銷人是因自身的行銷專業，再選擇特定偏好的領域而入行，比方說個人很喜歡品嘗美食，因而選擇進入餐飲業擔任行銷部門主管，不但能爲服務的品牌創造出更有獲利機會的行銷方案，也能滿足自己喜歡吃美食的內在滿足。當我們就算具備了原本的行銷專業，在不同的產業與公司工作時，也需具備更多產業的認識和了解，才不會規劃出猶如隔靴搔癢的行銷方案。

有的人則是原本就已具備特定產業專業身分，例如醫生、營養師或是律師，但是因爲額外的需求，才去學習行銷的相關知識。因此在職場工作時，這位專業的醫生，很可能同時也是位自我形象風趣的意見領袖，這時醫生的行銷人特質就對他在經營個人品牌上，有著別於他人的展現。

有時，我們可能在午夜夢迴，潸然淚下回想自己乏善可陳的職場發展，喃喃自語說道：「才幾年就江郎才盡了，應該是沒這本事吃這行飯……」然而不論是與生俱來的才能，還是經驗所累積的教訓，請先釐清自己在職場中缺乏的技能是什麼，以及爲什麼需要這份技能，再決定如何去補強提升。就算現在的表現優異，也難免遇到發展上的困境，能夠持續成長才是最重要的。公司資源是有限的，對於越是有發展潛力的同仁，給予升遷的機會或發揮的舞台就越大，往往具備這些技能，就是在職場「更上層樓」的關鍵。

若是從生涯規劃的發展來說，人的一生中扮演許多不同的角色，在發展的歷程中，常常因爲自我成長而有了新的領悟與覺醒。最常得見的是，原本擔任軍職的人，在年屆退伍年限後仍具備工作能力，因此決定出來自己創業，也可能將本來在軍中的專業再精進，到企業內任職發揮所長。但即使從軍旅生涯中，未曾在教育及工作上接觸過行銷領域，但仍很可能因創意及企劃能力，適合成爲行銷人，那就是透過生涯不同階段，逐漸找到下一個適合自己的新機會。

從行銷人的職涯發展來說，越早提升自己的眼界，對於關注的議題越廣泛，甚至是對其他單位跨部門溝通的能力越強，除了在行銷領域上可以走得更遠，也更能看清楚自己是否適合留在公司或自行創業。每個人都有自己獨特的價值，但要如何讓這個價值在職場中被看見，除了自己的努力之外，還要看企業是否具有這樣的好眼力。通常求職者在找工作時，多半履歷不會只投遞一家公司，希望能爭取到更多更好的機會，若是履歷表現不錯的，甚至收到多家公司的面試機會，最終還能從中選擇自己最想去的職務獲得發揮的機會。同時對徵才的企業或組織而言，如果品牌名聲還不錯，或是職務內容及待遇夠吸引人，就有機會獲得許多求職者的爭取意願。

自從新冠疫情出現之後，全世界都陷入了劇烈且不可逆的變化。對於國內的企業組織來說，雖然疫情尚在可控範圍，市場一樣受到了嚴重的衝擊，企業對未來的經營環境及經營方式，甚或是非營利組織的生存能力，要在這一片市場迷霧中找到方向，更是件不容易的事。

很多人在發展職涯時，會對一件事感到疑惑，那就是「如果我們既有創意又有能力，到底該在亂世之中應該進入企業擔任行銷部門的高階主管，安穩的領受企業照顧直到退休？還是應該衝一波試著創業，期望能創造屬於自己能親手掌握的未來？」換作從「元行銷」的概念來看，答案可能是階段性的，而非是單選題。

2.7找到自己的機會

從行銷人的角度來說，怎麼做、為什麼做十分重要，但是能不能把行銷工作做好，關鍵卻常常不在企業，而是在於我們內心的期望。就像有人負責進行新通路的開發，公司當然希望你能多找幾個商圈地點來評估，但是對行銷人來說，可能腦袋中所想的會是：如若公司的品牌發展真的很有潛力，那自己有什麼機會也能跟著獲益？同樣的負責產品開發的人，若是能規劃出爆款的產品，除了公司獲利有所提升之外，當然也會希望自己的獎金能夠有所成長。

此時會有人問我：「若是行銷人希望能更上一層樓，在原有的組織中擔任總經理等高階管理職位的機率大是不大？」就我自己的觀察，確實有不少人是從行銷人成爲公司的管理者，但因爲很多行銷人的個性及理想停留在不同的行銷領域發揮的機會比較多，因而也有不少人就自己出來開公司或是與人合夥成爲新創者。

可惜，有些企業儘管希望能擁有這樣優秀的行銷人，卻不希望他們太過突出自我的光環。例如：成功的公關發言人自然必需跟媒體建立好關係，甚至代表公司擔任第一線的受訪角色，但部分企業的文化或許可能有其他部門的同仁甚至是老闆，卻可能對這位公關發言人的優異表現感到吃醋，甚至反過來指責他只圖讓自己曝光別有二心。

當我們面對公司現況行銷績效不佳時，會思考是否因品牌表現不如競爭者，若是消費者的滿意度和認同度下降時，則會推估並預防產品的市場佔有率與利潤衰退。面對這些問題，公司裡通常沒有其他部門能比行銷人更了解，就算是直接面對銷售的業務部或門市，亦或是負責產品開發的商品部，都只是站在其中一個面向來看問題。

行銷傳播的應用也是如此，從消費者的訊息接收習慣改變，進而擬定出更有溝通說服效益的企劃方案，若是我們在代理商服務時，則能以更宏觀的角度來思考，從外部角度來幫助客戶公司，找出營運困境並運用專業來幫忙解決問題。當然在這樣的工作環境下，必須得不斷的進化，才能創造出更獨特而且有價值的內容策略，讓客戶買單。

有的行銷人對於職涯中的產業發展，有特定的專精及偏好，例如房地產、高科技、政治選舉等特殊領域，當然也有很多行銷人可以接受多種不同的產業領域，例如只要是消費性產品都能發揮，或企業對企業的行銷都願意嘗試。不過行銷人多半願意嘗試挑戰，因爲這樣的職涯發展，有助於自己專業能力的積累，而在社會環境發生變化，或原來的產業受到衝擊時，還有能從其他產業經驗可以找到機會。就像旅行業受到疫情的衝擊過於嚴重，很多行銷人只能被迫轉職，若曾具備餐飲業的經驗，就更容易轉換到新的領域，像是連鎖加盟展總部。

比較特殊一些的職涯發展，像是本來從事新聞工作的記者，因爲熟悉媒體環境，且能掌握新聞寫作及議題管理，也在過去的職場生涯中累積許多採訪的經驗，同時具備趨勢的觀察能力，有更能了解閱聽衆對於什麼樣的時事話題感興趣的敏感度，所以很多組織也很樂意重用他們，負責擔任公關工作及對外擔任發言人。但也同樣有些本來公關領域的工作，像是舉辦活動及記者會、對內的品牌溝通，及應對不同組織結構的工作方式，所以在轉職時若也能熟悉行銷及公關專業的知識和需求，也就更容易上手。

在數位時代中，行銷人的「履歷」已經不再只是一本單純記錄著自己做過什麼工作，負責過什麼專案的歷史紀錄，尤其是越高階的行銷職務，需要的是能幫品牌創造更大價值，獲得更多未來利益的人，這時我們若希望能在履歷上有突出的表現，就要在社群及現有工作上，更明確地將可以發揮的地方呈現出來。我曾問過不少高階主管，他們在挑選行銷主管時在乎什麼條件，有趣的是若詢問對象是新創者，通常會希望來人能在數位環境中，有一定的表現和可供檢視的成績，甚至還會用Google去搜尋其相關背景。

什麼時候是行銷人必須考慮轉換跑道的時機？有時轉換工作的原因，不一定是自願的，就算是行銷人也可能面臨非自願性質離職或轉職，像是因爲疫情的衝擊導致公司裁員，或是組織調整但無意接受改變後的工作性質與內容，畢竟行銷人在身分上還是公司的一員，就算今天自己是部門的最高主管，依然會遇到老闆的決策才是最終結果。再來可能是覺得感覺自己在組織中沒有發展空間，或是眞的無力去改變現況所造成的無力感，甚至是工作環境的人事鬥爭及相處氣氛差，這些都還會導致行銷人職場轉換，當然，對於薪資及待遇的不滿，也常常是壓死駱駝的最後一根稻草。

那麼，除了消極的原因之外，有沒有明明工作順利、組織相處和樂，依然有行銷人會想轉換公司及職務的呢？有個很關鍵的原因是：行銷人在一定程度上是無法滿足於現況而停滯的。這個時候我們可能想到更有挑戰性的產業，或是從企業端和廣告公關的代理商之間做轉換。這有時是個很有趣的問題，行銷人是不是會這麼容易爲了更好的機會，或是爲了自我實現而離開舒適圈？這對每個人來說都有不同的考量，但是當行銷人自己成長到了一個階段，而所在的組織卻已停滯不前，爲了讓希望自己的理想目標更快達成，那就只能選擇勇往直前了。

2.8培養成材的行銷人

完整培養出具備一定水平的整合行銷傳播人才，卻是困難且漫長的挑戰。以實務的職場環境來說，許多組織的行銷，將整合行銷傳播的策略概念作爲部門規劃的主軸時，會因需要設立不同的職務及工作內容。當中負責整合行銷傳播部門的主管必須從消費者、品牌的角度出發，思考行銷傳播工具的規劃與應用，包含廣告、公共關係活動、促銷活動、數位行銷等方式，掌握部門成員的工作執行，擬定行銷預算及確認效益。

其他行銷部門的成員，除了具備所負責的專業能力與知識，也要具有創意與溝通協調的職能屬性，並願意持續關注行銷環境的變化，並洞察消費者需求，尋求行銷問題的解決處理，發揮創意企劃與執行，才能達到整合行銷傳播內部與外部的綜效。然而以現今大學教育的人才培養，能銜接這樣工作的實際課程其實相當有限。

同時，企業主在高額的整合行銷傳播計畫上，投資越來越難得到回報，效益更加明顯的精準行銷，或是以數位爲主體、傳統工具爲輔的新形態模式也更受雇主歡迎。大量新型態的工作像是社群小編、品牌管理人員、新媒體工具操作者以及網站及數位廣告人員，都是現在學校教育中願意培養，但卻更急需實務與理論基礎來支撐的部分，這也導致新一代的人才培養，因環境及需求的變化，而更加的困難。

品牌本身的崩壞讓行銷人員專業能力也受到挑戰，不少企業主期望行銷部同仁能幫助品牌再造轉型，但缺乏可以運用的資源及足夠的專業知識，以及僵化的公司體系，都讓行銷工作者難以發揮；但往往主管及經營者，卻認爲是行銷人員的能力不足。傳統品牌管理者及新一代的管理者，對行銷工作者的內容認知也不同，較年輕的接班人及新創品牌負責人，不少都具備了一定的商管知識，也比較願意接受數位行銷的觀念。甚至有的行銷部門主管，因爲自己害怕改變和被年輕一代挑戰，反而阻礙企業培養人才的例子也時有所聞。

現今社會，許多行業曾有的規範和準則逐漸消失，越來越多的人更不在乎職場的價值，接班和公司的留才都成了越來越困難的課題。當我們也同時兼具老師這個角色時，就該想想怎麼把一個職業中，該有的專業知識、價值觀，讓有心學習成長的學子能有所收穫。還記得自己年輕時的職業生涯發展里程碑，就是擔任企業的行銷部門主管，因緣際會讀了廣告暨公共關係研究所在職班，後來又當上了大學老師，還在職場的時候，總是會思考如何能在職位上表現更好、獲得更多升遷、得到更好的薪資。

還記得小時候，看到頭銜上掛著什麼「師」的，像醫師、律師、老師……（魔法師不算！）都會有一種尊敬的感覺，好像要成爲這樣的人必須很專業，也很有能力。師者，多數人認爲指的是老師、教授，其實在教育的環境中，能夠培養更多專業能力的人，就能從事這樣的工作。記得當年我讀的那所大學以嚴格聞名，尤其有一位老師的道理讓人印象深刻，他認爲「學會了公安（勞工安全）的課不難，考到證照也不難，但本質學能不足、態度不對，未來在職場發生了意外，害到的不只是自己，還有別人。」

雖然以前我就想過，等退休了要做一些更有意義的事，然而意外的開始來得突然，因緣際會到了大學任教後，突然發現雖然初期這些都不在原本的規劃之中，但仍然能符合我本來就想做的事——培養優秀的下一代人才。我選擇教書的原因，從一開始就是希望能培養出能在行銷職場上有好表現、發光發熱的種子，不論是學校環境、社會教育，還是職場，慶幸的是，這些年有些資質不錯的孩子，進入職場中有了良好的表現。雖然自己的角色不算重要，卻也算對得起自己對教育的責任。其實我一直以來都有個理念，就是不以收費高低來決定課程內容的深度，而是看學員成長的可能性作爲預期目標。可惜懂得感恩的人越來越少，就算費盡心思培養出了菁英，忘恩負義的人也是有的。

也因爲自己是創業者及行銷人的身分，對於現今的年輕行銷人及創業者想學習成長的需求特別關注，政府其實也有開設大量免費／低價的課程，大幅降低了學習的門檻，只是這也導致部分專業行銷課程的品質下滑，或是開課師資參差不齊。不少單位有開設線上培訓課程，收費也較爲便宜，但數位課程較適用於操作及單項性的內容，針對策略發想及創意的培養上，數位課程的互動性還是比較差的。數位資訊擴散導致專業知識普及化，以往廣告代理商的其中一個優勢，就是靠獨特知識與技術及領域專業的知名度，但現在許多免費的管理行銷知識，都可以透過搜尋獲得；甚至不少提案時所使用的理論因爲太過基礎，對於企業主來說，能創造的創意與策略獨特性幫助有限。

因此若是我們自己本身就具備了「元行銷」的特質，其實就更有一份責任去培養或協助有心成長且觀念正確的孩子，在知識與實務上有更好的學習機會。讓人才在指導及鼓勵的過程中，透過邊做邊成長的方式來進行培訓，事實上，眞的成材的行銷人，在工作過程中不但會有很多的回饋，甚至能幫助自己的部門主管更上一層樓，雖然也有人因爲自我成長後，想要有一番自己的作爲而離開，但至少能讓好的理念與價值傳承下去。

比起過去只是要求、壓迫、勉強的培訓方式，更能讓人才發展的機會，就是以自身的表現作爲證明，不論是一家公司的經營者，還是行銷部門的主管，帶著做比動口要求更有意義。對年輕一代來說，在薪水的要求上仍然是很重要的考量，但是因身處數位時代，比以往更容易知道一份工作的職務和公司如何對待員工等相關資訊，不再像過去只流於單方面的了解，求職者也會對公司除了賺錢之外的事，像是品牌的公益行爲也更加感興趣。

以疫情期間來說，我自己有不少學生因爲對未來感興趣，希望能到社會企業或是新創公司就業，而進一步探討他們想去這些公司上班的原因，除了企業的未來發展性，還包含了品牌的正面形象，以及有關社會責任的實踐；更特別的是——就算如此，他們對於公司該給的薪水標準也沒有降低。國內前幾年曾經有過「大創業潮」，從學校就開始開設創業的課程，也造就了不少新創公司或微型企業出現，有的會因爲希望吸引人才，而打著「實現夢想」的口號，但是卻給著比業界水平更低的薪水，試圖說服職場新鮮人的青睞。但是回頭來看，這些公司有的卻又因營運不佳，導致失去了原本的理念，淪落爲只喊口號卻不負責任的企業。

不論是餐飲業、服務業或是新創公司，當對原有的員工都沒有給予適度的保障，一旦需要徵求新血加入時，光是網路社群上的負面評價，就足以讓新鮮人望之卻步。而此時對企業來說，問題就不只在錢，更代表品牌的社會責任表現其實不及格。而這樣的問題，更常發生在老化的大企業身上，對於不少準備進入職場的求職者來說，可能連投遞履歷的興趣都不高。

不少企業的經營者，仍認爲所謂社會責任的實踐，就是淨灘、捐款和公益活動，但是卻忘了——品牌內部可能更需要社會責任的溝通。從潛在員工的角度來說，一個公司願意幫助偏鄉兒童是好事，但也會希望若這家公司眞的有用心注意，哪天自己若有需要被照顧的地方，也能從公司獲得不同的援助資源。也因此，若是公司能將社會責任的面向重新思考，所帶來的正面效益也就更能經得起檢視。

同樣的，當職場新鮮人在選擇工作時，一個公司還在喊著「爲夢想奉獻一切」，而另一個除了有理想之外，也能兼顧員工正常的生活，還對社會有一定的公益責任時，若兩者薪水基礎上差不多的情況下，就更容易讓年輕的就業者想上門工作。這時促使求職者選擇的關鍵，並非大家對於工作太過理想化，而是年輕一輩的就業者，對於自己所期望的工作型態與生活，有了更多的覺醒與理解。

對年輕一代的人來說，當工作與生活產生衝突時，現在跟過去有著相當不同的觀點。以前的主管想用自己的方式培養新人，或是公司為了求發展而要求員工做更多的犧牲，都有其時代背景因素；但疫情的動盪之下，讓人更希望當下的工作能有更多的平衡，不論是薪水、任職的公司與生活，更重要的是，當一份工作至少在社群上的正面形象多過負面，在社會上除了賺錢還願意負擔更多責任時，就會成為吸引不少職場新人願意委身的公司，甚至能夠讓這些員工成為公司最佳的代表與支持者，這也就是「元行銷」價值的實踐。

chapter 3

創業的勇者之路

有才能者在經歷了職場的試煉、生活的敲打後，常常會發現只有當自己能夠完全獨當一面時，才能讓夢想得以實踐。但是創了業之後才發現，比起做事其實做人更難，但畢竟爲了逐夢，那創業者的勇者之路雖然孤獨，卻有機會成就非凡。

- **成爲老闆的七項修練**
- **找到持續運作的模式**
- **合作夥伴眞的值得信賴嗎**
- **比職場更困難的人事問題**
- **調適壓力的重要**
- **別讓人脈成了負擔**
- **把創業之火延續下去**

3.1成爲老闆的七項修練

每逢發完年終獎金到農曆年前，以及七、八月的畢業新生入職期，總有一波波的創業潮發生，尤其是受到疫情影響的產業，因爲面對整體性的衝擊，不少人只能另起爐灶，尋找新興的商業需求並自行創業。不論創業初期資源是否足夠，我們總能看到有人自創品牌，或是成爲部落客經營個人工作室，也有的人是按部就班成立公司，打算從持續營運中獲得長期利益。

在確認自己適合創業的產業之後，用什麼方式來經營並且獲得收益，也是很重要的選擇方向，例如開設實體門市、網路電子商店，還是建立自產自銷的製造類品牌，甚至是專門服務企業端的貿易交易，都會影響到公司在獲得收入前，創業前期所需投入的資金金額。由於新創者的特質，我們勇於透過競爭的行動，讓品牌持續發展並獲得市場獨特地位，有明確的目標與計劃後，就會希望投入更多資源，爲企業帶來持續性的獲利。

要持續讓品牌往正向方向發展，不論是購買生產設備、開設店面，都需要持續投入時間精力、資金與其他資源，我們也很清楚消費者是現實的，當你無法滿足消費者的需求與期望時，他是不會繼續以購買來支持企業生存的。因此新創者除了須具備高素質的自信與理念，強烈的工作意願並投入之外，也要有勇於負責及承擔失敗風險的決心。

例如：若眞的要開滷味店，應該先搞清楚國人對滷味的偏好。原本滷味是台灣常見的小吃類型，但是讓這項小吃從家中廚房走入大衆，一致性的滷製方式和連鎖品牌的建立，才是眞正讓消費者能隨時享受到這般美味的原因。隨著消費者的生活習慣逐漸改變，商圈滷味攤販售的加熱滷味，或是便利商店隨時可入手的盒裝滷味，甚至是電商的冷凍滷味，都成爲了消費者入手解饞的可能來源。

當我們要從已有一定成熟競爭者的市場中，找到自己的新創立足之地時，就要評估自己手上的資金和條件，看是從實體滷味店創業，還是找個地方自己生產後再經由通路販售，或是加盟特定領導品牌。不論是哪一個選項，都要思考現在的投入我們可以維持多久，當需要進入下一個企業成長階段時，是貸款取得資金？還是等到手上現金足夠才再投入資金？這些都是在創業初期得要先想清楚，並從現實與理想的平衡中做出選擇。

新創者還要顧及的事情，包含了企業的現金流管理。隨著品牌的成長，資金的流進與流出更多更頻繁，但卻不一定在創業初期就有足夠的收入，所以需要維持一定金額的現金在手，做爲購買原物料、租金、發放同仁薪水及支付債務等使用，才不會因爲財務槓桿出問題，結果導致周轉不靈；也有新創者選擇較爲保守的作法，像是不跟銀行貸款、初期準備金夠撐六個月才開店，或是在場地的選擇上採取自有場地或租金較低的地方，都能讓初期的資源支出，能得到較安全的平衡。

像是早期向銀行創業貸款時，多半需要企劃書才能申請，但是回頭來看，如果只是找人代寫或是照本宣科，最後一樣會被市場淘汰，而自己寫創業企劃書眞正的目的，就是要釐清未來要走的路。當有充裕的準備時間才開始自己的創業之路，更可讓公司迅速步上軌道，也能更容易地發展下去，甚至是避開風險。在有充分準備的狀況下，尋找具有價值的創業機會，當然是最理想的創業模式，尤其是當我們具備能力，創造出更好的新產品或服務時，並能滿足市場之中，需求尙未被滿足的地方，能夠爲新創者及新創企業帶來實質的回饋，也才能更穩固長久。

有些新創者爲了好面子，大張旗鼓地的在黃金地段付了高額租金，然後一下子請了好幾名現場員工，開幕活動辦得很熱鬧，但結果突然因疫情衝擊客戶上不了門，最終很快就燒完資本黯然關店，其問題很可能不只是疫情，而是根本沒有足夠的競爭力和前期準備。新創者身上多少會有些高度理想化、敢於往前衝而不顧後果的特質，但我們得面對的是，既然要開公司，那就要努力持續發展下去，並建立品牌讓消費者能夠信任，此時自己的某些夢想或臭脾氣就得先緩一緩，而得優先考慮讓創業的模式和收益能夠經得起考驗。

在各行各業的不同領域中，我們也能發現，因爲數位時代的影響與改變，尤其當前的職場環境無法滿足新世代行銷人時，轉身成爲創業者的機會比以往高出多，其中最重要的原因就是，具備「元行銷」特質的人在從事行銷工作前，就已經是一名消費者，因此更受不了那些思想僵化也不願進一步了解消費者的企業組織。越來越多專業的人，寧可勇敢轉職創業當老闆，也不願意留在企業受氣，像是開設連鎖餐廳、手搖茶飲鋪，或是工業設備的買賣、居家環保材料的研發銷售……許多20～30多歲的青年創業家，已經在各行各業開始打出一片天。

但是那就代表了「舉凡行銷人，都很適合自己創業」嗎？這是一個很有趣的問題，畢竟擅長開發產品，或精於廣告文案，並不代表就能成爲稱職的公司負責人。雖然我們有時會認定，自己的創意一定可行，甚至對消費者及產業的熟悉度都很高，出來創業應該很有機會成功。但除了懂行銷，創業還必須得具備特定領域的一技之長，例如想開餐廳至少要能燒一手好菜，想在電商賣手工飾品，也要能自己設計製作，這些可能都是本來行銷人相對陌生的領域。也因此，除非我們作足了萬全的準備，才不致從行銷人轉變成創業者後，反而落入失敗的收場。

創業本身必須面臨經濟、生活上的高度壓力，可能每天要工作超過十幾個小時，更可能沒有太多的假日和娛樂時間，而且在體力與精神上都必須有足夠的抗壓性，來應付過量工作與突發狀況，甚至在面對失敗風險時，要能有更強的心理素質，來擬定因應的方案與措施。面對客戶的刁難、突如其來的危機，以及組織內的人事與財務，都可能讓我們萌生問號：「自己的創業之路眞的走得下去嗎？」

其實不少新創者在創業過程中，也可能經歷失敗，而回到一般公司任職，我認識一些在創業結束後，選擇回企業擔任行銷部門的主管，也有不少企業願意聘用曾經的創業者，原因在於看中他們的新創精神，以及實戰經驗與務實態度，特別是需要創意和市場敏銳度的行銷工作。還記得當年我也曾經選擇進入大公司歷練，後來也創了業，但仍常常充滿挑戰，必須持續不斷地努力爲下一步做準備。

我們在創業時，要先確立明確的獲利模式公司經營才能長久，不要以爲看過一些創業成功的影片案例就渾身充滿信心，難吃的健康便當到處都是、失敗的咖啡店很快就倒，太多的實例證明唯有經得起考驗才能存活下去。我不認同部分書中所寫太過理論，而不務實的一些創業觀點及做法，可能那些寫書的作者自己都沒有創業過，尤其是不少經營管理的概念，常常出自於一些已經有經營規模的公司。一家店或公司要先能活下去，再來談那些大道理怎麼運用，很多理論往往緩不濟急；但是這並不代表這些能讓品牌更上軌道的理論及作法創業者就不需知道，只是創業者更需要在創業的過程中，眞實的去嘗試與實踐，而不只是紙上談兵。

我從自己過去創業和曾輔導許多企業組織的經驗中，整理出了七項新創者的修練關鍵，並且以「元行銷」的角度結合，思考如何讓新創者能夠帶領企業步上正軌，在對的路上幫助更多人一起同行。

附圖 3-1 創業者的七項修練

其實不少新創者在投入行業時，很多的時候是不得已下的選擇，像是因爲公司突然裁員……但是，難道原本從事的是工廠作業員，就有辦法去開一家工廠嗎？這不太務實，所以這時比較可能的作法是：評估自己手上還有一些存款，再稍微跟銀行借一些，就把小時候媽媽做的滷味配方當作創業的基礎，再經由自己的改良製作，開個小攤子做起了生意，這也許就是一個具有潛力的新創品牌。

又或是原本在百貨公司工作多年，因爲要照顧年邁的雙親，於是在電商平台上開個店鋪，從事服飾產品的銷售，但卻發現原有的進貨管道，並不能滿足想穿得更時尚、但售價也更親民的小資上班族女性，因此重新開發找到了新合作供應商，重新規劃設計適合的產品，再憑自己眼光和過去的經驗，慢慢讓消費者更加關注與支持這個新品牌。這些從生活中務實的實踐理想，不斷前進的人事物，才是國內多數新創者的眞實面貌。

但其實從「元行銷」的概念中我們可以發現，越是從消費者身分出發的新創者，反而越能看到市場眞實的需求，就像我們可能眞的很喜歡吃炸雞排，直到有一天創業時，發現以前其他品牌用的油不夠好、肉不夠新鮮，這時只要能克服困難，就更能發展出其他品牌所沒有的特色，再從行銷人的角度思考，以更富創意的方式來增加品牌故事與訴求時，才能眞正發揮與消費者直接溝通的效果。唯一的關鍵是：有品嘗美食的能力，和能夠製作出好吃炸雞之間，仍然有相當的差距，那就得看我們對於創業，願意投入多少時間精力資金，才能把理想化爲現實。

3.2找到持續運作的模式

新創企業的商品服務與市場現有競爭者之間的差異，常常是吸引消費者嘗新的關鍵。創業初期的創新並不困難，但若做出成績志得意滿不再前進，或競爭者相繼投入資源瓜分機會，甚至是消費者開始喜新厭舊時，我們該如何繼續走下去？找到自己的路才是關鍵。

研發新產品技術的優勢可以創造市場競爭的相對優勢，但服務研發更是未來的機會，從服務的缺口來切入，創造更有價值的服務內容，或是運用流程改善來提升消費者的認同感，都是相當重要的做法。

掌握本身所處的產業最新市場趨勢與變化，並透過敏感度及觀察力，尋找更理想的商機和切入點，同時明確的評估其可行性。商業模式指的就是——企業能夠持續創造並且獲取利益的手段和方法。所以關鍵在於「持續」與「利益」，如果今天我們經營一家企業，卻沒有能力持續獲得營收，很快的這家公司就會倒閉，但是若是只有獲得收入，卻總是用一些見不得人的不正當手段，那在獲取「利益」的同時就沒有辦法得到附加的無形價值，包含被社會公衆及消費者肯定，也無法對社會產生益處，那麼自然還是無法「持續」下去。

就像這幾年我發現，有些投入剛創業的人很喜歡把「個人品牌」及「商業模式」兩個名詞掛在嘴邊，好像常常提及就能創業有成，就像沒事看心靈雞湯，以爲多喝兩碗就會活得有自信？但其實不論是個人品牌還是商業模式，不能只是喊喊口號就想成功，要能夠產生持續的價值，相對的就要付出經營與維持的代價，並且前提是走在正確的道路上。

先說說個人品牌這件事，姑且不論想創業的朋友是否眞的有什麼品牌理念、品牌願景，就連什麼是品牌都還沒搞懂，好歹也先去買幾本相關書籍、找個對的老師上課瞭解一下啊！更可怕的是那些連自己品牌形象都做不好的創業導師，人設不是模仿指標人物，就是整天在小圈圈裡求溫暖，然後就以爲自己很厲害？我遇過一些很有本事的創業家，店一開數十家甚至百家以上的都還在學習，或是有些雖然有點臭屁自大，但至少把自己打理得很有風格。

再說說那些有代表性的個人品牌，許多人都是經歷過大型品牌的磨練與經驗學習，或是清楚瞭解自己在品牌內化與外顯之後確立自己想要做些什麼，最重要的就是眞正先搞懂怎麼做品牌。當有了正確的觀念之後，要能持續經營並且願意有所取捨，才能讓我們的「人設」不會因爲意外，一夕之間就崩壞。

「商業模式」一詞更像是新創者心靈雞湯雞中的骨頭，有些人居然把賣咖啡、煎牛排，或是拍短片、寫文章，當作是商業模式？那叫做「產品」好嗎？更有甚者還有學者、創業導師，沒事就把台積電、麥當勞的成功案例當作是商業模式？說眞的，這種資本額及模式玩的是商業模式嗎？是有錢的資本爸媽吧！

當然有些成功者的商業模式確實值得學習，但看懂背後的原因才是重點。例如專門教寫作文的老師，一邊鼓勵自己的學生多寫文章甚至每日更新，一邊建議文筆不錯的學生創業開班授課；乍看這個老師很無私，但學生創業時使用的教材授權費、老師的作文班品牌授權，才是他眞正的營運收益。所以不論是新創者希望用什麼樣的方式，來持續運作創立的企業並提升自己的價值，首先必需得面對的就是：怎麼維持獲利。

從我開始學習商業管理知識開始，市場上時不時就會出現某種成功模式的歸納，或是成功企業具備的條件整理，乍看之下好像是一種秘笈，只要熟讀就有機會成功；然而，你卻可能發現十年後那家公司已經倒閉，或是所謂的成功理論無法被持續驗證。當我們看到某企業成功、某名人常常被吹捧，就覺得他們應該值得學習；而絕對績效的錯覺，更是常發生在近年來許多社群行為當中，像是某粉專因為按讚人數龐大、社團加入人數眾多，我們就會認為那是成功的經營方式，但常常背後的其他問題卻很少被提到。

因此，當我們要思考——到底如何能建立一種模式？不論是持續的生產產品之後銷售，還是透過持續性服務的提供來獲取報酬，我們必定會有需要先付出的必要成本，然而如何計算投入多少成本後，能獲得有形的營收及無形的品牌價值，這就是新創者及行銷人最重要的功課之一。

在所謂投入的成本中，包含製造商品的原物料成本、購買現有商品成本、提供服務的人員薪水，這些稱之為營業成本。若是再細分，則包含製造生產產品時，所有的直接材料成本（原料、消耗品、半成品、零件），將產品交付給客戶時發生的分銷成本（倉儲費、運費、貨物處理費、保險費），各部門員工薪水、行銷成本及其他費用。

創業後當公司營運已經比較上軌道時，新創者常常就開始想要四處擴展機會，而容易發生因多角化經營而失利的情況，例如作手搖飲的就覺得可以順便賣咖啡，或是賣冰的覺得可以同時在店內舉辦桌遊比賽增加收入，這些都是常見導致問題的多角化問題，雖然新創者還是會認為，反正嘗試看看也沒有損失，甚至都已經推出了，乾脆持續賣下去也不錯，但是因為資源的分散或品質管理的問題，反而常常導致多角化經營的失誤，而且問題往往不是當下會發現，而是過了一段時間後才逐漸浮現。

但是多角化經營就一定會造成問題嗎？當然不是！我們其實只要

從「元行銷」的出發點來思考，當新產品或新服務要推出前，若把新品推出或品牌合作方案事先向內部同仁提案，並找出可能發生的問題時，或許就能避免走入誤區，至少可以增加成功的機會。這也就是前面我說過的，爲什麼新創者在歷經一定階段後，必須開始嘗試轉換角色，尤其是加入行銷人的思維，因爲當公司越成熟，必須考量的問題及錯誤決策的風險都越來越大時，專斷獨行的領導可能會讓組織面臨無法避免的危機。

3.3合作夥伴眞的值得信賴嗎

團隊型態的工作模式一定比較好嗎？相信我們在學生時期，甚至是在外面上課時，都常常遇到需要小組討論報告，練習團隊一起合作的模式，老師們也會說這就是職場的型態。但其實在職場中不少常見的團隊型態，會發生沒有效益的會議、浪費時間的討論，甚至只是天馬行空的瞎扯淡，最後會議就在沒有具體結論的情況下結束。尤其是疫情期間，我發現當大家必須居家上班時，會議的次數甚至比以往更加頻繁，但眞正能發揮團隊技巧的時機和需求並不多，甚至根本就是自己可以獨立完成的工作成果。

那爲什麼很多組織還是會鼓勵要以團隊型態的方式來工作進行腦力激盪創意發想呢？有一個重要的關鍵是——異中求同。每個部門內的成員都有自己負責的工作，像是行銷部的廣告、公關、促銷等企劃職務，透過分享觀點的方式有助於團隊更快聚焦，找出彼此間的看法差異及原因；而跨部門的會議則能將不同立場的認知做溝通，像是行銷部、產品部、業務部之間，在同一個專案中互有關連，但也有自己的角色需要顧及，那麼找出各單位不同立場的原因並達成最重要的共識，則是讓團隊合作會議更具效益的方法。

對行銷人及新創者而言，打團體戰幾乎是無可避免的事，在團隊的組成上，以對於產業的熟悉度、人員專業能力及資源的掌握度來盤點，新創企業可以從實際營運需求和競爭者比較中，來強化我們應該努力與加強的地方。建立良好的合作夥伴關係，可以獲得更穩固的企業運作方式，並且經由特定資源取得與銷售上的幫助，來降低可能發生的風險。

對於新創者在看待團隊合作時的關鍵，就是能夠將會議及團隊合作的共識更有效益的去提升及轉化，讓成員能從中更快簡化下次必須討論的問題。「元行銷」的概念就是讓創意的累積、行銷的效益和成員的獲益都能夠循環提昇，如何讓品牌內部的行銷能一直不斷進化，我們可以設計一個收集團隊智慧資訊的方式，將可參考的訊息與必須考慮的因素都納入，並固定的將內容用來累積轉化，但也同時減少團隊的會議和無意義的討論。

創業合作夥伴對公司的發展與績效，有著重要的影響力，尤其左右了公司能否存活下去及之後的成長潛力；不過若創業初期沒有找到合適的合作夥伴，單打獨鬥創業的也不少。但是當組織發展到一定階段時，尤其是新創公司更必須思考，有能力的同仁可能不再只安於領薪水獎金就爲公司賣命，而能夠讓員工更願意留下來的原因，可能是公平的釋出更多資源，讓更多認同品牌的夥伴，也能成爲股東或內部創業者。

創業初期其實充滿了不確定性，合作夥伴中可能因爲能力、觀念等多種原因不斷有人離開加入，所以保持團隊的開放性，才能使眞正適合的人才能被吸納到團隊中，但也要避免過度持續而劇烈的變動，因爲這樣會使正在運作中的工作出現斷層，甚至因此產生失誤而發生危機。創業合作夥伴的組成爲了減少初期的營運成本，應該在能確保企業有效運作的前提下，先保守精簡來運作，很多新創企業就是因爲一開始便大張旗鼓，造成了過高的人事成本，反而拖累了公司的資金運用。若能與不同的團隊和專業人士，在知識、技能、經驗等方面互補合作，也願意在獲得利益時合理的分配，則有可能經由資源整合而發揮出加乘的效應。

合夥人拆夥可以說是創業過程中，常會發生的事情。雙方產生爭執與衝突的原因，包含合夥前沒有將彼此的關係利益淸楚說明，合作條件沒有白紙黑字的寫下來，利益分配不均、經營不善損失慘重，以及後續合夥人的行爲態度產生變化。尤其是我們在創業初期，常會先找身邊的親友、熟悉的同學或以前當兵的同袍，甚至是曾在職場互動良好的對象來支持合作，當然更不用說夫妻共同創業。但也因爲越是親近的人，在商業場上若發生觀念分歧時，就越可能覺得對方不支持自己而更加情緒化。當創業合夥人之間開始產生嫌隙時，「錢」往往就是最嚴重的火藥庫，有賺到錢的認爲自己勞苦功高，賠錢的認爲是對方決策不當、能力不佳。

其實不少人在合夥前，也確實有落實了以合作協議書或公司章程，來具體說明合夥人之間的資訊、揭露權責義務、利潤分配及損失分攤等內容，但是一旦問題牽涉到個人利益，在創業初期就很難完全一板一眼的照著契約走。我曾經協助輔導過一家美容店，本來創業的三人都是關係不錯的好朋友，一起合資創業開了店，並說好各自帶以前的熟客來消費，作爲新店開店初期的收入來源。但並不是每個人的熟客都願意轉店，也導致創業初期的收入主要都來自於其中兩人；美容業又是明顯以服務爲主要的收益的產業，當第三人發現自己收入較差後，又偷偷回到以前服務的店裡去兼差……在這樣的不良循環之下有人開始覺得他不夠盡責，認爲他會把新店的客人又流失出去，最終三人的合作以不愉快收場，只保留兩位願意繼續經營的合夥人。

合夥人之間的過度比較，也會造成彼此的心結與關係的破壞，我之前曾看過一家新創企業，原本一起合夥的兩人因爲都對攝影有興趣，而產生合作關係，但其中一方常常炫耀自己又買了什麼新設備、又去哪個特別的地方拍照，另一方則是認爲自己一直被比較，也認定對方不夠用心在工作上，最終還是拆夥。但其實這背後，問題還是在自我認知與權力的競爭。越是想證明自己比對方更有價值，兩者的競爭不論是工作上還是其他方面，久而久之彼此間的關係就自然走向破碎了。

若今天合夥人之間眞的發生不可避免的衝突時，也要盡可能降低對組織的傷害。面對拆夥機制與爭議仲裁，若能提前於雙方合夥擬定合作協議書時，就將相關內容先達成共識並於契約中載明，就能將彼此的傷害減到最低。但若眞的發生無法預期或超出契約的意外狀況，也只能盡力而爲了。

創業的過程有如一場戰役，我們常常需要跟同事、合作夥伴一起奮鬥才能完成任務、達成目標，但有時雖然自己盡心盡力，還是會遇到那種遇事臨陣脫逃、不負責任的人，千萬小心，當下的一肚子火，更可能進而造成自己的工作延誤，最終導致新創事業的失敗，不可不愼啊！

3.4比職場更困難的人事問題

在創業持續發展的過程中，我們必須掌握並瞭解企業想永續發展必需具備哪些核心人才，之後才能進行人力盤點，以確認現有的公司內部成員是否足夠能滿足公司短、中、長期的人力發展需求。就算公司草創初期只有三、五個人，或是一家店只有夫妻兩人和一個正職的廚師，我們都要先將人力的發展作爲優先考量的事情之一。但若是我們是二代接班，或者新創公司已逐漸步上軌道，那麼人事問題更是企業持續發展的重要關鍵，招募及晉升員工時，具有「元行銷」特質的人才可說是讓企業組織，不斷持續發展的關鍵。

很多組織都習慣在公司出現職缺時，優先對外招募人才，但品牌往往需要長期累積同仁的認同感，所以，同步開放內部轉職晉升，反而更能使對品牌有忠誠度的同仁，獲得更好的機會持續爲組織服務。若是具備品牌忠誠思維的員工太少時，更應該以此爲目標來決定同仁的教育訓練方向及新進人才的導入。

另外在徵聘新進同仁時，除了多深入瞭解對方的能力與品德外，尤其是行銷相關的部門，更應該優先嘗試錄用具有高度「元行銷」特質的人才，更能爲公司儲備未來持續發展所需的動能。我們也要思考當品牌持續成長時，針對職務設定需要符合的條件，並依照新創公司的發展需要，規劃工作職務的內容。

坦白說，有多少人能夠一直喜歡自己的職務呢？從完成手上的企劃專案後得到滿足，還是透過薪水及年終進帳時才感覺有所收穫？畢竟越是積極的行銷人，越不容易滿足現況，就算得到了成就感也很快就消失，最重要的是自己全心奉獻出腦力和體力之後，是否得到足夠的實質回報。

尚處於入門職位的行銷人，對於任務分派多半沒有太多選擇的機會，除非主管持續給予成就實踐，不然光能先讓自己在社會的現實中存活下來就是一項挑戰，中階層級的行銷人也常常要在實現夢想與現實中拔河，其實創業者在還沒有讓公司步上軌道、收益穩定之前，也是充滿了不安全感。

我曾聽過一位擔任主管職位的行銷人分享，他一年要替公司操作3～4000萬的行銷預算，更高階的上層不願實質負責管事，下面的部屬時不時就請假離職，辛苦了10年後年薪依然不到百萬，但健康報告已經充滿紅字，只是爲了家人的生計撐一口氣。聽起來很微妙，但這眞的是行銷人追求的生活嗎？或許這就是在築夢與現實之間的眞實。

因此，一天到晚說行銷人可以怎麼提升營收效益，達到更高的目標設定，或是更理想的執行成果時，就更應該反問我們身處的組織，值不值得如此賣命，上頭的老闆管理者是否願意給予相對應的報酬，其實都是最眞實的重點。坦白說我就不相信，口口聲聲說著品牌理念和願景，然後強調品牌文化有多美好的公司，行銷人就願接受薪水比同業低30%？

對於多數的工作者來說，理想的收入和報酬，自然是往前邁進的動力之一，然而行銷人常常覺得，自己爲公司創造了這麼多的價值，不是應該更受重視和肯定嗎？但往往在分配獎金年終時，第一線的業務部門總是獲得最多的獎勵，再來可能是產品部，最後才會是行銷部與其他部門。其實這除了跟經營者對於行銷的價值不夠了解之外，從組織的營運來說，行銷部做爲一個預算支出的單位，若只是在追求達成品牌形象、知名度等效益，自然很難被認爲是直接帶來獲利成長的功臣。

因此從「元行銷」的角度來說，擔任公司領導者的新創者，就必須有一個很重要的觀點——要讓具有「元行銷」特質的同仁，自身能獲得的價值源源不絕的成長，就必須更明確的將獲利與行銷結合，當能具體爲公司賺到更多的利潤時，才能激發行銷團隊的士氣，也才能讓創意更容易被其他合作對象接受。另外新創者對於行銷部門、業務部門與商品部門，都必須去了解他們面對的需要與困難，以及三者可以共同創造的價值後，才能讓新創公司有更好的發揮空間，當大家都能獲得利益時，那路才能走得更長久。

行銷人對於不同於傳統的管理制度，新產品及服務開發、變革的產業交易流程，有自己獨特的想法與見解，在思考方式與執行上也更有理想性。在個人的願景與理念的推動下，創造出具有創新精神的組織，包含新創公司、非營利組織與社會企業，以及原有企業的品牌再造團隊。我們也常將這樣的特質延伸到在自己成立或是接班的企業，透過元行銷的認知與團隊的建立，透過品牌故事、品牌文化更爲具體的被描述及呈現，最後落實在每一個行銷的企劃方案當中。

在面試的時候，不論是求職者還是企業，都希望能爲雙方開啓一段合適且雙贏的機會，因此將自己的履歷修飾得更理想，是讓人資願意初步篩選、任用主管肯定並給予機會的重要依據。也有不少人是透過認識的人引薦介紹而成爲部門的同事下屬。但當新進員工到職沒多久，我們就發現有些問題不論如何溝通，就是得不到太多改善，甚至持續出現新問題，這時就得思考是否繼續任用該名員工。

但是面對人事更爲困難的情況其實是，直到共事後一段時間之後才發現，原本以爲沒問題的地方，陸續出現差池。像是員工越來越不細心、挪用公款、甚至是將出現問題的企劃送去比稿，進而造成公司損失。這些員工的行爲不一定很快會被發現，甚至要過了一段時間之後，才會逐漸顯露出來。但這些地雷員工對於我們的新創企業，帶來的損失可能相當嚴重，以下是比較常見的四種「地雷員工」。

一、重複犯錯但始終不願意改善者

像是主管已經提醒多次，在製作文件上要注意細節，或是提案簡報時要事先準備，甚至是面對自己的工作問題時，要反省過去曾發生的錯誤，但是當主管已經再三提醒，這類地雷員工表面上會承諾改善，但是卻常常在曾犯過的錯誤上，又再次發生類似的問題。這時的地雷通常就會在某件重大的任務上、或攸關企業的重要發展時，成了鬆脫的螺絲釘。

二、道德或財務有瑕疵者

有時雖然下屬的工作能力不錯，但卻有賭博或酗酒的習慣，本著唯才是用的角度，私德雖不一定會直接影響到工作表現，但其實在某種程度上，有外遇問題、積欠債務甚至其他的個人問題，都可能在某個時間點瞬間爆發。像是挪用公款，或因感情糾紛元配鬧到公司，都將造成公司形象受損。

三、勾結外人蓄意損害者

有些員工雖然職位不高，主管對其工作表現也沒有疑慮，但卻可能因爲本身的貪婪或是其他因素，故意將負責的機密洩漏給競爭對手，又或是故意利用職權，要求外部廠商請吃飯、送禮甚至拿回扣。這些員工有的甚至在公司任職已久，但仍然因爲私利，造成企業的損失。

四、挑撥離間的內耗者

有的員工因爲不滿其他同事升遷，或是主管沒有滿足自己的要求，就利用機會挑撥部分同事之間的和諧，也有些是故意犯錯後，等主管責備再來煽動其他同事，以追求正義等說法，引發企業管理的問題。甚至是一再挑戰公司的制度後，再利用小團體的方式要求公司改進配合。

地雷員工不一定都是從一開始到職，就能發現有這樣的問題，甚至有的人是在工作一段時間後，才逐漸顯現。雖然也有部分是因爲公司本身的問題原因，才導致這個員工變成地雷，但從管理的角度來看，一個組織要能持續發展，就要具備「拆地雷」的能力。好好勸說並協助改善，當然是有才有能的新創者，都想達到的雙贏結果，但當這個地雷員工的行爲，已經涉及法律責任甚至是公司重大事件，及時壯士斷臂以保大局，也是不得已的。當然我們也必需反思，爲什麼會發生這樣的問題，以及是否能更有效避開地雷員工，或許一直都是管理者的功課。

3.5調適壓力的重要

創業的過程中，總難免遇到某些讓人覺得不易相處，或是做事方法不同的人，有時是公司內的同事，也可能是客戶或合作夥伴，甚至因新一代的年輕人也進入職場，可能造成年紀較大的同事感到壓力。而若是因爲創業本身工作上的壓力及組織內部的衝突，都可能產生心理上的問題，久而久之就會更進一步影響我們的決策判斷，導致公司的表現出狀況。

從創業打拼突然遇到經營危機、順利的專案進度出現嚴重問題，或是溝通不當意外造成客戶流失，可能造成面臨壓力的一方不知所措，甚至是失控暴走，有的是在會議室中大吼大叫，更嚴重地的甚至會對客戶咆哮、在社群上用激進的方式來抒發情緒。這樣的情況若是偶爾出現，可能只是一時壓力過大，但經常性的發生且造成了與其他人相處的問題時，就要適度的遠離走避。若是失控者的行爲，甚至造成了管理危機或是品牌形象受損，更必須謹愼地處理後續問題。

造成壓力的原因，包含像是與交代事情不給具體方向的客戶打交道、常常沒來由挑戰你的意見的下屬、不斷壓迫我們要完成任務的合作對象、一直出包而且無法達成任務的下屬，這些工作任務中出現的衝突，與人際關係的破碎背叛，都會讓我們「壓力山大」。尤其創業對於職場和生活中的壓力與痛苦，常常與超過一般職場，但是更重要的是看清楚自己，有時造成壓力的原因是因爲還沒有學會怎麼跟壓力相處，甚至是勇敢的拒絕及面對不公平的事情，勇敢的接受那些造成壓力的原因，當壓力緩解後才能做個好夢。

有時因爲產業屬性，導致新創者的工作相對辛苦繁重，免不了付出時間勞力，甚至很難區分所謂的上下班時間，但工作還是必須進行，專案就是在這時得完成進度，要是有人直接冷處理、就此消失選擇不溝通，將因此導致其他人得去承擔更多原本屬於他人的工作。這些人的問題在於一定程度的不負責任，當然我不否認像是準時下班或是休假時間不工作都合理，但是本該完成交付的責任都沒有完成就直接消失，才是讓人不能接受的地方。

在許多職場或合作關係中，總能遇到那種表面上態度良好，但私底下不是一直批評攻擊團隊中的其他成員，就是暗中搞小動作來影響專案的進行的人，而背後發現最常見的原因，就是這些人是爲了自己的利益而產生這樣的言行舉止。嚴重的時候，不但團隊士氣受到影響，更可能導致工作及專案產生巨大損失。破壞者們不一定一開始就會表現出來，直到私下聽到奇怪的耳語，或是本來進行的工作突然出現問題，這時我們就必須小心，留意是否開始有這樣的人混入在團隊中。

有時我們必須負擔超出自己工作能力範圍的職責，也可能擔任原本不是自己專業的職務角色，但是當在職場中遇到那種做十件事有九件事出包、可能哭哭啼啼道歉說自己沒能力，但卻又在下次工作中繼續出問題的人。這種人有時眞的是因爲被迫上工，執行著自己無法完成的任務，但也不少情況是本該自我成長，但卻因沒有責任心進取心而無法勝任。這類人不但會拖累其他人的工作進度，甚至會因爲大家一直原諒而讓他們更是反覆發生問題，當我們身爲創業者，就要積極給予處置或調整職務，但也要適時提醒對方自我成長的重要。

我們當然希望職場能有更優秀的同事，或是對外合作時能遇到認眞負責的工作夥伴，但是人與人之間必然難以擁有一樣的工作標準及觀點，更何況我們自己也無法面面俱到。創業的淘汰賽不只有外部考驗，也包含公司內部的適者生存。當遇到上述這些問題人物已經可能影響到新創企業的發展時，更有可能造成其他夥伴的不愉快及損失，甚至會讓整個團隊崩壞瓦解……所以當我們開始察覺身邊有這些人時，及早善意提醒或是做出果斷處理的決定，都能爲改善狀況帶來些許幫助。

3.6別讓人脈成了負擔

很多時候我們會在職場上，遇到跟自己有某種關係的人，不論是曾經一起讀過同所學校、參加過相同的興趣社團，甚至是曾在同一家公司任職過。自從有了社群媒體，我們更常有機會，在認識新朋友的時候，找到共同的「好友」。這些關係的尋找和建立，有時是爲了更容易達成業務的合作，或是在職場中找到與共事者的連結，並且強化「群體」的歸屬感。所以就會有畢業學校的學長姐提拔學弟妹、或是業務與客戶一同參加登山會成爲好友，並且持續合作的機會。

對於新創者來說，要能夠存活下來除了靠產品及服務外，建立良好的人脈才能讓生意更爲擴張，例如曾經擔任竹科工程師的人，可能在創業後決定去開燒烤店，但是若能就近開在以往任職的公司附近，以前的同事就是最初一批的支持者，但若是跟同事以前就處的不太好，只好另外開展人脈，例如透過參加商會或是跨界的交流活動，打開自己品牌的能見度。而人脈的類型也分爲特定消息來源、高影響力人士、資源金流提供者、專業知識達人、可信賴者以及忠誠支持者，在不同的情況下各類的人脈才能發揮各自的作用。

但是我很不鼓勵那種太刻意去經營人脈的作法，因爲那些滿口炫耀著自己的朋友多了不起的人，常常自己卻可能是自卑的，適度的讚美與肯定身邊的朋友是好事，但是要讓我們聚集人脈前，也要問問自己，有沒有培養自己的魅力，值得那些人脈接近或是維繫。有些時我們參加一堆聚會，交換了滿手的名片後會覺得，應該好好利用這些關係，但其實越有價值及成就的人，反而不會一天到晚拿自己的成功來說嘴，更會小心運用人脈，除非能讓彼此獲得更大的利益，不然寧可多付出而不是想收割。

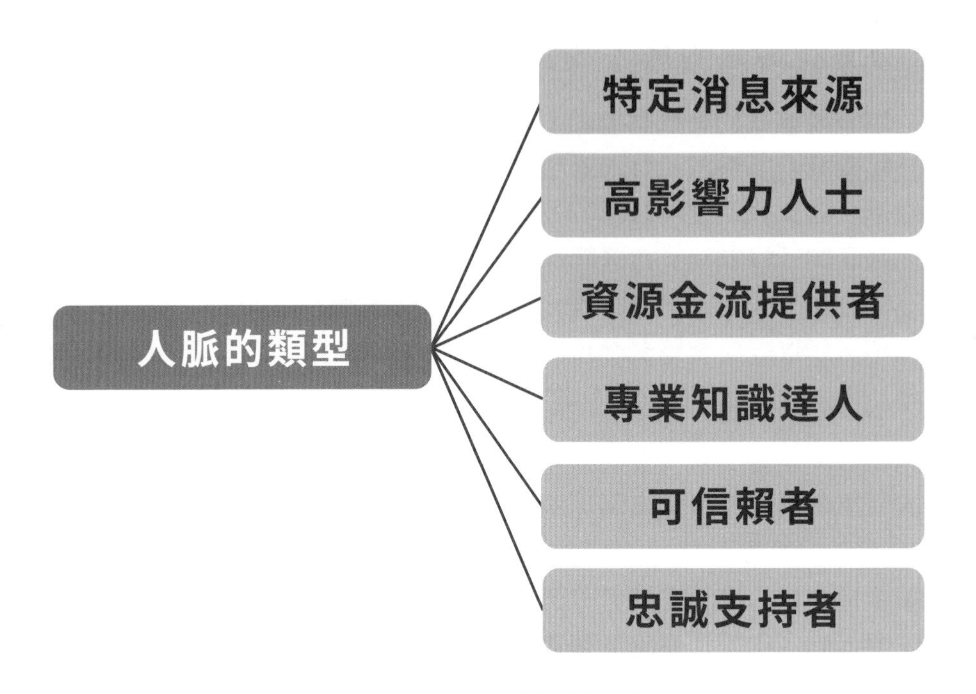

附圖 3-2 人脈的類型

尤其創業的過程是孤獨的，所謂的「創業圈人脈」，其實是個很危險的兩面刃，雖然還是有許多值得投入的原因，但是一定要先想清楚，爲什麼我們要花這些時間精力再去經營，才不會只是看到一些表面的假象而陷入其中。像是不少新創者會加入歷史悠久的特定商業社團，例如獅子會、扶輪社、BNI，或是線上成立的創業社團。有的社團成員大家齊心協力共創商機，但是有的社團卻是內部互相批鬥爭地盤，這時新創者就要懂得思考，自己眞正想要的是什麼。

我們總會遇到一些頂著頭銜，號稱自己某某長、某總的人，炫耀著自己的職場經驗與高度，一些靠著頭銜的人喜歡說一些似是而非的空話，因虛假的光環而產生自我的迷失認知，卻沒有能力去完成自己所該負責的事情，反而要求下屬或是合作夥伴支持……但這些人的身邊確實也會圍繞一些嚮往依附的人。或是以前輩的名義來表現自己的優勢，雖然是同一所學校畢業，可能是學長姐或是大學與碩士班的同學關係，或是曾經的上下屬關係，但這不代表對方願意接受，一個相對陌生的人不斷用「學長姐」這樣的稱呼來表示自己的資深，也等於是間接貶抑了對方。

當我們在各種場合上碰到一些人，喜歡炫耀自己認識某「知名人士」，然後就順勢表示既然我們都認識這個人，所以關係應該更密切……但其實對於那個大人物來說，看待兩者的關係不一定對等，更何況所謂的認識很有可能只是一面之緣。另外人脈本身是關係的建立，但是當我們過度利用或是誤解了彼此看待這層關係的認知不同時，就會產生所謂「關係陷阱」，尤其是被利用者更是可能在知道後，更爲抗拒甚至明白切斷關係的可能。

另外，或許我們的職涯中，都曾幫助過別人也曾被人幫助。但就算自己對別人有恩，也只是當時的狀況，不要過度的去「討人情」，甚至是當作對方理所當然持續跟自己相處的基礎。就像當新創者需要資金時，認爲好朋友一定會幫忙，但好朋友卻覺得彼此根本沒這麼熟，尤其是當這層關係本來就不堅固時，甚至可能造成更多的負面影響，以至於發生合作破局、創業夥伴心生芥蒂，嚴重的話可能直接導致原本就不穩固的新創事業倒地不起。

其實，透過自己的努力獲得高升，或因有自己的想法而創業打出一片天，都是值得鼓勵認同的事，但若是形成了只看頭銜不做實事，只追求吹捧和掌聲卻迷失方向，那對於新創者來說就是危機的開始。有些掌握資源的人，總會對跟自己意見不同、觀點有差異的人，用一些刻意傷人的方式來進行攻擊，用話語權霸凌意見相左的人。當我們感受到自己的合作對象或是夥伴，有這種攻擊性的人格特質時，就要更爲謹慎。

3.7把創業之火延續下去

常常我們會認爲自己所設定的目標是明確的，但其實細看可以發現所謂的目標，多半都只有讓公司獲利，但是在過程中什麼時候要提升產品品質，需要怎麼改善服務流程，現在品牌要怎麼樣形象才會更好，甚至是一年當中有多少節慶活動可以運用，促銷方案要怎麼設計，這些事情都需要有目標，而到底該怎的設定這些目標並達成，都最終影響了獲利。所以對於新創者來說，更需要去衡量的是：爲了達成中長期目標，當中的每個目標的階段性及優先順序，同時讓新創事業穩固的人事及財務穩定，與營運模式的維持更是關鍵。

新創者則是要以組織的成長階段，適時的從事必躬親到專業授權，最後再透過權力與利潤的分享，留住對品牌有價值的同仁。當組織成長的速度，已經超過新創者所具備的能力時，就要誠實面對自己更重要的使命——是讓品牌的價值提升並且創造更大的獲利機會。像是必須高度投入的行銷工作，就可以適當的授權給專業而且理念相近的同仁，繼續發展延續下去。這時讓公司及組織成員能夠更自主且依循新創者理念的原因，就包含了品牌外部的形象、內部的文化，和實質的收入與獎勵。

所以創業前到營運後，都必須有更完整的企劃，才能讓許多事情按部就班地去執行，能當意外發生時，也能有更多的預期準備。新創者能否讓自己的事業更上一層樓，對於未來可能的發展與評估，多半都有更明確的想法和看法，就算是二代、三代接班的內部新創者，也必須要能說服家中的長輩和老臣，而說服的過程不是拿本企劃書就能解決，而是必須具備分析判斷和邏輯，因此我們若是身爲初代目的新創者，更要先爲組織之後的發展預先規劃準備。

對於新創者來說，初期草創階段最是不易，不論是行銷還是財務自己都要上手，但是當公司逐漸步上了軌道之後，新創者其實也必須面臨自己立場的轉型，才能讓公司的未來有更多的發展空間。這時新創者通常會有四個選項：

1. 將公司的核心業務或是行銷工作留在手上，其他交給專業經理人負責。

2. 持續新公司的創立，但不過度干涉已上軌道的公司營運。

3. 持有一定股份後退居幕後，讓公司可以完全獨立。

4. 出售公司換現，再從新創者的角色重新出發。

至於爲什麼新創者不繼續將公司一把抓的自己管理，這就要提到品牌的發展階段，要想要走得長久就必須從「人治」，轉變爲制度與規劃，而品牌的理念和願景可以一直維持下去，就更需要公司內部同仁的共同支持。其實台灣多數企業都是家族式的管理，所以我在這邊更要分享，早些年的初代新創者其實就是以身作則打天下，靠家族的關係去維繫品牌創立的理念，但是在環境改變，以及現今新世代員工更重視自己的參與度時，接班人其實就必須以內部再次新創的角色，讓組織體制更適合現代社會，也才更能夠留住人才。

所以不論是初代新創者還是後續接班人，其實都有一個最重要的身分，那就是——向內部溝通的行銷人。只有當新創者自己願意跟同仁溝通、行銷時，才能讓公司的品牌建立更完整的共識，也更有機會讓志同道合的人願意留下來。但同樣的，當理念溝通過程中，對於品牌的認知與共識不一致，甚至是與創辦人的理念和願景相衝突時，我們就要更勇敢的「壯士斷腕」。很多品牌最後會發生問題，其中一個關鍵原因就是，內部同仁的共識沒有凝聚，甚至是與創辦人的初衷互相矛盾，除非創辦人已經徹底離開公司，這時透過品牌再造就可以由新的接班人來決定未來的發展方向，否則在此之前，新創者應該盡力做好內部行銷，然後盡可能地留下方向一致、願意共同努力的同仁。

同樣像是很多加盟總部，加盟主除了願意加盟品牌外，也希望與品牌一起發展成長，當然也希望能獲得更多利益，所以只有讓加盟主與加盟總部之間的關係更緊密，才能在越來越競爭的時候，與盟友之間的結合更加堅固。其實很多加盟主本身就是品牌的重度愛好者或文化的認同者，像是手搖茶的品牌衆多，不論是加盟經營型態、品牌形象及未來發展上，潛在的加盟主本身也是有自己的立場及觀察，所以願意跟品牌一起長期走下去的，就是自己也身爲品牌一分子的認同感，這樣的認同也讓品牌閃耀出伯利恆之星的光芒。

自從咖啡風潮、手搖茶風潮至今，越來越多因爲疫情受到影響，公司發展不易的工作者，希望自己出來獨立打拼，以獲得更好的收入和生活。常常在創業的選擇上，會希望透過加盟知名品牌，來爲自己爭取到好的起跑點。要做連鎖品牌最基本的就是可複製性及明確識別度，要讓分店的產品及服務品質、空間氛圍有一致性，品牌就要有能力透過專業管理及教育訓練來達成，這也代表基本上就不再只靠一人魅力。再來就是要能讓品牌的加盟者或分店的負責人，最少要有一群認識品牌的固定客群，可直接導入以及消費，就像加入白鬍子海賊團成爲老爹的親人，原因至少是白鬍子夠有名。

其實我常看到一家不錯的咖啡店、餐廳或是手搖飲店，都有其獨特的風格或賣點，但更常看到品牌發展成連鎖店後反而變得平庸，因爲那些獨特性很難被複製。甚至許多品牌在開放連鎖加盟後，因爲品質良莠不齊，而讓原本的品牌形象受到傷害，加盟主也抱怨生意不佳，自己心靈又受創，早知如此還不如只要顧好一家店跟貓就好。

所以，若你眞的有想要開店做連鎖品牌的打算，一定要清楚自己第一家店會成功是什麼原因，以及至少要找到成爲連鎖品牌後，消費者可以持續支持的原因，是因爲消費者剛好需要，還是你的品牌眞的有獨特吸引力？不然隔幾天加盟主學會你的專業就自立門戶，你不就是養老鼠咬布袋？

促使行銷人成長的力量，包含給予更多的領導機會，能夠帶領更大的團隊前進，以及更多組織資源，讓專案能夠有更大的成就和表現，對於願意堅守崗位的行銷人來說，在合適自己的品牌中擔任最高職位，爲組織掌握更多機會，創造更大的利潤；且經由合適的獎勵機制與股權利潤的分配，讓我們得到實質的報酬；有意願更上一層樓的人，經由內部創業的方式獨當一面，在職務轉移後可能成爲新公司的負責人，或是連鎖品牌的加盟主，都是企業能夠永續發展，讓人才不流失的方式。

chapter 4

難免走錯路，
要如何避開誤區？

當我們覺得一開始規劃的方案好像很不錯，但是在執行時消費者卻沒有什麼反應，或是過程中團隊屢屢發生衝突，感覺目標其實不太一致，甚至是新產品上市後乏人問津、品牌微電影上線後卻引發爭議……太多的原因都會導致行銷走進誤區，但是人在江湖走，哪有不挨刀？就算是再厲害的新創者，都不可能每個行銷的策略判斷統統正確，但是怎麼盡量避險，以及掉入誤區後如何翻身，才是更重要的事情。

看得不夠遠

過度自信帶來自大

準備充足了嗎？

產品的瑕疵很煩人

問題常常來自於人

危機常常是轉機

4.1看得不夠遠

當我們推出一個自認將廣受歡迎的產品時，多半也都做過一定程度的調查及規劃，或在熱鬧的商圈開一家新品牌火鍋店，結果卻乏人問津？免不了內心會這麼想：消費者分析我們也都懂，更別說還每周蹲點一天，怎麼就沒人上門光顧呢？尤其是以行銷人的立場來說，畢竟這是一份攸關收入的工作，要是表現不好，可是會砸招牌的！新創者看的是更現實的問題：一則沒人看的貼文本身可能無傷大雅，但卻造成了消費者的負面觀感；一個糟糕的失敗促銷方案，除了錯失原本重要的營收機會，更可能導致資金不充裕的中小企業面臨危機。

這幾年由於疫情影響，很多消費者爲了在家工作及生活舒適度的提升，不惜斥資購買了許多當下很流行的電器商品，而有些公司爲了體諒員工，也在茶水間擺放了一些感覺很實用的電器，能幫同仁節省外出的時間，也可提升工作效率與愉悅心情。但是有些電器進入了消費者家中或放入茶水間後就成了閒置物品，甚至因爲很少使用，而成了大家心中的小廢物。

精緻的品味生活在某個程度上來說，需要有錢有閒才能一直維持，光只有那台孤單的小家電，卻無法讓消費者有持續使用的動力。廠商推出這些家電一定有其原來的功能和使用目的，但是可能因產品本身性能的侷限及不良的消費者使用體驗，造成產品使用頻次隨著熱情逐漸降低，與廠商推出產品的期望產生了明顯落差。我分析了七種買時開心、用時憂心、不用時煩心的小型家電，當然會產生這樣的市場落差很大的原因還是在於，消費者購買產品的當下可能覺得很有需要，但因爲電器功能過度重複、保養維護不易，以及重複購買與收到功能類似的商品，而導致的結果。

一.跑步機／飛輪：

運動的慾望人人都有，但是面對著窗外或是牆壁的時光，總是令人感到枯燥乏味，雖然戴口罩跑步有點辛苦，但是一個人跑步和踩飛輪，有時更讓人感到苦悶，結果通常是變成稱職的掛衣架。

二.筋膜槍：

感覺痠痛時如何緩解，其實有很多方法，雖然筋膜槍具備了功能，但很多消費者家中同時還有按摩椅及其他按摩家電，使用得一直用手拿著還是會感到手痠麻煩，最終就成了下次送人的禮物。

三.美容儀器：

不少人買的時候想的是：沒事可以在家蒸個臉，或是按摩之後能瘦小臉多好，但是當上完班回到家累得要死，想起使用完還要清潔整理，而且效果好像也沒能立即出現，於是就成了桌上的擺飾品。

四.刮鬍刀：

其實對很多男生來說，這是每天會用到的日常家電，但是對於每逢父親節、情人節，就會收到的專屬家電來說，又不是索隆的三刀流，不然誰會用到好幾把刮鬍刀？於是櫃子裡就又多了一個收藏品。

五.熱壓吐司機／鬆餅機：

早起的時光，吃一份自己做的熱壓吐司眞美好，要是順便來幾片鬆餅就更理想，可惜的是我們常常買的時候看照片漂亮，做的時候感覺到挫折，於是再次開機的可能性就更低了。

六.掃地機器人：

本來家裡說是有台機器，可以幫忙清潔就太好了，但是因爲很多東西堆在地上，形成清潔的死角，而且也不是每台機器都具備掃地與拖地的功能，也有些地板材質還需要特別養護，最後怕耗電只能收起來。

七.電子琴：

嚴格來說它不算家電，但是很多上班族因爲希望能調劑身心，還能展現自己多才多藝的一面，所以數萬元的電子琴成了最佳的選擇，可惜的是買來才發現不是鄰居怕吵，就是自己沒時間練習怕丟臉，只好收起來成爲「角落小家電」。

很多時候消費者購買當下流行的小家電，不僅是追求時髦，也是一種生活品味與消費能力的展現，但是從實際功能來說，一台好電鍋可以抵五種新型的小家電、掃把和拖把一樣能把家裡打掃得乾淨整潔；還好被閒置的小廢物家電，還能活躍在二手市場中，找到自己的第二生命，在環保意識抬頭的情況下，也有不少消費者能接受二手的電器產品。當消費者受到社群的影響和行銷溝通後，誘發了購買的慾望，卻又在幾次使用後不再青睞它們。若換作是我們負責這些新產品的行銷和溝通時，就要更從消費者的使用場景來思考，要是一個品牌過於頻繁的推出類似商品，很快就會被喜新厭舊，也會影響消費者持續購買的動力。

很多新創者及行銷人輕忽了企業品牌原本規劃的行銷方案，在出現問題後應該要有相對的應對對策能有效降低後續的影響。重大行銷策略失敗的代價很高，我們會因爲營收衰退及獲利率下滑，而失去本來的領先位置，同時錯誤的行銷資金投入將導致公司蒙受虧損，同時因競爭者趁機迎頭趕上，也可能導致原有的市佔率下滑，最重要的是也會影響到組織的士氣。甚至上市櫃公司的影響層面，還可能讓投資人失去信心，最終使公司股價下跌。而重要的新創者決策失誤，更可能讓剛冒出頭的新創企業，元氣大傷甚至失敗收場。

會導致進入這樣的誤區，則可能肇因於新創者看的不夠遠，對於未來的具體規劃想得不夠清楚，越是創新的企業和行銷專案，過去就越可能沒有前例可循，但是當我們認爲自己準備好了，卻可能因爲某些輕忽而造成失誤。就像廠商認爲消費者喜歡吃嚐鮮口味的披薩，於是推出了甲魚口味，雖然市場調查中有一半的成功機率，但是專案負責人卻忽略了可能失敗的一半，也沒有做足可能會發生風險的因應措施，就導致了部分公衆的負面反應，甚至被迫結束產品的販售。同樣的例子也曾發生在五星級大飯店，因爲公益團體的反彈，導致本來的海膽吃到飽專案，雖然受到消費者喜好，但仍因迫於輿論壓力而提早結束。

或是專門走高級禮品市場的茶業品牌，若是爲了貪圖通路的銷售機會，結果除了自營門市和百貨公司超市外，連街邊的雜貨店都買得到，這時雖然商品能見度提高，但卻也拉低了品牌原來的定位及形象。另外本來強調以健康爲訴求的商店，卻上架了不太健康的垃圾食品，結果消費者認爲這個通路越來越不符合自己的購買需求，一樣會導致消費者流失。這些就是我們沒有認清因當下決策後對品牌發展會產生的影響和問題。

越特殊的創意越需要嚴謹的驗證，過度自信發揮容易造成焦點模糊，就像外套品牌在溝通產品的新定位時，原本企業應該塑造出讓人感到舒適的品牌形象，但爲了創新反而更像競爭者的模仿品，走向時尚潮流的風格，或許對單一產品的影響不大，但若是沒有預先確認此舉可能產生的市場變化，後續也沒有完整的轉型溝通計畫，反而更讓消費者失去了品牌認同感。

就像企劃時明知企業自己的條件較差，但是當行銷人爲了孤注一擲賭一把，就可能落入競爭者陷阱。我曾看過某間火鍋店，原本採用單點模式，獲利也較高，但因一個主力連鎖品牌競爭者在它附近開了一家吃到飽，於是這家火鍋店的行銷硬是推出了兩周吃到飽的優惠促銷，結果兩周後，因促銷而上門的消費者，跑回隔壁的競爭品牌，原本喜歡這家火鍋店的客群，也因感到品牌質感變差而流失……當我們回顧這場行銷戰失敗的原因，就是新創者高估了自己的品牌力，也低估了消費者的判斷力。

過度的擴張常常會導致產品及服務品質出現問題，最常見的就是連鎖餐廳，原本一家店的經營沒有什麼問題，但是當決定成爲連鎖品牌時，後面的兩三家店就可能出現提供的菜品水準不一，現場服務人員的訓練不到位，甚至是因爲消費者的負面口碑，而造成整體品牌形象的受損。企業過度擴張的原因其實很多，但是「貪心」一直都是關鍵，沒有足夠的事前準備，想要貪快；開了新店想更快回本，想要貪便宜，當自己本店都無法顧及還想貪財賺加盟金，常阻礙了原本可以正常發展的機會。

要避免重複發生企業及組織的決策偏離實際消費者未來的需求及品牌適合的發展方向時，只有不斷反覆思考並培養更敏銳的觀察力，不要只是爲了成功而投機，更不要將新產品和服務的行銷短線操作，當我們希望團隊走得更遠、持續成功時，必需忍住立即獲得利益的想法，才能讓內部團隊和消費者，都能對我們持續的決策有信心。

4.2過度自信帶來自大

常常我們會因過於自信，而讓企業發展陷入誤區，因爲在創業之初，我們總覺得自己在某個層面上優於常人，因此能在競爭中脫穎而出，像咖啡或是飲料店的新創者，多半都認爲自己有不錯的技術及資源，所以開店後應可有一番作爲，又或是認爲現行市場上的產品服務不夠理想，所以有獨特創意者認爲只要自己創了業就能成爲市場的明日之星。但是往往當我們專注於某部分強項時，卻常常會在其他地方跌倒。

究竟爲什麼我們會不斷發生過度自信的問題呢？其關鍵在於我們忽略了「元行銷」之中身分的轉換。當我們希望能成功創業時，不能一直以新創者的身分思考，因爲通常就算部屬可能感到決策有問題，但誰想去得罪老闆呢？除非我們是自己「換位」思考；同樣的，行銷人爲了讓專案成功，過度承諾或忽視可能的風險，都是過度自信的表現，但只要能從新創者的角度來思考，最終行銷專案的成功就代表企業成功；唯有我們自己能夠理解，放下本位主義的重要性。

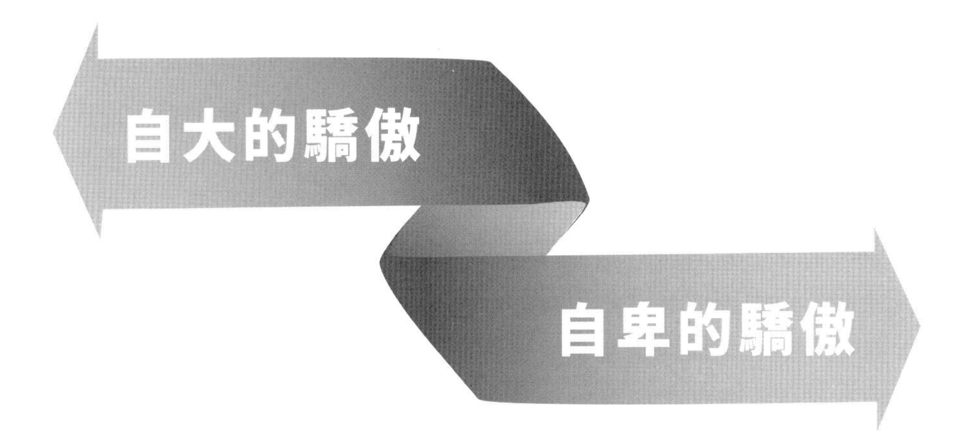

附圖 4-1 驕傲的兩種面向

當我們缺乏對市場足夠的了解，對產業需求的認知不足，光憑一個念頭或過去經驗，就認爲自己會成功、感覺產品只要在更多的通路上架就可以賣得好、只要拍了廣告就會有人上門消費，這些想法都會導致經營與溝通的風險提高。行銷計劃和創業會失敗，或者發生某些不可預期的問題，不論是行銷人還是新創者，在進行創新方案的規劃執行時，總難免發生不如預期的情況，甚至是因此產生危機，其中很重要的一個原因就是：我們對於自己的能力和決策太過有信心，進而導致「認定過去成功的模式可以被複製生效」，可惜當我們有了這樣的想法時，就可能是走進誤區的前奏了。

有時我們認爲這個機會很不錯，因爲沒有其他競爭者，所以只要新創者積極一點，就有機會成爲先行者，但卻可能忽略了其他競爭者並不是沒有觀察到這樣的機會，而可能是考慮環境條件還不成熟，或是自身資源並不能持續占有領先優勢，反而成了別人的墊腳石。最明顯的例子就是許多人因疫情而感到擔憂，所以對防疫產品的需求越來越高，有的品牌發現，一般家用空氣清淨機功能有限，所以優先推出了可以有效殺菌的新產品，但是因爲行銷資源有限，且品牌知名度不足，最重要的是殺菌的功能各知名品牌都有，只是沒有在台灣的地區推出。

於是具有資源的知名品牌，就在有了先行者開路後，大量投入行銷預算並在通路上架，也導致了最先推出的品牌只能艱困守成，而無法與競爭者抗衡。所以我們也可以說，這是自身品牌資源的問題，但也可能是誤判了競爭者的決心，但既然可以找到開創新局的機會，眞正要做的就是如何持續性的維持競爭優勢。其實反過來思考，就算這個品牌不當先行者，而是持續等待知名品牌終於推出殺菌空氣清淨機後才跟隨腳步，結果會是更好還是更糟呢？說不定反而更能趁勢而爲。

但更多的問題發生於企業組織內部，不論是從規劃還是執行層面，當我們未能眞正了解可能發生的問題及該如何因應時，就很可能在某個層面中出現不可預期的意外。就像我們原本認爲，看似周全完善的行銷方案，但是當過度操作行銷議題時，可能會導致消費者產生負面觀感。以前我任職的公司附近有一家攤車常說「最後三天，半價優惠」，結果一年後還是持續半價，之後在社群上成了討論話題，大家卻也因此都知道了他的伎倆，也就越來越少人受騙。

再舉個眞實發生例子，A企業的行銷部在專案初期需求沒說清楚，公司內部也沒有達成共識，就與活動公司簽約，決定在各門市舉辦100場的促銷體驗，結果門市主管強力反彈，還拒絕活動公司的執行人員進入賣場，而行銷部門也很強硬，要求活動公司硬是配合，最後只能在門市旁臨時搭設體驗場地，並且還要不斷地跟門市同仁互動，免得消費者體驗後沒地方買產品。聽起來很誇張吧？但這是我眞實看見的例子之一，這間公司的行銷部與門市部不和已久，雙方更是一直在互相爭取業績表現的主導權，那可憐的活動公司只是這場戰爭的代罪羔羊，背後的原因正是主管們的本位主義所造成。

對於行銷溝通的內容與創意，也常常是引發消費者討論的原因，例如有的手機遊戲類廣告，使用粗俗的台詞、重複的歌曲旋律與粗糙的畫面，連續兩周不間斷地出現在每個廣告時段，雖然成功引起關注，卻也讓沒興趣的消費者感到厭煩，當負面反應太強時，甚至導致原本有興趣的消費者中斷對訊息內容的持續關注。如此作法的問題背後，就是忽視了消費者的認知，從根本來說還是行銷人過度自信，認爲自己很有創意，而且還對引發生爭議感到驕傲。

此時，更重要的是回歸「元行銷」的消費者立場思考，不論是產品、服務或是行銷方式，是不是眞能與讓我們相似的消費者能產生認同並接受？而不只是活在幻想之中。在創業的過程及行銷專案中，發生了問題就該回頭檢討，在規劃時發生了什麼樣的疏失、企劃的內容和決

市場層面問題	執行層面問題	組織與品牌問題
·對市場現況的了解不足	·對行銷溝通工具不了解	·過度依賴過去經驗
·對產業現況不夠熟悉	·規劃流程不佳	·過度專注單一強項
·對消費者需求理解錯誤	·執行細節不紮實	·擴張速度過快
·忽視競爭者因應能力	·過度操作特定議題與促銷方案	·後續資源沒有到位
	·欺瞞消費者資訊	·內部策略自相矛盾
		·後續資源沒有到位
		·經營者(含家人)與管理者道德問題

附圖 4-2 行銷專案的失敗原因

策過程有沒有經過再三檢視、人員與組織執行時出現什麼問題、預算爲什麼超支，以及預期績效爲何無法達成……這些問題很多事先都可以避免，但是當我們太過大意時，就可能因爲忽略了內外部環境已經變化及競爭對手的超越，導致失敗的結果。

爲什麼有時我們信心滿滿的準備大展身手，但團隊內部卻衝突不斷，發想的創意看起來好像不錯，然而卻難以執行？甚至是明知可能會對品牌造成傷害，卻還是一意孤行？進一步了解那些看似創意爆發卻產生災難的案例時，可以發現一個很明顯的原因——忽略了專案執行的理性與紀律。其實多數新創者會遇到的誤區，在創業前運用行銷人的思維，就可以提早發現並加以補強，對於市場資訊收集不足，可以從市場調查及行銷研究的角度，來蒐集可能需要的訊息。信心不能建立在毫無根據的自我陶醉中，我們也同時明白，任何的挑戰都會產生風險，然而具有「元行銷」特質的我們，卻能在風雨中堅持下去，就算失敗了也能做爲下一次進步的養分。

4.3準備充足了嗎？

這些年因爲社群發達，越來越多的企業習慣使用自媒體來跟消費者溝通，同時消費者也更喜歡從社群上去尋找自己關注的議題，所以懂得趁勢而爲掌握議題的品牌，通常較容易受到青睞。然而社群溝通時最大的風險，同樣也是對於議題的討論，若是未能控制得宜，就很容易發生翻車的事件。一般來說，通常當企業越來越有風險意識時，就會在危機處理上嚴加管控，避免意外發生時對品牌造成傷害。

品牌希望在社群世界中脫穎而出，當看到能引發熱度的最新話題或創意時，常常會嘗試利用來炒高人氣，然而一旦玩過頭就可能發生悲劇；像是不當的用詞得罪了特定族群，或是使用的圖片有爭議，更常發生的是因爲沒有整體規劃，而導致社群形象的呈現與品牌形象不一致，引發消費者負面觀感，覺得所做所爲只圖搏版面。我們有時會被社群上的假象迷失，例如貼文有千人按讚就覺得成功、多人轉分享就認爲受到關注，但卻忘了同一篇貼文不願意按讚的人數可能上看萬人，或者轉分享的貼文其實在私密群組中遭大肆批評，但我們卻仍洋洋得意的只看到表面的成果。

又或是會展活動邀請知名作家簽書會、必須現場排隊才能購買的限量商品、會員限定的促銷活動、線上報名才能免費領取贈品等，雖然這些做法對業者來說，是想運用「飢餓行銷」的方式，來創造社群的熱度和討論，但也可能因不夠完善的流程設計，而引發消費者反感，或最終出現問題引發爭議，反而因此流失了更多的支持。當消費者自認從網路上已充分了解規則，而我們卻未能完整的揭露活動可能產生的變數資訊，等消費者實際參與活動進行購賣、參加抽獎卻產生預期落差時，問題就可能出在我們規劃準備不足的漏洞上。

像是本來希望消費者透過排隊造勢搶購限量發售的球鞋，但是當有人兩天前就開始排隊，過程之中大打出手，甚至是有人意外發現居然有特權可以先拿到貨，這時原本的正面議題，就可能反而變成負面的危機。還有之前對岸的速食業推出透過買套餐就可獲得潮流盲盒的形式，本希望創造話題並帶動業績，結果消費者居然有人買了幾十個套餐不吃，只爲了獲得盲盒，甚至引發社會輿論的攻擊及負面反應，最後直接導致活動提前草草結束，品牌形象也跟著受損。

另外在專案計劃時，內容本身就有問題，但卻未能在層層把關中發現，且專案執行過程中也沒有設定查核點，導致執行時無法達成效果，或是專案結果超出企業組織所能負荷，也未事先做足因應壓力的準備。例如披薩業者原本希望趁母親節以折扣及流量獲取更多訂單業績，但卻因網路下單系統異常導致大量的消費者已完成下單，到準備取餐時卻發現訂單消失被取消。而這樣的意外事件，也造成了許多期待過節的家庭，因此受到影響延誤慶祝時間，不少人只能臨時選擇其他品牌消費。其實這個披薩品牌，適逢企業轉型的階段，從行銷手法到促銷活動都較以往積極不少，但當吸引了消費者上門，卻讓支持者失望的離去，對於品牌後續發展仍然是重大損失。

國內這些年因消費習慣越來越受到節慶活動的影響，因此像是每逢大型的購物節、過年、母親節直到耶誕節，有的品牌甚至在節日期間業績佔整年度收入的一半。但面對瞬間湧入的大量人潮，相較於平日所帶來的營運壓力更是巨大。對消費者來說，重要的節慶活動本已早早安排了行程慶祝，卻因業者的失誤而影響過節的情緒，後續的傷害及副作用其實不小。在許多的行銷專案之下，應該要先進行壓力測試，才能避免不可預期的意外發生，因此我們可以從這樣的案例中反思，未來如何更謹慎的因應，並且運用壓力測試來避免原本的商機變危機，至少在未來，不只網路銷售或實體通路需要，越重大的節慶活動都要更謹慎，才不會得不償失。

其他專案失敗的原因像是準備時間不足、缺乏事前沙盤推演的測試，或是各部門的合作團隊默契不佳，沒有互相支援配合，也沒有對委外單位建立賞罰機制。這些都可以回歸到問題的本質，就是專案的負責人及團隊準備不足，認爲憑藉自身經驗或主觀的看法，就能讓計畫成功，卻忽略了自身專業不行、團隊執行能力不佳、事前獲得資訊不足以及合作單位默契不夠等問題。

像是A公關代理商因爲內部作業出包，差點導致記者會直接開天窗，本來在提案階段爭取到機會的公關公司表現得不錯，原定順利舉辦的記者會活動，卻意外發生了記者邀請函上地址與實際舉辦地點有所出入，而這個眞實的悲劇會發生，起因於這家公關公司人員流動率太高，接手的人員未落實確認邀請函內容，誤放了舊資訊。最終，除了公關公司緊急派人去接記者，或請他們改搭計程車，並由品牌商準備謝禮與禮金，才讓部分記者願意採訪報導，這也是專案執行者過於自信輕忽所導致的問題。

再來是對整體創業計畫的思考邏輯不夠周密，以至於在創業後才發現困難重重。像是原定在國內開三十家連鎖海鮮餐廳，看似規劃完整而且可行，結果才開到第三家就發現，消費者其實早就對不夠知名的品牌，單點用餐方式興趣缺缺，除非重新調整經營模式爲吃到飽，並投入大量行銷溝通曝光來扭轉消費者的印象。但是當初這個計畫的問題爲什麼沒被發現，可能就是內部提案的過程中，沒有足夠的資訊可供同仁判斷，也沒有提出終止計劃的稽核條件。

究竟要準備多久才不會發生意外呢？這並不是個容易回答的問題，尤其是不少新創者在特定產業及技術上相當專業，但對於企業的經營管理及行銷相關工作卻很陌生，但卻又輕忽了執行創業及行銷專案前期充足準備的重要性時，往往悲劇就會發生。我們看到有知名的豆漿老店，可能花了幾十年才接受與超商合作授權，以確保產品的穩定性及風味；也有連鎖咖啡品牌以每周一家的速度快速加盟展店，但是因店長培訓和產品透過中央工廠品管，也幾乎沒有發生品質明顯下降的問題。所以成敗還是攸關於事前的準備到底投入了多少心血和努力。畢竟誰都知道「天下武功，唯快不破」，但是要練就的內力就只能按部就班了。

4.4產品的瑕疵很煩人

有些時候我們會發現，將「品質優良」作爲產品訴求其實沒什麼意義，說實在地，有誰會認爲自己的產品品質不行呢？市場上其實有些成熟的產品，已經發展到達一定水平時，接下來細節的差異化才是重點，像是專門提供給企業的紙盒包裝廠商，當市場當中已充斥各種類型的包裝材質時，新創者能不能找出更有賣點，更能引發消費者認同的包裝材質，就成了能否與採購對象完成交易的關鍵。而此時我們若只專注在自己公司的研發生產，或只是想將現有的產品品質提升，卻忽略了採購對象的考量，包含能否幫客戶解決末端銷售的問題或運輸存放的考慮時，可能就錯失了機會。

從企業對企業的交易型態來說，不當的原物料、製造程序上設計有疏漏，或是缺乏必要的安全防護裝置，都可能是導致原本採購的企業想變更合作對象的理由，這時如果我們具備更理想的原物料開發能力、製造機械設備時有更專業的設計防護裝置，就是能吸引企業端交易對象產生興趣甚至購買的原因。因此不論是我們自有的現成產品服務，還是市場中其他競爭者的，只要有問題就代表有地方不足，也就值得思考改進，進而創造另一個新商機。

很多時候也可能我們是沒有善盡使用者的提醒與告知義務，例如保健品的食用時機與限制、按摩椅的特定用途與時間警示說明，都可能讓消費者感受到未達成購買目的，或是容易導致產品發生損壞。產品本身不一定存在瑕疵，而是銷售或是宣傳時，是否因誇大不實的廣告過度解釋，而產生消費者的失落感，甚至是實質的損害。這時我們必需規劃產品回收的管道，並且積極跟消費者溝通，在問題商品完全回收前，也要評估其他可能發生的風險，產品回收之後持續努力與消費者溝通，以恢復公司商譽，並確認效果。

在歷史過程中，有些早期產品的成分或使用方式原本未發現問題，但後來被證實會傷害消費者健康，或是製造產品的原物料稀有很難取得，造成了一些不公平的社會問題，最明顯的就是使用稀有動物作爲藥材的特定中藥方。另外像是設計或製造過程中，產生污染或能源過度使用、產品使用後造成環境污染廢棄問題，且無法藉由資源回收來處理，像之前含有「柔珠」的洗面乳事件就曾發生過。

對於產品使用後可能發生的問題，我們除了要思考責任範圍外，當考量到品牌的承諾或社會期待不同時，就要制訂相對的措施及作法，但如果承諾存在卻沒有落實的話，則可能會發生更嚴重的後遺症。社會環境在改變中，越來越多消費者在乎自己身處的環境，能夠更加永續發展，而品牌和產品也必須順應時代的需求而回應，若是忽略消費者的期望，回歸到「元行銷」的概念思考，遲早會有想改變的消費者轉身投入產業成爲行銷人和新創者，運用自身的能力創造更符合理想的產品。因此，若我們能優先針對環境問題處理得當，反而能成爲新產品銷售的機會，這是落實品牌社會責任的最佳呈現方式之一。

4.5問題常常來自於人

每次看到某個品牌又發生了危機，通常不是經營管理的問題，就是服務與生產發生失誤。但其實多數品牌總覺得自己不一定會碰上這樣的問題，所以除了基本的內控機制外，也很少針對經營上的誠信問題，有什麼明確的規範和限制。令人最有感觸的就是領導者帶頭這件事，之前看到許多發展剛上軌道的公司，因爲高階主管貪污、老闆和下屬偷情、內部人員挪用公款，於是一個本來頗有潛力的品牌，因爲沒有從上而下的道德標準，使品牌遭受巨大的打擊。

而像是很多品牌因爲開始進行社群溝通，但也因爲沒有遵守公司規範（或是公司根本沒有）的限制條件，用過於不當、低俗、惡性攻擊或挑釁競爭者等方式，來跟消費者溝通，乍看之下好像無傷大雅，但卻可能因此發生重大的品牌危機。若是想更進一步了解品牌文化以及品牌價值該怎麼做時，最重要且必須堅持的就是品牌誠信原則該怎麼去注意與建立。

同樣的，當我們持續與消費者更新溝通品牌的不同訊息時，若發生了前後矛盾的問題，一樣會打破了雙方原有的共識，像是在廣告中特別提到，百分之百在地生產，結果卻被消費者發現，原來只有一部分商品Made in Taiwan，而有大半的產地卻是來自國外，然後品牌辯解說因爲成本結構改變，所以尚未發布更新說法。又或者企業對企業的合作中，原本強調供應的機器保固十年，但是才兩年就出問題，卻將責任推給使用者操作不當，最後被發現原來是機器設計瑕疵，才肯道歉提出補償，甚至是公司其實早就知道機器有問題。這些都是可以事先溝通或是更正補救，卻未能落實執行所導致的後續問題。

很多行銷人在職場時，常擁有一定的權力能運用並規劃，行銷傳播工具的預算，但是當規劃出自己覺得相當不錯的方案時，常常得面對的是老闆或高階經營者的詢問：爲什麼要花這些錢？花了就一定有效嗎？行銷人總會盡量的透過說服或以專業的角度來堅持自己的觀點及立場，一旦被迫調整規劃甚至是刪減預算時，總會有一種自己不受肯定的感受。然而從「元行銷」的換位思考中，若是我們自己要從口袋掏出錢來時，是否依然會如此堅持自己的原則？還是可能會在規劃上去調整設想得更加周全，就是邁向成功的進步了。

因此當我們自認已經運用了合適的行銷傳播計畫，並可再投入資源後達成與消費者溝通的效果，這時行銷人就需從包含訊息、策略、創意、媒體運用與效益回饋等各個面向都進行評估，專案是否能交由企業自己執行，還是適合由外部團隊來協助。從品牌端來說，訊息傳播的整合可以累積品牌形象，行銷策略與執行整合則能更有效的發揮團隊功能，且經由內外部組織的分工，提升各自專業的發揮效益。

巧婦難爲無米之炊，所以當我們因爲資源短缺，像是公司經營者願意投入的行銷預算過低、其他部門同仁的配合意願不高，部門內企劃與執行的人力不足，都會影響整體的績效表現。就像我們可能規劃了實體店面的宣傳廣告，但是店內的同仁卻嫌麻煩，不願意積極將製作的宣傳品陳列出來，而原本該搭配數位廣告達到引客進店的策略，卻突然被上級長官砍掉預算。就連原本要爲新產品造勢製作的品牌象徵物公仔，都因爲店內空間不足，只能擺放在不夠顯眼的位置，這些都可以說是因爲人所產生的問題，是創業與行銷工作的過程當中，必須面對的無奈與困境。

還有某些公司的行銷策略爲什麼很平庸，甚至讓消費者看了就搖頭，卻還是一直不斷推出，其問題可能出在內部的決策方式，公司主管與經營者專斷獨行，連行銷人也無法說服他們改變，組織各級長官的無能最終導致了失敗的行銷專案依然耗費公司的資源被執行。更糟糕的還可能像行銷主管爲了圖利自己，而採用了對組織較爲不利的專案，還向廠商索討回扣，這些都是眞實在市場上發生且可以避免的事，但若是因爲經營者沒有警覺，或是組織本身治理不佳沒有內控機制，就有可能發生。當然也有專案負責人爲了一己的私慾，而做出對自己有利的行銷決定，像是特別偏好某某明星、網紅，只爲了一親芳澤。

有時候問題也可能發生在負責執行的人，沒有按照原訂計劃落實，又缺乏上級監督的機制，致使無法及時發現問題。我們雖然常常發現，行銷專案需要有企劃作爲指引，但很多企業在執行的過程中，只持續往下做而沒有回頭檢討，是否偏離了原有的軌道。就像本來應該要針對新住民朋友，推出的節慶活動方案，但是過程中發現活動內容及文化元素，對於新住民朋友沒有吸引力，最後活動流於形式只是爲辦而辦，自然無法收到正面肯定的評價；這個問題的背後，就可能是上級主管本身輕忽了自身監督的工作。

還有一種誤區也常發生在品牌溝通上，社群時代通常小編扮演了第一線的發文角色，再來是負責確認內容的行銷主管，所以除了一些錯字或是圖片的使用會發生爭議外，大部分企業只要內控得宜，在社群上也還都能平穩地過日子。

然而我們卻也很容易能發現，有時企業的高階主管或創辦者，因爲本身也有在經營自媒體，甚至是特定領域的意見領袖，其個人的風格與言論，還能替品牌帶來一定程度的吸引力，因此這些人也成爲了品牌形象的元素之一。

但是當領導者的言論發生爭議時，通常也會對品牌形象有一定程度的衝擊，如經營者提及世代消費的觀點、兩岸對於品牌經營的認知，或是對於特定政策的評論，從議題的角度來說，一定會有支持者，也會有反對者。經營者的自我的意識當然會有想要表達的時候，但若已經與品牌形象高度連結時，可能就要更謹慎地在社群中發言，畢竟越是有商機的地方就越是有風險，品牌形象的影響更是在數位時代中追隨者選擇支持與否的原因之一。

身爲經營者，就算有許多自己的立場和認知，但是「能力越大、責任就越大」。選擇在同溫層中分享自己的看法，或是用更安全的詞彙來修飾情緒，都可以在當個人行爲於社群中發生爭議時，降低對品牌所造成的衝擊，但終究經營者也是品牌的一部分，爲了公司及品牌著想，謹言慎行也是經營者不可避免所應該要負起的責任之一。

我們的新創者個性特質，雖然也會讓自己成爲一定程度的意見領袖，同時也是品牌溝通的重要元素，但是當言論不當的爭議事件發生時，卻會對品牌造成更巨大且嚴重的傷害；所以適度的分工，讓專業的行銷人來做好我們的角色，並且有制度的去評估和監測競爭者的行爲與消費者反應，做出合適的因應措施。畢竟在數位時代中，沒有誰永遠是領先，可能因爲議題被看見，也可能因爲新技術而受到關注，但是在擔心競爭者之外，自己能持續前進才是最重要的關鍵。

4.6危機常常是轉機

彙整了種種可能發生的危機和導致問題的誤區後，我們必須進一步去思考，除了盡量避免問題的發生之外，如何能運用危機當中的機會，成爲我們的轉機。筆者曾協助一家客戶處理原本是給消費者優惠的方案，卻因爲系統問題導致客訴，但因爲事前有預設危機處理方案，所以當下爲此立即因應處理後，也降低了不少消費者的負面情緒，事後業者還謹愼的爲維持品牌形象不受事件影響，對於蒙受時間損失或反應激烈的消費者，額外提供適切的補償方案。

找出不是我們所能控制，但可能造成危機的因素也很重要，有時因爲時代改變，以往的觀念或作法已不再被接受，加上營運行銷未能適時做出調整，那麼創業失敗的機率自然就增加了。尤其是有些過去在企業擔任高層的主管，認爲當年公司的成功，都是因爲自己操盤得宜，但等到眞的創業才發現，實際上只是依靠過去企業給予的資源、或是恰逢其時遇上好時機。當整體環境都已經改變，並且消費者認知都已不可同日而語的情況下，在沒有的龐大資源、觀念又沒有來得及跟上時代，就只能被迫接受失敗的殘酷現實。

若經歷一段時間的行銷溝通但消費者回饋越來越不理想時，就可能得回頭盤點我們的策略和工具使用是不是已經慢慢跟消費者脫節？有時消費者本來對已經接觸的行銷工具有了認知，但是持續累積的過程中若沒有不定期強化刺激，關注也會慢慢的消退，像是在每日的社群貼文中，消費者雖然會固定按讚，但一旦貼文的創意模式以固定套路漸漸使消費者不再感到驚喜特別，就會逐漸停止支持。

在規劃策略時，可先預期的變化是預先安排臨時加入的新元素。例如出版社常態性的po文分享議題多與新書有關，但是在特定的節慶當中將文化內容與節慶串聯，或是邀請消費者一起來曬自己收藏的書，都能適度產生新的刺激。從創業風險的控管上，我們必須更了解什麼樣的產業更符合這個時代的需要，提供更符合消費者期待的產品，發生問題時積極解決，更謹慎的進行社群溝通，並認眞了解消費者的生活型態改變自我提升，才能持續在市場中滿足消費者的期待與需求。

我曾提出「危機溝通的九大重點」，其中包含：

1. 危機發生時的第一反應：要有統一的窗口負責，避免產生溝通矛盾。
2. 儘量在危機擴散開前做出盡速回應且說明立場，並釐清危機的歸屬或成因。
3. 找出事實眞相及危機成因，先以最主要利害關係人爲溝通對象（不一定是媒體）。
4. 連結最有可能以正面立場支持品牌的夥伴背書或降低負面影響。
5. 避免危機擴散，影響至其他事件或範圍，甚至包含公司正常營運。
6. 誠意溝通並主動持續提供訊息，適時說明立場及處理方式。
7. 掌握線上線下的大環境資訊，逐一檢視溝通方案的可能性。
8. 道歉不一定是最佳方案，但有錯就需要認，再提出可行的補償或改善方案。
9. 永遠都會有危機潛伏，只有妥善處理才是最好的選項。

例如之前從社群「炎上」到大衆媒體的玩具代理商事件，當消費者發現在不同地區的產品，出現品質差異甚至影響消費者購買意願時，代理商第一時間所給出的回應是產品製造時本身的差異；但是當越來越多的消費者透過問題產品的實際比對後，發現是不同批號的產品製造出現瑕疵，並且集中在市場規模較小的地方來販售。

如果是品牌內部人員溝通失誤，將造成更嚴重的問題。在社群中當消費者針對問題開始討論甚至提出質疑時，品牌未能先以正式管道來溝通，卻任由內部同仁運用自己的社群帳戶來發言，但當員工提出「用吹風機可以解決問題」等言論時，反而造成了更多消費者的反彈。過去雖然該玩具代理商，是以服務與產品銷售爲主，產品的製造則另有授權製造商，所以以往就算曾經發生消費爭議，只要持續服務溝通，還是會有一定的品牌支持者肯定代理商的表現，並不會將產品的本身的問題歸責於代理商，但這次卻呈現一面倒的社群負面聲量，也代表了品牌支持者的倒戈。

當危機在社群持續發酵時，品牌原本還有直接溝通的機會，但是當越來越多不滿的聲音出現，就算非產品購買者也開始認爲這件事情不合常理，因此在大衆媒體報導的推動下，導致原本產品差異的問題更爲擴大，這可說是品牌誤判了消費者所擁有的社會資源。但其實這些問題若能在一開始好好溝通，針對「找出事實眞相及危機成因，先以最主要利害關係人爲溝通對象」，以及「誠意溝通，主動持續提供訊息，適時說明立場及處理方式」這兩點來著手，或許就能降低或減少品牌造成的傷害。

其實對於原有的支持者來說，還是有機會諒解公司的做法，畢竟消費者在一定程度上是理性看待問題的，而願意改進並道歉的，本質上都不是太壞的品牌，都還有翻身的機會。

當危機逐漸過去後，準備重新翻身就是更重要的功課。當該道歉的都展現誠意了，有不對或是不理想的地方也都做出了改進，甚至爲了證明自己的用心，企業用更高的標準去要求自己，同時員工也有都有了更清楚的方向，如果連消費者都覺得願意再給品牌一個機會，那我們當然就得好好把握。畢竟犯錯的藝人也有重新代言的機會、製程有問題的產品也可以，經由獲得國際認證而重新被肯定，甚至是經營者犯了錯之後願意改進，並對社會真正做出貢獻，那這時勇敢的重新出發並做得更好，才是對一直支持的消費者，負責任的表現。

chapter 5

爲何你的提案得不到預期的回應？

不論是要說服上司及團隊接受自己的創意企劃，還是希望找到天使投資人來支持，提案簡報的能力不但是必備的基本能力，更是讓合適的對象買單其中的一種常用的溝通工具。但不論是穩健的台風、舒適的版面呈現，以及邏輯性的內容說明，說服對方從來不是一件容易的事情，而多數時候被打槍也只是剛好而已。

讓人尷尬的簡報翻車場面
爲什麼要做企劃
解決問題是關鍵
內外都想要達成效益
到底在跟誰說話呢？
認清楚自己的強項
完成自己都買單的企劃與提案

5.1讓人尷尬的簡報翻車場面

我們多少人遇過在簡報時，台下的主管或客戶一臉茫然？可能是因爲沒搞清楚對方的需求，或是簡報的內容零零落落沒有邏輯，又或者負責簡報的人因爲害怕怯場而表現生疏，甚至有可能因設備不給力，現場直接電腦當機……在個當下的我們，可能只想找個地洞鑽了，或是等簡報一結束承受暴風雨般的羞辱和糾正。

但是從我們還在學習的時候開始，提案簡報可說是非常基本的一項功課，但爲什麼進入了職場後，還有這麼多翻車的時刻呢？雖然在學校，老師也不見得多慈眉善目，但是期中或期末報告不就是從練習開始的嗎？當然有人會說，以前是眞的沒學過，甚至一路走來風調雨順，直到特殊的原因，才開啓了行銷職業生涯的簡報經驗；但眞正的關鍵其實在於——我們沒有對提案簡報的重要性及該怎麼準備有充足的認識。

上台用的簡報檔案並不代表企劃的全部，只是一種工具的應用，當我們要將一整份完整的企劃書內容濃縮，用很短的時間來呈現時，如何將簡報呈現，到傳遞內容讓提案對象認同，就是一項不容易的功課。尤其是有些因爲學校教育僵化，大家互相模仿的類似範本、參加內容差不多的比賽、拿著業界也不太認識的證照，然後做出一堆毫無新意的PPT檔、Word檔，或是一些業界專家不斷鼓吹，幾分鐘做簡報、幾分鐘上台當講師，但是最後根本沒有達到溝通及說服的目的，那就只是本末倒置罷了。

會讓企劃提案失敗的很重要原因，像是對於對資料的過度解讀，以及錯估提案對象實際需求的範圍，就像餐廳的經營者可能希望行銷部門，針對疫情的影響下規劃出一個能有銷售機會的新服務，但在企劃中卻將產業成長數據、總體經濟環境的預估，當作策略規劃的重要依據，卻對於競爭者是否已提供類似服務，或消費者是否願意爲這項服務買單等重要關鍵，缺乏具體的分析資料。甚至負責提案的同仁，直接將推出新通路品牌當作提案的重點，但是卻沒有意識到這已經超出當下企業所能執行的範圍。

站在務實的角度來評估，品牌本身現階段的資源與能力，真的能做到哪些可以創新的事情，以及是否能走出困境增加獲利，這些可能更是經營者想知道的事。若是使用了錯誤的資料來做判斷，或是空有一堆理想性的企畫內容，而忽略提案對象眞正在意的事情，那就算企劃書寫得再完整，簡報時再慷慨激昂有氣勢，還是沒有達到眞正的目的。最終一個企劃要什麼時候開始執行，還是花多少預算可以達成目標、獲得多少利益，都得要在前面的基礎是可行與正確的情況下，才有實質討論的意義，這就是「毒樹果實」的現實問題。

在企劃的過程中，次級資料的引用其實是很常見，像是組織內部的業績記錄、財務報表及顧客資料等，或是外部公開的政府統計資料、產業公會報告、媒體報導及網路資訊等，在資源和時間有限時，次級資料可以快速的作爲參考，幫助行銷人釐清問題並尋找答案。但是當錯誤的引用了次級資料時，企劃的內容就成了一場大災難，就像手搖茶店的品牌要再造時，企劃內容使用了三年前的調查；或是明明主要市場在南部，卻參考了以北部消費者爲主的分析資料，最終就可能發生讓品牌走向更危險的道路，因爲錯估了現在發展的形勢，或是搞錯了合適的溝通對象。

這樣的問題也常發生於新創者的提案上，我曾看過不少尋求資源的創業提案，在自我分析時，連自己的優點和缺點都說不清楚，甚至連爲什麼比其他競爭者更有優勢，都沒能眞正釐清，引用一堆錯誤而過時的資料更是常見，最後的提案結論自然無法說服專業的投資人。這時要問，難道這樣的新創者，沒有搞懂這些就敢創業了嗎？在某種程度上來說確實是這樣，所以企劃的內容和提案的呈現，只是呈現了創業者的無知。

創業者對於簡報的需求是頻繁且重要的，但是翻車的機率卻往往更高，不論是多有經驗的提案者，都有可能在做足事前準備之後，現場表現不盡如人意；可能是自身的狀況不佳，也可能是豬隊友出包，但常常則是因爲提案對象的反應，像是不夠專業的評審提問，或是企業主突然提出不合理的要求，都可能讓上場提案的人，必須在現場反應和自我情緒上善加控制，不然何止是當次提案的機會錯失，甚至之後都會給對方留下負面的評價。我之前擔任一些計畫的審查委員時，就看到過那種一上台自信滿滿，彷彿補助不給他不行的新創者，結果才講到一半就超時，或是在問答的環節，因爲沒有預先準備可能的問題解答，結果直接晾在現場空白五分鐘。但是最糟糕的情況之一，就是直接在現場跟提案對象吵起來，嫌投資者不專業、對創意沒有接受度，甚至憤而離席的場面也是有的。

還有種團隊，成天扯後腿的事情也不在少數，前面的提案者跟後面回答問題的人互相矛盾，搞得提案對象不知道該聽誰的，也有那種本來是前期負責製作簡報的同仁，因爲不用上台所以在台下發呆，甚至團員們自顧自地聊起天來。你們要是在當下看到，一定會有一種傻眼貓咪的感覺。有人會說那就一個人上場好了，但很多像是政府標案的提案簡報，可能因提案中包含多個單位，所以規定必須一起出席，更何況一個人若是要上台簡報，又要記錄評審的反應及問題，甚至是設備臨時出狀況需要排除，那種手忙腳亂也是會造成聽者負面觀感的。

提案場地是否備有視聽設備，並能讓全場提案對象看得聽得清楚？在數位時代中，使用視覺輔助工具，可以讓簡報更容易被閱讀，但是也必須要事先了解包含場地及設備的狀況，就像我們在自己的電腦上面看都沒問題，但是若提案場地的投影機效果太差，就可能導致最終呈現的圖表無法清楚閱讀；另外很多時候像是播放提案內容中需要的影片時，卻沒有聲音或畫面看不清楚，都可能造成提案時的悲劇。

5.2爲什麼要做企劃

成功的企劃，在於預設目標結果是否能達成，所以古代要企劃一個偉大的建築，有建築本體的藍圖但不一定有建築企劃書，要舉辦一場大型慶典需要有能力的主事者及相關人員，共同討論並將細節記錄下來。以前也沒有簡報這種東西，依然能稱之爲優秀的企劃，就是因爲那只是因應時代而出現的一種工具。甚至一場有目的的演講、一段有意義的表演，只要運用得當，都能正確地傳達企劃的內容。

在我年輕的時候，記憶中印象比較深刻的企劃經驗，就是還在學校帶戶外營隊時的事前規劃，像是高中和大學的社團幹部訓練營，那時高年級的幹部就要自己規劃準備，將在營隊期間中的所有活動，和前後準備的相關細節，呈現給低年級的學員們。後來在職場中我們發現有更多，因爲不同目的而做的企劃，針對新產品的上市企劃、新開店的營運企劃、宣傳的廣告企劃，或是公共關係的記者會企劃，而這些企劃都是圍繞在行銷人的工作範疇當中，當在更上一層樓要創業時，就是更複雜的創業企劃了。

在行銷人的工作領域當中，大致圍繞在產品、門市、銷售推廣、傳播溝通、品牌管理這五大範圍，以產品行銷的企劃來說，可以分爲新產品上市企劃、既有產品提升企劃、問題產品退場企劃；門市行銷的企劃來說，則分爲新門市品牌開店企劃、現有門市轉型改造企劃、通路商招募及教育訓練企劃。銷售推廣行銷的企劃可分爲營運提升企劃、銷售提升企劃、促銷方案企劃、節慶行銷企劃；傳播溝通行銷的企劃則包含廣告與媒體企劃、公共關係企劃、數位行銷企劃、整合行銷傳播企劃，而針對品牌管理的企劃，像是年度規劃企劃、品牌形象提昇企劃、品牌再造企劃、消費者認同及滿意度調查企劃。

產品行銷企劃

- 新產品上市企劃
- 既有產品提升企劃
- 對問題產品退場企劃

門市行銷企劃

- 新門市品牌開店企劃
- 現有門市轉型改造企劃
- 通路商招募
- 教育訓練企劃

銷售推廣行銷企劃

- 營運提升企劃
- 銷售提升企劃
- 促銷方案企劃
- 節慶行銷企劃

傳播溝通行銷企劃

- 廣告與媒體企劃
- 公共關係企劃
- 數位行銷企劃
- 整合行銷傳播企劃

品牌管理企劃

- 年度規劃企劃
- 品牌形象提昇企劃
- 品牌再造企劃
- 消費者認同
- 滿意度調查企劃

市場調查企劃

- 競爭者現況調查企劃
- 消費市場調查計劃

附圖 5-1 企劃的範疇

中高階行銷人的工作中，常常會聽到要能夠規劃「整合行銷傳播」的專案，但是有的工作又要求能夠撰寫「年度規劃」，那這兩者有什麼區別呢？其實很多公司在發展初期，常常為了生存，所以很難用通盤式的思考釐清行銷的需求和目的，並且決定投入多少的行銷預算；簡單來說，若是公司在一年的期間，因為生存的需求或產業的淡旺季週期而必須做促銷，那適合「年度促銷規劃」；若是針對單一主題，像是新產品上市及品牌再造的整體溝通，則適合「整合行銷傳播」。而除了這兩個以行銷為主的面向之外，若是考量到公司在人員教育訓練的投資、軟硬體設備上的更新效益，甚至是品牌資源的重新配置，而能夠讓公司走得更長久並且能面對未來挑戰，就適合「中長期營運計畫」。

在不同的專業需求上，需要區分出公司內部既有的組織人力可以負責的專案，以及透過發案或比稿來運作的外部企劃專案，也有少數是運用像產學合作及實習生、外包聘僱的單點式企劃工作。另外有時候在公司為了能更掌握市場趨勢及消費者行為下，也可能委託市場調查公司提案，進行前置分析的市場調查企劃，很多時候行銷部門並沒有額外的預算，這時的企劃專案就必須由公司內部同仁自己執行。

不同的組織對企劃內涵及重點的要求，當然會有所不同，尤其企劃的目的，有時是為了對既有的商品提出改善的計劃，但也有可能是直接提出新商品的上市計畫，因此方向的不同就更影響了整體結構。有邏輯、有條理且有系統的呈現整個企劃，依然是最基本的要求，企劃的內容包含許多面向，大致可以分為：「**目前市場現況、機會與問題分析、確立目標、行銷策略說明、具體執行方案、預算表及控制與稽核點**」。

企劃中應清楚說明提案對象想了解的問題及環境情況，明確呈現出我們想要傳遞的重要內容，以及可以達成的目標，並將具體的預期結果描述出來，在不同的企劃需求中，針對組職或品牌的理念、競爭者的作法、新目標消費者的描述、獨特創意點來進一步細項說明。因此，不同目的的行銷提案中，新產品及服務的開發、新通路的建立，或是主題性的行銷傳播方案，都有了各自需要去強調以及說明的內容。

當企劃的思維和能力已經提升到一定程度時，就算是給你五分鐘的時間也能闡述企劃的內容和重點、或是用一張圖表就能清楚表達目標與效益，那麼下一步就是想辦法不斷創新。從經驗而生的過程與參考的範本，在未來的世代都將成爲歷史，所以擁有創新企劃思維的企劃者，才能不懼怕競爭者和抄襲者。

從過去自身的經驗來說，雖然我也曾經是受科班教育出身，所以年輕的時候多少都會在名詞上打轉，但多年後的歷練以及實務上應用後，我發現其實重點不是在用詞的解釋，而是實質的意義。依據政府機構「國家教育研究院」的雙語詞彙資料庫資料，不同學術名詞、辭書、公告詞彙，甚至不同的政府機構等對於企劃這個名詞跟它的兄弟姊妹和英文翻譯，並沒有絕對的一致用法和解釋。更有趣的是，不少老師或是號稱專家，卻只在意咬文嚼字硬是要過度解釋，然而不論是企劃／規劃／計劃，英文都可翻譯爲planning或是plan，曲解名詞的差異化或是硬要在「畫與劃」之間，作名詞與動詞的比較，是沒有太大的實質意義的。

5.3解決問題是關鍵

企劃書的組成結構並沒有一定的標準，但最終都在解決問題，因此從一開始提出的問題就很重要。通常行銷人會在自己的職務上清楚，原本負責的工作所需要被解決的問題，但是當環境出現變化時，問題可能也會有些不同。就像我們以前看到居家產業的開店數量不多，行銷人若是負責通路企劃的工作，可能是在開新店的前期行銷，以及該店所在商圈的落地促銷方案；但是當居家產業開始飽和，公司暫時沒有開設新店的需求時，如何增加既有店面的營業額和來客數就成了重點，所以這時問題可能就從「如何幫助新店站穩腳步」，轉變成「如何讓現有店面提升獲利」。

例如新開的加盟店品牌業績衰退，主管要求我們提出應對的方案時，在企劃當中要區分出全國平均的衰退狀況，以及各縣市與不同商圈的分別狀況，才能夠更具體的描述問題是整體性的還是特定區域，甚至是否在某些關聯性中可以找到答案及對策。對於加盟總部來說，業績衰退的情況是不是還進一步影響了加盟主的信心導致部分夥伴解約退出，以及是否有特定的競爭者出現，造成了業績衰退的現象，甚至進一步對解約的加盟主進行挖角。這些問題的解決以及背後形成的原因，可能更爲重要。

確認了原因及可能性後，我們要如何在企劃書中提出建議，這時就必須有更具體的策略說明，甚至多個方案的選項，例如確認是競爭者造成業績衰退的影響時，是要加強動員加盟店的輔導支持，避免加盟主持續流失，並且推出二代店讓加盟主可以選擇提升轉型？還是由商品行銷提出市場強而有力的新產品，讓加盟主的信心強化？又或者是行銷部提出新的年度規劃方案，增加行銷費用在節慶主題及廣告曝光上。也在分析問題後決定優先順序，先加速整體品牌發展策略的進行速度，將目前主要的加盟店從中部地區，逐步開始朝向北部地區來拓展，且再針對之前的主要競爭者，提出更具有吸引力的加盟條件，最後同步建立全國性的品牌形象。

面對競爭對手採取攻擊性的降價大促銷方案，我們該如何提出防禦應對策略？這時即時性的企劃方案就比常規性更爲重要，因爲此時可能已影響到本來的規劃方向，但是在反擊時又必須小心，不要因此對於品牌造成了其他傷害。所以根據原來的企劃調整方向，或是直接擬定全新方案，都要更爲審慎評估，像是本來已經規劃好的母親節的方案，因競爭者突然在前兩周開始了超越以往的六折優惠，但是我們並不希望跟隨其腳步改變原有方針，那麼或許這時的企劃方向就要從「母親節促銷活動」，提升爲「忠誠消費者母親節回娘家」的回頭客強化方案。

新創者什麼時候應該好好的靜下心，至少盤點一下今後的發展，寫成一份企劃書呢？當新創者已經準備好要更上一層樓，包含更龐大的外部投資吸引計劃、資金需求，或是要從兩、三家店發展成更具規模的連鎖品牌，以及從小型的手作坊提升到，有一定生產規模的工廠及公司，微型工作室轉型成中小企業的階段，這時牽涉到經營管理和財務時，就可能需要有比以往更具體的創業企劃書。在內容中包含市場分析、競爭程度、消費者描述、未來策略目標、行銷規劃及預算、投資可行性、甚至是組織架構及其他資金籌措等項目。

若我們是一家寵物鮮食的新創公司，希望能提案爭取到創投的資金挹注，就必須在企劃中具體說明國內寵物食品的市場概況、寵物鮮食的發展機會，以及消費者的輪廓及消費能力，再從公司的核心能力、品牌相關介紹、成立到提案前，公司的業績成長狀況、不同產品的成長比例和分析，和未來發展的潛力與資金需求的目的，都能清楚的描述出來。最後一定要將下一個階段預計達到的營收目標、執行計畫的具體作法和行銷投入、對於創投在意的回饋機制、股權釋出與分配，以及未來的合作關係說明清楚，至少在提案時能夠回答提案對象的問題，也更有利於後續的談判機會。

當然有些問題不是一個企劃就會有答案，例如在年度規劃的企劃中，通常行銷人在前一年的十到十一月，就必須先通過公司內部的同意，這時我們只是知道接下來要做什麼大方向，就算許多細節跟架構都已經明確，但是就如同這兩年的疫情，馬上可能造成極大的衝擊，在此時要提出新的企劃，就是爲了解決更急迫的問題，也同時因爲原本的預期成效，勢必出現明顯的變動。但是對於創業者來說，公司的發展在前幾年攸關存亡，因此除了年度規劃外，也要搭配短期立即性的企劃方案，讓營收能有持續的成長和提升的加碼方案。

至於在企劃書中要撰寫到多仔細，是要大方向溝通還是鉅細靡遺，這完全要看每次提案的階段和目的，就像新創者在提案的時候，對於新事業的發展可以寫得詳細一些，但眞正關鍵的在於能否有一個眞正賺錢的模式和商機掌握，若是創新和獲利的機會沒有凸顯，就算寫得再細也不會被投資人買單。而在行銷人內部提案時，有些企劃是屬於執行性的專案，像是辦一場記者會，或是規劃一場商品特賣會，那當然細節就要清楚仔細，但若是要提一整年的年度規劃，這時可能要分好幾次提案，而最初在各部門達成共識階段的提案，則是以大方向的企劃內容撰寫爲主，等到要進入執行階段時，那就要講求細節了。

5.4內外都想要達成效益

爲什麼我們做企劃時要有明確的預期成果？從一個現實的角度來說，是爲了確認投入與獲得之間的關係。在區分質化與量化兩者不同的效益時，有一個關鍵前提的是：到底哪種描述才能精準而正確的表達效益？例如當我們表示希望運用熟客方案來幫助業績成長時，就應該清楚且具體地說明能提升的營業額、熟客回購率及人數等這些量化的內容；但我們同時又希望能透過這個方案提升熟客的好感度時，除了量化的統計外，哪些關鍵詞的出現也能代表好感度能以質化的方式來預期？例如「親切感」、「更貼心」及「讓人感動」，這些則適合用質化的效益來呈現。

那麼新創者爲什麼對於量化的企劃效益的重視程度，通常會大於質化呢？原因還是在於通常新創者對於企業的生存，更感到焦慮在意，透過數字確實可以呈現比較具體的結果，但這也往往是多數企業逐漸失去溫度，以及品牌特色的原因，因爲那不是用數字就能理想呈現的結果。我曾見過一個新創公司的創辦人，每次開會要求今年業績成長多少，希望行銷部能擬定下一個年度營運持續成長的方案，但是對於質化的品牌形象塑造卻不屑一顧，然而最後公司不但成長放緩，品牌在消費者心目中也覺得就是只會做促銷，雖然公司還能繼續營運，但是同仁在失去了認同感後，也不願再有所突破，沒多久就在市場中消失了身影。

同樣的，若過度的強調質化的表現，卻缺乏量化的具體成果，其實也是沒有效益的企劃。例如行銷人提出運用意見領袖來增加品牌的曝光度，但是曝光度的提升和品質，其實應該同時以質化與量化指標來確認，像是意見領袖拍攝影片的觀看數、按讚數、分享數等，同時在質化中消費者的留言內容是否出現關鍵詞，以及分享者留言中是否有特別與品牌正面相關的描述。因此不論是質化或是量化的效益呈現，都是爲了預先確保企劃是有實質意義的。

既然提案的目的在於說服，因此我們從自身的角度來說，撰寫企劃時除了能讓對方買單外，自己是否能夠達成並從中獲益也很重要，今天廣告公司願意來比稿，當然是希望能讓公司獲利，組織內的行銷人員提案，當然也希望自己除了有更好的成績表現外，也能受到公司的重視和獎勵。所以我們在思考企劃可以達成的目標時，不是喊一喊數字就可以，像是營收業績成長、獲利增加這些通常是合理的目標，但當中有多少是因爲我們的企劃而產生，這件事情更加重要。

像是很多服務業的行銷部，對於降低客訴這件事情，很多都會列爲重要的工作項目，但是撰寫企劃並不困難，重點在於執行時要現場同仁願意配合，這就需要其他的誘因，除非這個企劃案對他們來說，有必須配合的規範與罰則，不然往往最終無法落實的原因，還是在於企劃時不夠周延。另外像是行銷部規劃了節慶活動的宣傳物，要求門市同仁必須懸掛，才能達到吸引消費者的目的，但是卻因爲主視覺太醜，造成有的門市不願意配合，這同樣也會導致最終的效益不彰。

所以我們除了從行銷的角度之外，其他部門同仁對於企劃的支持度和配合也很重要，有的時候各部門的主管雖有協助的義務，但行銷人也必須考慮爲了能讓企劃最終可以達成目標，不論是內部溝通行銷，或是在企劃上更周延並仔細地確認細節，才能讓企劃從撰寫到提案溝通，甚至到後端執行與目標達成上都能更順利。

另外一個企劃的提案則是由外而內，像是廣告公司、公關公司或是活動公司，組織內部與外部的分工明確後，由其他協力公司來進行整體的企劃工作。而政府機構的行銷類標案，也多半是採取這種模式。代理商的制度在於幫助客戶規劃及執行，關於廣告企劃、公關企劃或是社群企劃等各類類型的專業行銷工作，並根據項目內容向客戶收取費用，所以包含政府機關、國營企業及一般企業或是有規模的非營利組織，很多時候都會選擇找代理商來協助，而在選擇時多半也用比稿的方式，來決定最合適的對象。

若因工作的範疇中需要比稿，事前弄清楚提案對象的需求和可能的競爭者也是相當重要的，這就像是比武招親，最後終究只有一人能獲得勝選。所以從事前對先比稿對象的背景、企劃目標、需要解決的核心問題、應避免的禁忌、預算及時程，以及對提案團隊的期望有充分了解。當我們確認要進行比稿前的準備時，也得評估公司本身的資源、比稿成功的掌握度、創意發想和資源整合、在要求時間內完成比稿資料，以及最後必要時的現場報告。

因此，在這範疇從業的行銷人，更是還要在比稿、提案修改、滿足業主等各方面，具有更強的耐受性和協調能力，當然最終還要能拿到案子並執行，才能有眞正的獲利；所以不論是企劃的內容、創意的呈現、以往執行的能力及比稿現場的表現，都會影響是否能拔得頭籌的機會。甚至有些案子因爲複雜度高但能發揮的費用有限，而客戶又在代理商的口碑中，屬於難搞甚至有不良紀錄的對象，這時是否還要爭取這個機會，就是每家代理商的不同選擇了。

廣告公司對客戶的提案，更是有相當多的階段變數，例如我們如果是去爭取國營企業的政府標案，不但本來的規範要求非常詳細，更是在一次定江山的情況下，不論是創意及執行細節都要完整。但有很多的企業客戶會先進行比稿，從大方向上先了解各家廣告公司的觀點和創意，待選定其中一家後再來就細節琢磨，因此每個階段的企劃和提案都有不同的考量，但終究都要能達到溝通說服的目的。

同樣的，像是國營企業的整合行銷案比稿，很多項目在標案中都有具體說明，那麼還有哪些是不同廣告公司的強項及可以創造的更大價値的，就會是比稿的標準。很多時候比稿單位在評選的標準上，考量的因素包含提案公司信譽、人員素質、策略方向、創意表現、執行能力、預算管理能力，也有不少政府標案還會評估社會回饋的項目。當有人說他們的比稿成功率高，甚至是相當不錯的範例時，我們除了學習之外也要進一步思考，是什麼原因所達成；例如專門爭取特定領域的客戶，或是組織的資源眞的遠勝於其他競爭者，還是現場提案的表現有獨門的秘訣。

只要是比稿就會有輸贏，甚至現在不少企業也流行「內部比稿」，鼓勵同仁發揮自己的創意，能爭取到獎金或是內部創業的機會，因此在無關企業直接生存的情況下，多嘗試比稿也是練經驗值，最重要的是事後的檢討和成長。同樣的，要讓代理商的行銷人願意熬夜加班寫企劃，積極爭取比稿獲勝的機會，那麼廣告公司或公關公司本身，就要有另外的獎勵機制，才能讓人才願意付出，不然最終就是不斷的消耗流失同仁的熱情。

對於具備「元行銷」特質的人來說，不論是工作的發揮還是創意的實踐，都是能夠推動我們前進的動力，然而轉化爲消費者身分時，擁有理想的收入才能過上好品質的生活、購買自己想要的產品及服務，這時企業若是能從滿足消費者的角度，來給予發揮創意的同仁適當的報酬和激勵，那或許就更能因而得到更多更有價值的企劃及提案，爲企業帶來更多的幫助和效益。

5.5到底在跟誰說話呢？

在說服提案對象時，強化提案後的行動可能性，像是讓企業願意增加投資金額，或是支持並通過廣告預算，都是在提案中要能夠清楚出現的訊息。但是要讓對方行動，提案簡報的內容能不能打動對方，就更在於是否足夠了解提案對象的需求是什麼？而提案對象的身分其實很多元，有時可能一場會議好幾個代表出席。例如行銷部提出年度規劃希望公司通過時，包含老闆、總經理跟其他部門主管，因爲與自己切身相關，也和企業發展與預算應用有關，所以都想經由提案會議的參與，來發表建議或產生影響。

或是促銷部門的內部提案，可能希望主管通過周年慶的整體規劃，但是當主管雖然看到了具體的內容和支出，卻不能明確的明白業績提升的程度，以及怎麼確認可以達成的評估標準，這時就可能會被要求退回修改，因爲提案對象的需求和利益並未被滿足。然而會發生這樣的問題，很可能是下屬沒有搞清楚部門主管眞正的期望及他不夠了解該怎麼做，當下屬的提案沒有滿足要求，更可能的是在提案中的創意，沒有滿足主管自己的偏好。

若是對外部單位提案，在我們了解提案對象的同時，若能進一步弄清楚需要提案的單位最初是誰建議要進行這個提案，以及需求與想法來自何處，會更有幫助。因爲回到「元行銷」的概念，提案對象雖然可能代表企業或是政府機構，但更可能對於他們來說，也在滿足和解決身爲消費者的需求，甚至可能就是因爲組織內不夠創新，所以想透過外部的提案來看到更有創意的想法與做法。提案現場擁有決定權和建議權的人數有多少，以及背後的單位也可能是影響我們規劃提案報告時的方向依據。

從提案對象的角度來說，坐下來花時間聽一場簡報，一定有他想知道的事情或未來與他們可能有關的地方，因此了解提案對象的眞實需求及最關心的部分，確認搞懂提案對象的心裡在想什麼，以及來聽提案的目的是什麼，才能更精準地達到溝通與說服的效果。另外很多提案會有發問的環節，盡可能了解發問問題的弦外之音，並知道何時該結束回答、善用團隊合作，懂得見好就收，適時讓其他人表現，都能讓提案對象留下較好的印象。

針對提案對象來設計簡報呈現的方式、內容、結構和舉例說明的適合度，尤其是當我們想用某些特定的人物或事件，來拉近與提案對象的關係時，對該人物或事件，一定要有充分的了解。而有些提案簡報，也因爲不夠了解或輕忽提案對象的知識水平，用過於淺顯的內容來當作基礎，甚至沒在事前作足功課。當我們從「元行銷」的角度去思考時，提案對象同樣也具備了不同的身分，尤其是身爲消費者的那層自我偏好，例如跟書店的負責人提案時，對方可能更喜歡具有文青風格的提案流程與簡報製作方式，但是跟知名餐廳的第二代提案時，對方可能更喜歡他在國外留學時看到的簡潔俐落風格。

還有，我就曾看過多次設計公司，在針對企業展覽場域規劃的前期提案時，把公司的簡介、基礎市場的分析，甚至是公司的優劣勢寫錯。

我們要知道，並不是每家公司都對自己在市場上的評價一無所知，更何況當時的提案對象，除了企業之外還有外部的品牌顧問，勢必會對提案有更深入的理解，一旦我們在溝通上的知識水平，讓提案對象覺得不夠專業時，後續就很難繼續下去。當然也有那種為了炫技，過度表現的提案者，滿口專業術語想要讓提案對象覺得自己很專業，同樣的，當訊息不對稱，提案對象覺得聽不懂或反感時，那結果仍然是失敗的。

有些時候為了考量提案對象的形況，我們眞的不要一昧的去相信什麼製作一堆漂亮圖表，就一定更有說服力這件事，也不要把自己當作創意大師，一張彩圖放一行字然後做100頁，很多時候提案對象並不盡然都具備高閱讀能力，也不見得都能接受過於炫技的提案，就像我時常遇到傳統產業的老闆，有時對他們來說只要看得懂就是好簡報，所以清楚的文字分析和呈現，以及在時間內順利表達，可能就能讓提案對象買單。但若是我們面對的是本身就具有高度專業的提案對象，像是大學教授擔任評審，或是行銷背景的企業主，才比較適合用更有深度及創意的方式來提案。

企劃的目的，是對於客觀的現實情況加以評估分析後，做出的選擇和策略擬定，但是在擬定企劃時又必須面對資源有限的情況，以及與公司相關部門之間的連動性。因此當企劃的範圍越大、層面越廣時，要讓提案對象買單，就必須考量更多的層面，畢竟多數的行銷企劃都是要投入金錢跟資源才能進行，顧及更多面向，才能減少我們失敗的風險。其中企劃的方向若是由內而外，從行銷部門作為發起的全品牌節慶行銷企劃，或是連鎖總部的會員活動時，也必須確認各加盟店的執行需求，當企劃的專案越龐大時，所影響的層面也就越廣，這時行銷人會感受到自己的壓力更重。

所以很多企劃在提案階段並非沒有創意或是不能執行，但是前置的溝通若沒有做好，可能會遭遇到更大的阻礙，雖然這時店長或加盟主不一定會出現在提案時的會議，但是同樣具有影響決策的力量時，我們也要納入提案對象的層面來分別思考，了解需求和同時提出應對的方案，才能讓企劃順利進行下去。就像產品企劃的提案，必須思考業務部門主管的支持才能落實推廣，或是品牌形象提升企劃要有門市部主管的支持，才能讓各店的店長同仁都積極配合，而關鍵還是在於與提案對象當時的溝通，以及是否能達成共識。

在現今社會來說，提案對象除了自身利益外，我們也必須越來越重視利害關係人的看法。從「元行銷」的角度來說，除了提案對象、消費者之外，會受到這個提案影響的人都可能是利害關係人，像是操作酒類產品的企劃時，因爲受到更多法律條件限制，所以政府機關的主管單位、酒後禁止駕駛的宣導團體，都會是必須考量到的利害關係人。而像是在城市負責行銷專案時，若是爲了吸引觀光客的到來，城市原有的住民就是必須溝通的利害關係人。

想必有人會好奇，那麼要怎麼跟利害關係人簡報提案呢？例如新創者想在夜市開一家新的雞排店，除了可能購買的消費者之外，開店地點附近的鄰居可能是首要溝通的利害關係人，尤其是住商混和的商圈，當鄰居擔憂新店的油煙和味道是否會影響生活時，就必須事前就更清楚且明確的溝通，甚至在施工及規劃時也邀請鄰居一起參與，從行銷的角度來說，這就是爲關係行銷建立基礎。

但若眞的無法達成共識，那可能就是一場災難的開始。我就曾看過才開不到一個月的雞排店，因爲附近鄰居的不斷檢舉抗議，最後只能提早結束營業，但爲什麼這個新創者沒有在開店前的規劃分析中掌握到這點？這多半是事前的準備不足及不專業的溝通導致。若雞排店長能在開店前先舉辦一個小型的公關活動，邀請附近居民參與並做一場簡報提案，分享一下自己爲什麼在這裡開店，同時願意爲讓大家生活在盡可能不受影響下，做足空氣汙染的防護措施和回饋居民的方案，這時提案對象就是可能受影響的鄰居，面對我們誠意遞出的橄欖枝，有可能就降低了反彈的風險。

5.6認清楚自己的強項

很多人認爲，外向的人比較適合從事行銷工作，但其實一個成功的提案過程，也常常需要有人靜下心來完成那些繁瑣的分析工作及簡報。而同樣的，一個成功的新創者，也可能是深思熟慮的思考者，爲團隊找一個能幫自己上台提案的團隊成員，其實也是一種好方法。從「元行銷」的概念來說，新創者、行銷人與消費者的身分，其實也就是在感性與理性、需求與滿足、理想與現實之間的平衡，這也就是爲什麼越是具有「元行銷」特質的人，在提案簡報中越能掌握及滿足不同對象的需求，也能從自身的角度和企業組織的角度，找到更好的問題解決方式。

其實許多關於企劃的重要核心能力與培養，像是邏輯思考、系統架構或是創新訓練，對不同的人來說，在學習與工作表現上，都會有實際呈現與結果的差異，有時就算一直練習創新思考，但是創意的發想多少還是些天分的影響，而邏輯思考與系統架構的學習，雖然對於本來較缺乏的人有所幫助，但是也可能在一定程度上還是會碰到瓶頸。這就跟理性與感性特質的人，即使同步學習相同的企劃專業和訓練，還是會在一定程度上，專注在自己擅長的領域發揮表現。

很多行銷人在自己的專業中，大致上會包含像是能發揮獨特想法創意的「思考者」，能夠運用文書作業軟體呈現出，理想企劃書和簡報檔案的「撰寫者」，在提案過程有能力良好口語及肢體表達的「提案者」，在執行過程上能細心而且達成目標的「執行者」。有的人可以同時具備一種以上的特徵，有的卻只能把其中一件專業做好；當如果今天的行銷部門或是創業團隊，人數夠多的時候，就可以用互補的方式來協助，但若今天我們眞的必須單打獨鬥時，只能盡量截長補短。

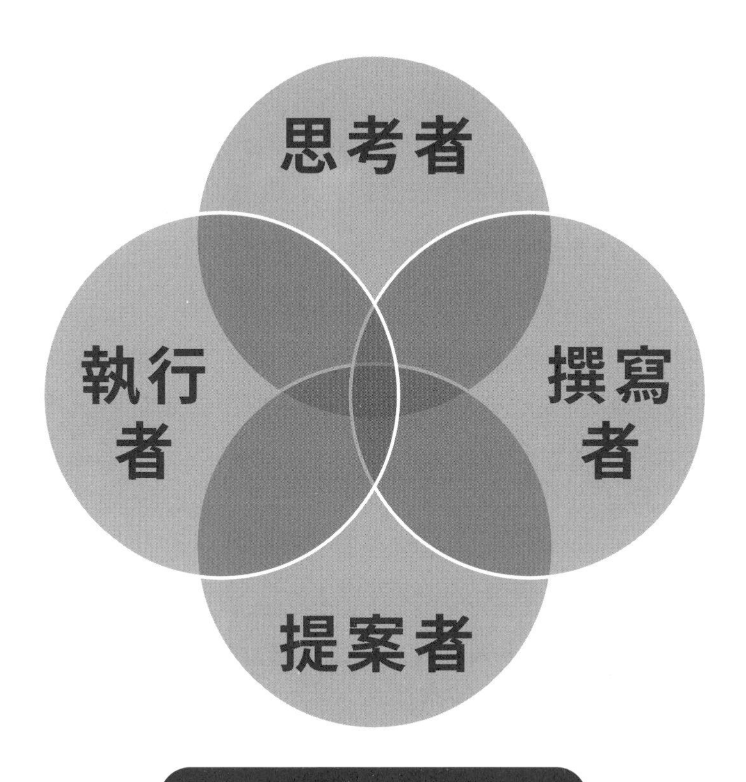

附圖 5-2 行銷人的類型

要讓企劃的呈現與後面的執行成功率更高，資料的收集和經驗的累積也是相對重要的。當我們花了一些時間一直在整理資料，卻發現團隊成員都在做類似的事情，或是當企劃還沒結案尚在執行中，但已經必須跟客戶提出下一個方案時，怎麼更快速的運用資源和人力，就成了一大挑戰。所以剛才前面提及具有專業能力的行銷人及新創者，通常還得擔任團隊的領導者，分配工作並適時的給予每個人協助。因爲我們可以發現，表現優異的企劃團隊，通常會成爲帶領品牌望前衝的關鍵，而在廣告公關公司中，更是能爭取到優質的大客戶，甚至有這樣團隊的新創者，組織才能蒸蒸日上。

並不是每個提案的人都能夠台風穩健，但是我發現那些台風越穩，自信越強的行銷人，其新創者性格也就越強烈，除了自信外還有就是對於整個提案的過程，都有一種勢在必得的期望。但也有很多剛入行的行銷人，或許是在學校的教育訓練不錯，所以在小型的提案中也可以說得頭頭是道，但是要更完整的就企劃細節問答，或是面對提案對象的質疑時，就可能需要持續鍛鍊。經過練習可以減少提案者對於簡報時的憂慮與恐懼，幫助提案者對內容與用辭做出適當的修正，以達成說服聽衆的目的。

經由不斷的提案經驗磨練，建立起我們自己的專業提案形象，穿出自信的樣子，並找到屬於自己的提案表現方式。其實每個人都有自己的特點，有的人外在形象有說服力，聲音及口語表達的技巧都很理想，也有人是企劃撰寫上很有一套，適合前期的慢工出細活。負責上台提案的人，其實在外在形象上除非提案對象有特殊要求，仍以自己舒適得宜卽可，重點還是在現場的態度及口條表現上。

很少提案簡報眞的必須要搞得像魔法戰隊，每個人輪番上陣報告甚至還要現場表演換手走位。然而新創者就比較常遇到這種盛大而浮誇的大型提案現場，投資者只在很短的時間要決定，從數百家的企業給予誰後續的支持與資金，那麼越有吸引力的提案簡報表現，甚至是團隊成員的參與度，都會影響爭取提案的機會。這時我們只好讓上場的同仁，在提案的演練上更注重團隊的表現，畢竟不論是個人的提案還是團隊提案，上了場就得把握當下的機會，有時候成敗就在一個細節。

很多人認爲成功的企劃團隊應該具備的條件，要有良好的溝通協調能力，同時成員還能自我情緒管理——坦白說有些不切實際，因爲越是有自我想法的人才，常常越不容易接受別人的建議。一個團隊大家每天和和氣氣，但無法激盪出什麼創意的火花，那也只是一群平庸的集合，並不一定能讓企劃的成功率提高；但是內部持續發生衝突或勾心鬥角的團隊，通常結果必然是失敗。所以領導者有時必須有魄力，整合個人、組織、媒體等各種資源，讓企劃從提案到執行都更有機會成功，也要能接受團隊成員可能的流動。

5.7完成自己都買單的企劃與提案

那麼如果已經決定要做企劃，我們如何判斷提出的企劃書，是否能有效的發揮前置規劃的功能呢？首先可以觀察這份企劃是否有足夠的可信資料作爲說服，再來是企劃的邏輯性與架構，最後則是前面的目標與後面的效益是否有前後呼應。在規劃簡報的內容時，行銷人需要更注意內容的整體邏輯，尤其是越龐大的企劃案，越是需要重視能不能快速的表達清楚全貌，我在《節慶行銷力：最具未來性的品牌營收加值策略》一書中提過，用專案管理的角度來規劃，才能完整的看到企劃的面貌，同樣的濃縮在數十頁的簡報，和短短的幾十分鐘的提案時間，「起、承、轉、合」不只是在執行面上，更是讓提案對象能更快了解行銷人的提案內容邏輯與重點。

當企劃的基礎越貼近眞實情況時，也就越能讓提案對象產生認同，爲了要避免企劃的策略方向和說服產生偏差，我們在提案前可以用實驗性的質性研究，來更加了解確認當中的依據，尤其是當行銷人想針對一個創新的概念來溝通時，不論是新產品及服務，還是達成消費者的購買機會，在確立方向後尋找合適的消費者先進行觀察或深度訪談，了解消費者的實際反應與行爲，等提案時能再更具說服力。同樣的，像是新創者在爭取資源時，越是創新的觀念越可能會失敗，也就越需要更強大的說服力來溝通，讓投資者更願意相信可執行的程度。

在企劃的細節中，針對執行時程的安排和前後順序，有些時候是固定不變的，像是我們在做年度規劃時，若是以節慶作爲節點，農曆新年、母親節、父親節、耶誕節等等這些節慶的日期是不會改變的，但是在針對每個節慶中的行銷工具安排順序，準備及起始的時間，都可以依照行銷人的創意和想法來調整，當然依循的就是企劃中最重要的策略說明。而像是在社群溝通的貼文規劃中，有時要保留可以臨時加入的時事議題，那這時可能就要先在企劃書中說明可能在實際執行時產生變數的原因，以及會後將完成截止的時間。

企劃案就是爲了實現該企劃而產生的具體構想，一份成功的企劃案，通常需要經過提出問題或策略、蒐集現有的資料、進行市場上調查分析、討論並激發創意、選擇可行的方案、使目標閱讀者容易瞭解的架構內容，擬定目的要能結合預設目標，避免多餘的陳述與贅詞。

- **規劃階段**

 1.企劃的目的、目標。

 2.負責／接受企劃的對象以及企劃的目標對象。

 3.企劃類型與可達成目標。

 4.企劃開始與結束、執行的時間。

 5.進行的地點。

- **執行階段**

 1.執行企劃、執行的方式與步驟。

 2.成本預算與資源。

- **評估階段**

 1.有形與無形的效益及附加價值的評估。

 2.有形與無形的效益及附加價值的達成。

另外善用圖表，也能讓閱讀者更容易理解簡報的內容，尤其像是創業的路演、新產品的提案，將數據用圖表呈現，搭配有創意的故事來結合呈現，就更能達成溝通的目的。若是當我們在做簡報時想要更讓人感動，可以強化描述及畫面，而增加說服力則是補充數據的應用，兩者同時得到平衡。有興趣的朋友，可以嘗試閱讀看看，會有不一樣的感受。

簡報文件包括投影片與電子檔案，如常見的PowerPoint（PPT格式），藉由專業的口語表達技巧，將企劃的內容介紹給提案對象，並且達到說服的目的。我們在現場提案破題時，要能扣緊企劃的主題，並且立即引起提案對象的期待和興趣，要在短短幾分鐘內利用簡報清楚說明，而且投影片又不能放太多，適度運用圖表呈現明確資料，讓訊息更容易精準傳遞，以視覺化的方式呈現企劃內容，利用圖表、聲音及影像來說明企劃的細節。

附圖 5-3 簡報的提案內容

將簡報時間分配均勻，提案的時候口齒清晰流利、態度大方自然都是必須的，平常多訓練並觀察他人的反應，經過這樣的練習能有效幫助我們培養口語表達的能力。我們還能利用聲音與肢體，包含手勢、眼神、表情抓住提案對象目光，並且適度的結合道具，來強化提案時的現場記憶度。並且依據現場突發情況，隨時調整表達的內容與補充，講到重點時，適度改變說話音量大小、速度及語氣，對於提案對象的問題與質疑，都能夠平心靜氣的回應。當對方產生興趣之後，再利用親身的故事、真誠的互動，引發提案對象的好奇心，隨著個人的背景與文化的不同，運用含有熟悉、相似的記憶引發案對象的認同感。

接下來進一步提出適當的參考案例，可以是自己曾經負責過的案例，也可以是競爭對手的代表作，重點在於強化與說服；能讓對方進入你設定的情境裡，沈浸在我們所創造的氣氛中。報告結束的時候可以將簡報中提及的關鍵訊息整合，重新強調重要訊息，並且說明簡報結束收尾，並請對方給予建議指教。

若是有問答的環節，要從觀察中找出我們與提案對象之間，互動合適的應對方式，並應用「元行銷」的概念，換位站在對方的立場去思考，運用同理心去了解，眞實問題的背後需求是什麼，找出他們內心的想法與概念，就算處於資訊不明的狀態下，也能替提案對象想的更多更深，並且看見他們所看不見的問題與盲點，立即做出回應，進而達到處理對方內心期望的感受，來獲得提案被認同的目的。

chapter 6

要怎麼樣講一個
能打動人心的故事，
好把你的產品賣出去？

你會說故事嗎？你的故事有吸引力嗎？

很多時候行銷人總是在爲別人說故事，但是當自己想要更上一層樓，或是轉換跑道時，又該怎麼說自己的故事？而更進一步來說，一個有故事的新創者不一定會成功，但是沒有故事的品牌卻容易被人遺忘，身爲品牌的核心人物，從自己出發到形成品牌的過程，好好說個故事讓消費者心動吧！

套路眞的有用嗎？

那些本來就存在的好故事

是在講歷史還是在瞎扯

二十七種故事基礎和三個翻轉元素

消費者爲什麼選擇你

故事與獲利的連結

6.1套路眞的有用嗎？

故事成了讓消費者認識品牌的一大重點，但是到底爲什麼需要故事？品牌故事是否眞的這麼有吸引力？而且對於品牌來說，到底說故事能不能賺錢呢？這個問題其實很簡單，消費者喜歡那些更美好、更理想的生活與世界，而故事能夠將內容具象化，品牌透過故事將品牌的誕生、未來發展可能性、消費者跟品牌之間發生的事情，甚至是塑造出來的美好畫面，透過故事描述出來，同時讓消費者理解並認同，而最終讓消費者在接受故事之餘，更願意去支持及購買這個品牌。

那麼新創者是不是就應該很會說故事呢？理論上我們對於自己品牌的發展過程和理念越明確，越有機會把第一個源起故事講清楚，但是爲了去美化甚至增加戲劇張力時，就可能導致扭曲眞實現況，這時候的故事就可能就會成爲未來的不定時炸彈。看看那些在品牌起源故事中，把創辦人說得神奇無比、充滿正能量的，當品牌出包被放大檢視時，都會發現那個故事其實漏洞百出。

很多時候，我們總會聽到有人說，品牌故事有哪些套路，只要懂了就可以設計出好故事；但現實是，當我們問問這些說故事的人：你自己有好故事嗎？你的故事是用套路可以說得出來嗎？答案卻不一定是正面的，甚至可能證明，用套路設計的故事反而更沒有吸引力。但爲什麼仍有不少新創者還是希望能夠找到適合的套路呢？答案其實很簡單，因爲當我們認識的故事越少時，就越容易期待依循套用成功模式，然而套路就是將成功模式用更簡化的方式來描述。

其實套路的基本邏輯，既然是在於依循已經成功的故事，以及背後的描述方式和結構，那套路的失敗也就在於，當說故事的人和聽故事的人，甚至是環境都不相同時，沒有將變數調整轉化。就像我們在說星巴克的故事時，不論是品牌發生的環境、最初的消費者型態，以及當時的競爭者，都有別於現在以及在台灣的原生環境，所以就算那是一個好故事，台灣在地的咖啡品牌卻無法用相同的套路說出一樣成功的故事。

此外，有時新創者或團隊，對於特定的宗教信仰高度認同，並且可能也是信徒，這時在品牌初始故事中加入宗教的元素是合理的，但是若品牌之後沒有辦法維持這麼崇高的理想時，就可能會發生更嚴重的問題。就像有的新創者信仰基督教，但是沒有特別把這點放在品牌中時，就算品牌去跟其他信仰的單位合作，也不會有太多矛盾的問題，但是當特別放在品牌故事中，並且不斷強調對於信仰的重視，但後續的團隊或是新創者本身未能堅持，若因信仰基督教的消費者本是受到故事感動而支持品牌，這時從喪失了宗教的獨特性來說，就可能會有危機出現的風險。

而信仰這件事在新世代中，已經不只是宗教而已，像是我們常聽到的「台灣價值」、「性別意識」，都是有一群很忠誠的消費者會認同，像是想要改變現有制度的「反抗型」消費者，以及因爲尋找歸屬感而把品牌當家人的「依賴型」消費者，今天不論我們最初在故事中，放入信仰元素的原因是什麼，但是有太多的例子都是因爲故事的美好幻滅，而導致反撲的負面案例。但是爲什麼還是有品牌故事，因循了這樣的模式希望打動消費者？這也是因爲從套路的角度來說，這樣類似的故事具有達成溝通的成功可能性。

但是當我們能夠看到更寬更廣的世界時，就會發現有更多的不同模式可以用來說一個成功的故事，雖然很多我們熟悉的創業者奮鬥故事、消費者得到幫助的感人故事，以及公司凝聚向心力的激勵故事，也都是套路的表現，但是至少對於聽故事的人來說，有更多的思考和觸發。

因此回到品牌說故事的意義，從「元行銷」的角度來思考，蘊含新創者及組織的發展故事、行銷人與企業內部的打拼故事，以及消費者自身經歷的故事，只要能有系統的梳理，依然能從中找出具有說服力的好故事。

行銷人不一定都會是說故事高手，但是可以利用專業替品牌找到更多適合說故事的幫手，像是廣告公司或是品牌顧問公司，但是哪些是跟公司有關的元素和基礎，還是要來自於行銷人的整理和觀點。而當故事完成後，怎麼讓這個故事的後續行銷應用，以及逐步轉化爲銷售的助益，那又回到行銷人的專業了。不過要是在職場突然發現，自己原來是說故事的專家，只是組織沒有這麼多故事需要時，說不定就是進入下一個自己創業的機會了。

6.2 二十七種故事基礎和三個翻轉元素

很多品牌故事中，其實眞正的主角不是品牌本身而是消費者，但若只是純粹的去描述消費者的故事時，是無法讓其他讀者了解跟你的品牌之間的關聯。因此當我們反過來思考，如何從自己的消費者當中找出跟品牌已經有關的故事，或許才是重點。當消費者因爲購買一杯咖啡，偶遇心儀的另一半時，這個故事可以在很多地方發生，但若能適度加入「起因是你的品牌」這個關鍵元素，就能對其他讀者來說，更具有品牌的帶入感。

同樣的創業者本身也可能經歷了許多事情，才一步步帶領團隊走向成功，或是個人品牌更經過了重重關卡，才獲得現在的認同，因此就算是創業者及公司內部的故事，要感動消費者依然要回到「元行銷」的思考模式。將故事的內容用消費者可以感同身受的方式來描述，並且在該呈現的事實說明清楚，也適度的包裝讓故事本身更容易理解，這樣才不會讓消費者對於品牌的源起故事或是創業者及個人品的發展故事，感覺與自己沒有任何關係，那自然對於後續要支持的產品及服務，帶來的幫助就很有限了。

我喜歡用自己說故事的模式，來解釋「消費者參與」的故事的元素，也就是「元行銷核心故事」，首先將故事分成「前」、「中」、「後」三個階段，以及加入「轉」的改變元素。「前」的部分就是開場，一般來說就是主角的角色描述，包含家境背景高人一等的富有者、平凡無奇的平凡人、從小落魄窮困的缺乏者，「中」的部分則是生活背景，分爲優秀突出的理想生活、努力向上的奮鬥生活，以及失敗再失敗的魯蛇。到了「後」的時候則是結局，分爲理想美好的順利結束，沒有突出的平淡收尾，以及死無全屍的悲劇收場。到這裡有人會問，這樣的故事要怎麼賣東西呢？

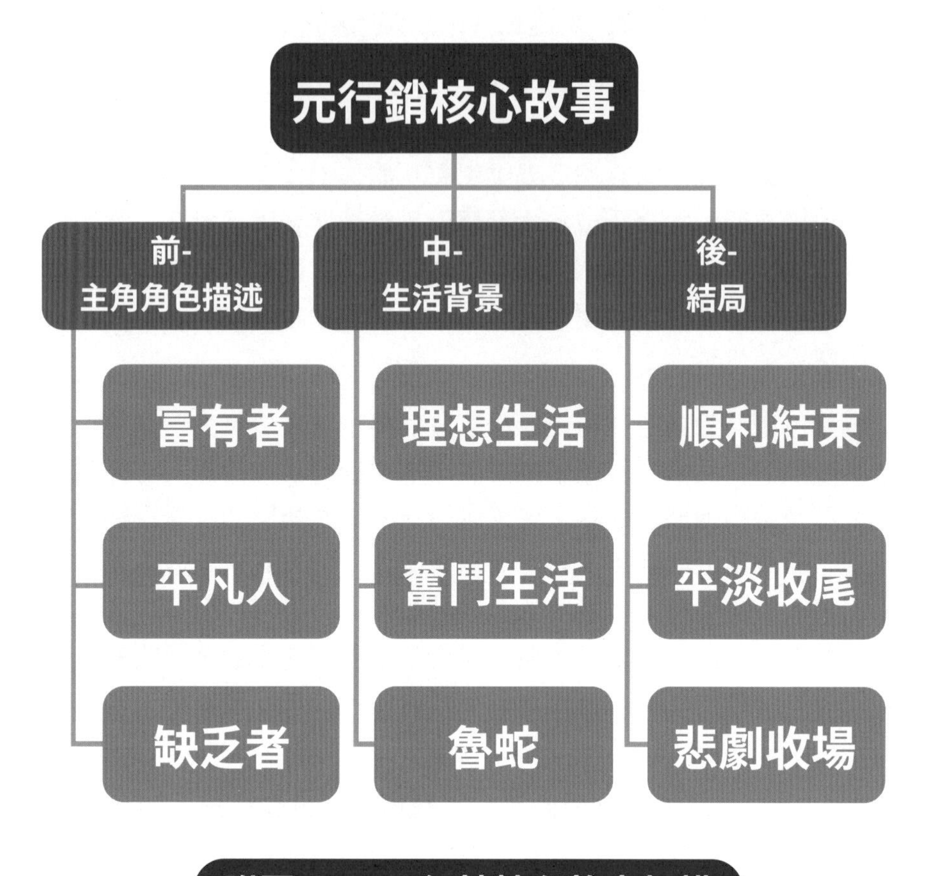

附圖 6-1. 元行銷核心故事架構

關鍵就在於「轉」的元素運用！當中分爲提升、維持與迴轉，當我們把品牌的角色加入時，每件事情都有可能正向改變，但同樣當我們沒有獲得品牌時，同樣可能走向悲劇，還有就是本來發生了「轉」的意外，以致故事往下發展，但最後靠品牌幫助故事迴轉，讓消費者走回正軌。因此在三個階段中共有27種結果，而每個階段之間都有一次運用翻轉的機會，連故事的最後也可以再用一次，這時就會有超過100種的故事可以應用。

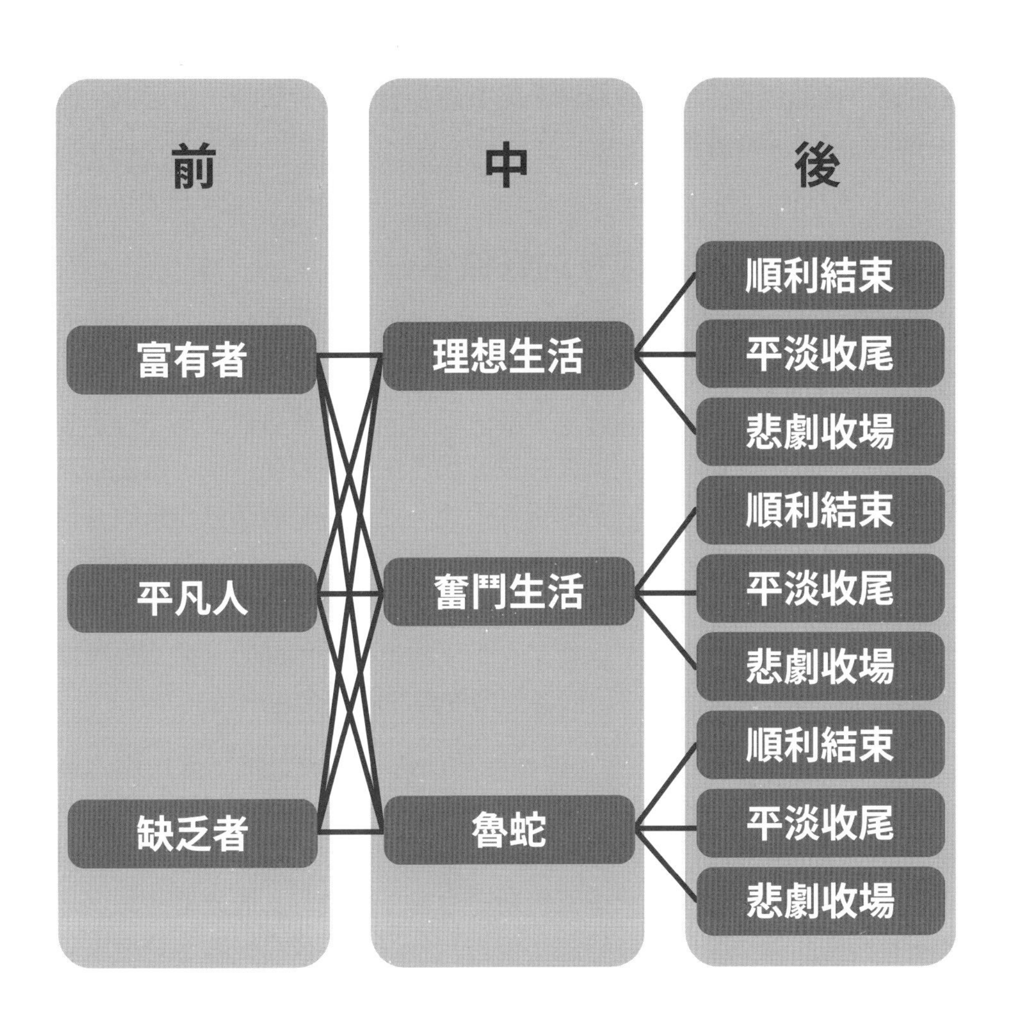

附圖 6-2 元行銷核心故事架構應用

這些個故事結構，若剛好能符合新創者的歷程及品牌發展的背景，同樣可以套用進去，但是我們得特別小心的就是：當涉及品牌眞實的事件時，不要爲了說故事而說，甚至因此虛僞造假。消費者對於和自身相關的故事，通常在理解上會有投射或認同轉化的判斷，但是當我們要表達這是一個眞實發生的品牌起源及傳遞新創者人格特質時，就要避免因爲不實的描述而造成誤會。

6.3那些本來就存在的好故事

品牌的源起故事包含了品牌創立和發展過程中，那些有意義的、有代表性、甚至傳奇性的事件及內容；對於消費者來說，有時一個組織越是具備這些特性，越讓人想深入了解，而原因就在於多數人都不一定會遇到這樣的事情。例如有創辦人在兒時因爲家中貧窮而休學，但是經歷了許多考驗後終於成立了自己的玩具公司，並且將營收部分作爲改善貧富差距的用途。多數人並不見得會有跟故事中的主角一樣的童年遭遇，但是在同理心及佩服他的勇氣之後，而願意支持這個品牌，也有消費者是對其後作爲的社會責任予以肯定；但不論是哪一個部分，這個故事讓品牌起源更有記憶度，也將新創者的個性與品牌融合在一起。

品牌故事除了起源之外，跟組織有關的元素還包含已故創辦人的理念、相關成員的合作經歷，以及組織發展過程中遇到的事件或危機有關。就像品牌發展到一個階段可能創辦人離世了，這時我們就要從有價值保留的元素來發揮，或撰寫更新符合當下環境的品牌故事，讓消費者不會覺得品牌一直停留在過去；但有時接班人不容易從客觀角度來思考，畢竟那可是自己的父母親或長年相處的長輩，這也就是爲什麼很多品牌會遲遲沒有更新自己的故事。

如果從現實層面來看，若是跟品牌一起長大的消費者，很多人也都從過去就能知道品牌發生的一些過往，但畢竟沒有具體描述時，這些事蹟會變成零散而破碎。因此我們若是擔任重新撰寫品牌故事的責任時，也可以趁此機會將故事做爲與消費者「再溝通」的重要議題，藉由更新後的故事來喚起早期支持過品牌的消費者回憶，也能做爲與新一代消費者對話的機會，也因此我們此時要讓故事的描述方式更現代化、年輕化，免得讓新的消費者感覺脫節。

品牌想要塑造出理想世界這件事，可以是一個很好的延續性故事，當品牌發展到了一個階段，可能已經達到了市場占有率最高，或是足夠龐大的品牌忠誠者群體，希望能重新打造一個更具未來性的品牌時，就能將品牌願景加入故事當中，描述出品牌可能將要發展的樣子，當中包含了內部成員、消費者以及利害關係人，而在其中加入產品與服務的未來可能性，也能讓故事更有魅力。

源自品牌新創者的故事，通常跟自己的使命和理想有關，像是想要創造一個更美好的世界，或是幫助社會更加進步，但也可以是想讓我們的家人過好一點的生活。作爲故事的主角，多半從生長過程到創業後與身邊的人、事、物，有著一定的關聯，因此這時的故事就必須盡量眞實，但涉及他人隱私或負面觀感的，則可以用隱喻的方式帶過，而最後故事仍然要吸引人，劇情的編排和情感的帶入也很重要，而不是當作自己的自傳在描述。

要讓消費者認同品牌起源故事，就要將組織品牌的國家歷史、族群文化、宗教信仰扣連，最常見的就是創辦人和家族的血統，例如從日治時代就開始經商的家族，經歷重重的艱難，終於讓品牌發展到了現在的規模，這時就比較容易吸引偏好次文化中認同日本文化的消費者，並且更容易認同故事的眞實性，達到支持與說服的目的。而將宗教信仰的帶入故事中，也能吸引認同該宗教理念及創辦人特質的消費族群，同樣是次文化的運用。

企業在成長的過程中一帆風順是不太可能的事，中間可能遇到許多的危機阻礙，讓企業無法順利成長，但只要渡過了難關，就能使企業更上一層樓。所以品牌的故事中肯定有這種經歷挫折的時刻，當下當然很不好過，但一定有些消費者願意在逆風中支持才能撐得過去，因此在之後重新回述當時困境時，就要更加具體表達感謝之意。像是舉辦忠誠會員感謝祭、品牌回饋活動，讓這群消費者感覺受到重視，自然會更願意支持。在遇到消費者流失時，若品牌眞的犯了錯，也可以利用故事去正面包裝，或許消費者過一段時間再看到故事時，也可能會因原諒而重新回頭。

6.4是在講歷史還是在瞎扯

當我們要具體撰寫品牌故事時，可以掌握兩個重要的原則：第一是有組織的故事中牽涉到人的實際行爲必須盡量眞實，例如創辦者的學歷就不能隨便造假，而工作經歷中曾經服務過哪些公司和客戶，也至少要能確認可經得起檢驗，但是若過去的客戶或公司不希望成爲他人故事的一部份時，可以隱去其名而使用代稱。但若是僞造學歷及曾經服務過的公司客戶，尤其是作爲故事中重要的元素，那就相當危險了。畢竟當人紅了品牌大了，必定會有人想檢視故事的眞僞，尤其是競爭者更是在意，如果品牌起源故事出現問題，更可能會流失掉核心的消費者。

第二則是在撰寫產品或服務故事時，重點在於創意與吸引力的部分，例如找出消費者平常生活中可能的痛點，或是其他品牌未能讓消費者滿足之處，甚至用產品當主角，透過擬人化的方式來呈現。當消費者在閱讀這類故事時，也比較可以接受故事的內容，像是運用旁徵博引的方式呈現，或是天馬行空的創意表現，例如誇張的人物角色設定或幻想情節，但若特別提及與眞實事件相關的部分，就必須回歸事實的呈現與確認，當然部分修飾是沒問題的，但同樣要避免發生誤會和爭議。

那麼如何塑造一定程度的理想性，但又能將風險降低，引用轉借歷史悠久的傳說神話，或消費者耳熟能詳的童話故事，其實都能將品牌故事講得有吸引力，不過若只是想發揮創意，那就要清楚的說明並解釋，才不會發生不必要的誤會。像是有的品牌可能借用了日本的神話故事，轉引成自己品牌新產品的創意元素，就要注意不要讓消費者誤會比如原物料來自日本，但是可以讓消費者理解品牌爲何要從異國文化中去轉引，而且也能打動目標消費者，這樣就可以達到理想的溝通目標。

還有像是之前也發生過，品牌故事中自稱來自於唐朝或是明朝，想用一種文化歷史的背景強化品牌故事的說服力，但有可能只是團隊中有人特別喜歡歷史中的某個朝代，其實與品牌淵源沒有任何關係。這時只要將故事的由來說清楚，並且也能讓同樣偏好歷史特定朝代文化的消費者理解，品牌除了故事外還做了哪些與文化連結的努力，同時能降低風險的產生，並達到品牌受消費者的尊重與認同。

在過去的年代，可能有一個人隻身經歷了許多大風大雨，創辦了龐大的商業帝國、成爲了政府高官服務人民，或是透過自身知識經驗改變了世界……而這些讓人感興趣的精采故事及歷史，就成了我們想要閱讀傳記的原因。還記得家中長輩曾說，要判斷個人品牌故事是否值得閱讀，常常要花很漫長的時間去檢視。在社群媒體興起後，有些鼓吹大家應該要建立「個人品牌」的講師，或是少數專門教人寫傳記的老師，除了不斷向人洗腦應該要多發表文章外，更將個人的品牌故事當作是一種自我宣傳的手法。

從過往的例子來看，個人品牌故事的形式大概可以分成自己描述回憶的、他人評論描述的訪談、從歷史角度檢視分析的紀錄，以及經由結合非事實修飾後而寫成的故事，當然也有以上綜合的傳記形式。問題就是，自己回憶的過程中，「重構記憶」會傾向將美好的事情放大，負面的記憶簡化或是遺忘，例如從在公司經歷了基層員工的磨練，到中階主管的成長，常常會把自己在基層時犯的錯誤修飾成學習的養分，而主管職的表現雖然是團隊合作，卻多半更記得自己的領導統御很成功。當然這是在誠實而正常的基礎下來回憶，更甚者則是將別人的功勞全部據爲己有，甚至是僞造不實的內容。

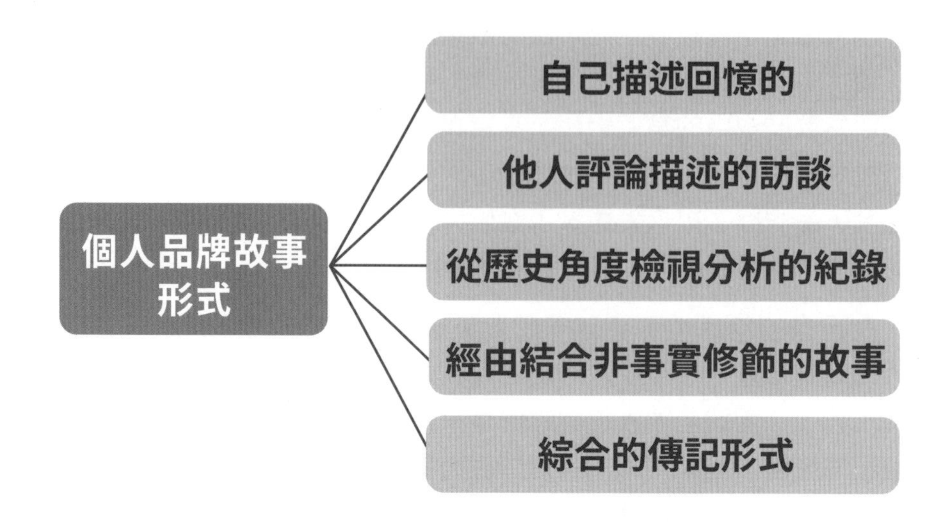

附圖 6-3 個人品牌故事形式

曾經有位年輕有爲的創業家出了個人品牌故事的書，還特別邀請我擔任推薦人，但是當看到書中有一段描述所做的事情和內容根本不是他的成果，我也只好很委婉地推掉了那次的推薦。果不其然，後來那個新創者因爲過度槓桿操作財務，公司破產也弄得一身腥，回頭來看，其實那本個人品牌故事又有多少內容是眞實的成功經驗呢？甚至也有人將各種合作夥伴的經歷都寫在裡面，當大家鬧翻時直接鬧上法院。至於經由他人評論描述的訪談，或是從歷史角度檢視分析的紀錄，通常來說比較具有客觀性，但因爲驗證檢視曠日廢時，事實更有可能並非一面歌功頌德。

其實若眞要去撰寫個人品牌故事，除了主客觀的辯證外，最終是否能讓閱聽衆在書中看到眞實存在且具有價值的個人精神或觀點才是重點。閱聽衆對於故事具眞實性，且有故事張力的描述，本來就更容易產生「共鳴感」，就像描述一個官員爲民服務而犧牲，從個人品牌故事的角度來說可能是眞實的事情，但若直接表明這是個虛擬的故事，被閱讀者感動的機會就降低許多。在這個資訊發達且較過往更易求證的時代，不論是品牌故事中的描述、撰寫時所提及的相關資訊，還是分享傳達的精神理念，有些時候因觀點和立場不同，所以描述上對自己有利也是無可厚非，但畢竟品牌故事就像證據一樣，同時也會持續被放大檢視，只有盡量誠實才是最好給閱聽衆的分享。

6.5消費者爲什麼選擇你

當我們在思考要如何滿足消費者，並獲得自己的利益的同時，最重要就是具體描述，什麼是我們必須做的事情，對於行銷人來說，就是創造出滿足消費者的產品、服務，再透過故事將資訊傳遞給消費者，最後讓消費者買單。但是這個過程中的關鍵就在於：讓消費者願意認識你的品牌，直到眞正愛上你之間，並不一定是按部就班就能達成，甚至中間有許多可能會發生超乎我們預期的變化。就像消費者突然受到疫情的衝擊，這時原本的消費模式整個被打亂，除了舊有的消費者可能流失外，卻也可能意外湧入新的消費者。

另外像是我們想投入寵物產業時，因爲沒有適當的對市場狀態進行分析，並對寵物於消費者的影響充分理解，導致行銷方向可能產生偏差。當能越精準鎖定客群時，不論是從包裝上設計或產品定位，都能更加明確投其所好：像是運用美式、義式風味所設計的貓食、有設計感的寵物旅館及診所，以及能讓貓奴和主子都有面子的寵物背帶、外出籠。尤其是當貓奴本身也是重視外顯行爲的消費者時，也有不少公司有所謂的「寶貝日」，就是曬主子的重要時刻，這些都是可以透過故事來包裝，作爲行銷的溝通元素。

許多業者投入產業時，若本身具備相當的專業知識，自然對品牌經營很有幫助，但是必須更加明白品牌的建立基礎與許多相關的服務必須有所連結才能得到信任。像是部分寵物飲水器、便盆有進階紀錄寵物使用習慣的功能，就更能幫助貓奴對於主子身體狀況的了解，甚至在醫療上也較能與獸醫院溝通，因此能夠紀錄寵物飲水習慣的飲水器等具有連結功能的產品，將會是產業發展的重點。過去我合作過的中藥品牌，就曾推出貓主題相關的保健食品，大致分別爲「腸胃道保健」、「體重控制」、「牙齒骨骼關節保健」、「皮毛保健」以及「心腎臟保健」。

另外，我也曾協助獸醫院檢驗器材設備的品牌規劃，更發現貓奴對於主子在生病時最在意的是抽血檢測時的血量，以及獸醫院的口碑。也因此像是老貓的照顧、浪貓的治療及收養訓練，甚至特定貓種的照顧都有相當的差異。因此從故事的套路中，運用「缺乏者–奮鬥生活–悲劇收場（轉）」的故事描述，例如我們可能小時候生活的環境條件不是很好，但是因爲一段時間的努力終於在都市租了一間小房子並養了一隻貓，但是當貓生了病瀕臨垂危，我們覺得人生一片黑暗的時候，品牌角色的出現拯救了貓，讓我們的人生又有了盼望。

替主子採購的管道因消費者的需求及習慣不同，包含網路電商、寵物店、大賣場、生活百貨及獸醫院，但多數人對於品牌的認識仍然有限，除了少數知名國際品牌外，最主要的考量則是口碑討論及店家獸醫院推薦。如何將寵物的喜好與需求，轉換成讓消費者了解的內容，一直都是品牌是否能夠成功的關鍵之一，因此好的品牌故事能夠更精準的感動有類似經驗和困擾的消費者。

從支付轉化率和客單價來看，越能精準的鎖定消費者，才能進而從產品、服務層面來設計規劃，最後建立虛實整合的溝通管道，也就增加了品牌存活的機會，也因此在設計故事的時候，必須更深度的去洞察消費者之間的差異，再運用合適的故事邏輯達成溝通。當故事已經成功吸引到消費者注意後，再與消費者建立後續能夠產生銷售機會的關係時，就可以透過提供足量的試用品，或是直接讓貓咪來感受體驗服務，才能達到故事所延續的行銷效果，最後就是運用社群建立關係，並且讓消費者自己的故事一起成爲行銷溝通的元素，引發其他人的共鳴。

我們在規劃故事行銷時，其中一件重要的事情就是——找出本方案適合溝通的目標消費者。例如特定爲銀髮族群規劃的桌遊產品專案，或是針對大學生拍攝的巧克力品牌形象微電影；但是品牌通常往往認爲自己的商品能賣給更多消費者，卻常常忘了消費者更需要的是品牌專心跟他們說話，而不是只想亂槍打鳥。我在輔導消費者分析與與品牌定位的時候，常會說其實事情並沒有那麼複雜，有一群特定需求的消費者，和一個合適的品牌，兩者想要在一起的時候，如何互相了解當然很重要。因此在這我就分享一下，如何以像談戀愛一般的概念用四個步驟來進行。

一.消費者區隔：就把這次希望溝通的消費者，當作你的追求對象，從他的容貌外觀、生活工作、日常習慣、興趣偏好等面向來分析，而市場調查資料就得證明他是這樣的人，甚至直接問問他們，其實是最有效的印證。但這時就得清楚認知，別像個渣男或綠茶，想要人人好、人人妙。

二.找出需求：當你找到了一群精準的對象時，到底他們遇到了什麼困境需要你，這就是重點了。有的人內心空虛寂寞覺得冷，所以需要擁有一個人陪陪他，或是有人想要在家時有種安全感，所以需要有人給他值得信任的肩膀。而這時品牌就是要把自己代換進去，成爲這樣的角色。

三.塑造品牌有利形象：這一點最難！一天到晚自己說自己很會談戀愛的，多半都有很大的問題；但是光是穿著西裝開著跑車的雅痞，也可能吸引不到重口味的腐女，品牌必須在自己希望長成的樣子和能夠讓前面這群目標消費者願意愛上之前，更清楚的說明自己爲什麼能滿足消費者的需求和期待。

四.超越競爭者：事實上競爭者就像情敵，可能對手也是另外一個跟你相似的時尚美女，但也可能是綁著馬尾的清純少女，當大家都想要爭取同樣一群目標消費者青睞時，就要證明自己「更適合」對方，就像志玲姊姊的追求者，從高富帥到甘草人物都有，但是最終還是嫁給日本才子帥哥。

不可諱言，品牌總希望爭取更多的消費者支持購買，但其實一次溝通一群主要的目標消費者，在經過持續累積後便能達到理想的效果，同樣一群有著類似需求和背景的消費者，當然也較有可能都選擇一樣喜歡，而且能滿足需求的品牌。

對於新創者而言，還有一群消費者也很重要，他們並不是直接產品及服務的購買者，而是願意拿出錢來支持的投資者及股東，對於這群人來說，雖然也可能會支持品牌，但是因爲很多的產業及公司類型，並不適合消費者直接購買，像是橡塑膠的原料交易、工業設備的製造生產、國際貿易的貨輪運輸，甚至是專門服務企業的管理顧問行業。但是我們依然可以從投資人的需求來思考，在他們願意購買股票或是投入資金來支持公司營運的同時，會在乎和關注的原因是什麼，從中來設計適合的故事。

其實很多的投資者及股東，除了能夠從投資中賺到自己的利益外，很多時候也很在意品牌的發展是否具有願景，且能夠長期發展，雖然持有股票或願意投入資金，並不一定代表長期持有，但是從宏觀的觀點來說，越有發展潛力的品牌，也越值得投入資源。其中對行銷人來說，其實自己最清楚公司到底有沒有持續成長的潛力，以及營運體質是否理想，這時若是自己也願意透過投資來支持公司，就更代表不但認同公司的未來，也相信自己所做的行銷是對的方向。

從故事的描述中消費者透過滿足閱讀的過程，理解品牌希望傳達的意涵，進而達到行銷溝通的目標，同時行銷的任務除了滿足目標市場的需要、欲望和利益，在新世代的環境中也必須考慮到，維持或增進消費者和社會的長期福祉。像是經由故事來描述品牌，爲了提升對社會的責任，在品牌源起故事的更新中，加入了推動綠色策略、環保永續行動等想法，也帶動公司同仁的參與和消費者的肯定，不但能讓故事更具有吸引力，也可以提升消費者願意關注品牌源起故事的機會。

投資者受到品牌高度曝光之重大環境影響時，可能會專注於除了企業經營之外，品牌的理念是否值得支持，以及對於社會的回饋；因此我們若希望品牌的形象同時獲得認可，那麼運用故事來描述並且視覺化，就更容易產生記憶點。同樣的，若是我們服務於非營利組織，希望行銷的是特定理念或是議題，這時核心的支持者未必來自於因爲消費而滿意的顧客，反而更可能是關注議題的捐贈者。這時可以運用故事模式的「富有者-魯蛇（轉）-平淡收尾」，來描述本來家境富裕的小開，因誤入歧途而坐牢，但是在公益組織的陪伴下重新回到社會，最後也願意去幫助更多跌倒的人獲得重生。

6.6故事與獲利的連結

對於行銷人來說，好故事眞的能賣東西嗎？這常常是一個很有趣的問題及挑戰，那我們可以先問問自己，有沒有因爲好故事而買東西的經驗呢？我先分享一個自己的例子。曾經，我小時候蠻喜歡一家中式甜點店，當時因爲店開在家旁邊，每次經過都會看到店內看板寫著，成立於清朝……誰將技術帶來了台灣……現在用什麼樣的方式來服務消費者。每每吃到他家的點心，心中都想哪天要是眞去了對岸看到本來的老店，一定要好好的吃上一碗。

那爲什麼這樣的故事具有吸引力，而且可以讓品牌把產品及服務賣得更好？關鍵就在於「元行銷」當中的連結性，讓品牌不斷往前的北極星，在故事中代表希望，而這樣的故事包含了品牌的起源及延續性；當消費者經由品牌找到了自己的希望時，就更容易投入其中而購賣。另外品牌的光芒需要消費者的參與，這時就如同品牌的伯利恆之星，當其他消費者看到故事時，在這些故事中找到了自己的影子、甚至是看到了可以讓自己變得更好的可能性，這時就達到了說服的效果。

當消費者接受了故事的內容之後，怎麼讓品牌故事爲品牌帶來獲利，重點在於需求的購買，就像在品牌延續故事中，描述了實際產品或服務研發生產過程所發生的事件，以及未來品牌希望讓消費者怎麼樣過得更好，這在保健食品或是化妝品品牌中，都可常常看到這樣的故事，但是當營造出了可能性時，就要靠能夠達成效果的新產品來滿足消費者的期待。又或者是在消費者參與的故事中，故事描述了家境貧困的孩子，因爲某件事而改變了人生，可以好好上學並展露幸福的笑容，這個品牌可能是某企業的公益基金會，那接下來所推出的公益捐款或是義賣活動，就是達成實質金錢的幫助。

在故事中其實隱藏了許多引發消費者的購買動機，像是擁有了品牌之後可以實現的夢想與希望，因爲害怕自己失去現有的恐懼和擔憂，或是期望維持現狀而不願意改變的平靜安穩，品牌透過故事讓消費者先產生了認知後，再透過其他不同階段的連結來達成最後的購買步驟。像是在節慶的時候用故事提醒消費者，再透過社群的貼文將電商的連結告知，最後運用會員專屬的優惠券提供購買誘因。這時故事扮演的角色就更爲重要，因爲就算消費者最後完成購買，都還是會記住當初看過的故事中，讓人心動的原因是品牌而不是那張優惠券。

在描述消費者參與的故事時，可以從消費者眞實的使用經驗，或生活歷程來投射，但若是因爲太過具體的說明單一消費者類型，就會不容易引起更多類似族群的共鳴，而且也會有過於敏感的針對性，那就可以用部分改寫或模糊式的描述來形容。在故事中要將跟消費者類型中的分類元素適度加入，像是加入客家人的居住特色或語言、在場景中出現日本動漫的收藏，或是在對白中加入從美國留學回來的生活習慣，這些元素都能夠讓故事顯得更爲眞實，也能夠讓目標消費者更有認同感。

像是屬於自戀型的消費者，他們認爲自己應該要過上好日子，但可惜當下只出生於平凡人家時，看到了故事中只要加入某個保險公司集團，就能一躍而上成爲高資產收入族群，後半輩子高枕無憂，這時品牌的角色一樣在加入後，因爲更多願意努力向上的人才，業績扶搖直上；甚至是本來出生在富裕家庭，生活無憂，但個性叛逆獨立者，不願順從家中的安排，一個人在外闖蕩，這時他若認同品牌可以支持他的想法，就可能願意嘗試。因此品牌成爲了這群人的支持者，像是個性強悍的重型機車品牌，就可能打動消費者並進而購買。

從消費者的心理層面，往往期望能夠照著理想的故事發展，但又可能發生事與願違的情況；就像富者希望一生順遂，能一直過著理想生活，最終順利結束一生，但是有太多的因素會產生變數，像是意外發生車禍，喪失了雙腿及家人，或是年屆高齡卻遇上了看護騙子，失去了保障生活的家產，這些故事看似危言聳聽，但卻又眞實的存在。所以我們如果是頂級汽車公司的行銷人，並且強調車子的高強度安全性，或是專門服務高收入銀髮族群的家居照顧公司，針對看護的背景及人格做審核，就可以透過故事提醒消費者後，再合理的將品牌的獨特性放入銷售之中。

讓故事的呈現方式，擁有動態的畫面、劇情內容、聲音對白、歌曲配樂甚至是動畫特效的，當屬品牌微電影最爲合適。例如以前年代因爲大家生活辛苦，所以每逢節慶就會透過大魚大肉來慰勞一下自己，但是因爲現代人的生活普遍有了一定改善，日常飲食就已經很豐盛，因此就算過年要吃好幾頓大餐時，也會稍微考慮一下。但其實營養過剩不但造成了健康問題，飲食的內容與餐點的設計，也都有一定的關聯，對於現代人來說，吃的好不是問題，但是吃得太好卻可能產生問題。

因爲人口老化快速，以及不健康的生活型態，癌症發生人數近年來持續上升，尤其跟飲食習慣有關的癌症中，國內十大癌症人數排行榜第一名的就是大腸癌（男女總和），國際癌症研究機構IARC（International Agency for Research on Cancer）2016年的報告中指出，肥胖是導致癌症的危險因子，且過重會比健康者提高1.8倍的罹患肝癌機率。這時我們若是想將這段內容與運動產業連結，單純的文字和描述還是難以產生說服力，若運用故事行銷架構中的「平凡人–奮鬥生活–悲劇收場（轉）」，將認眞奮鬥的平凡上班族，和大吃大喝的畫面呈現出來，再帶到因爲肥胖而產生疾病時，家人的難過與淒苦，最後帶入調查數字與品牌所能帶來的改變，就能容易達到消費者認同與說服的效果。

微電影現象帶來行銷新思維的新媒體世代，消費者不再相信單純的廣告行銷，反而比較相信透過新媒體社群平台提供的資訊，透過有劇情的短片融合要行銷的內容，比較能引發大衆的情感，好的品牌微電影能夠將品牌融於故事情節，與消費這情感共鳴，觀衆的參與深度更有利於傳播。微電影的拍攝形式可分爲劇情故事式、生活紀錄式、MV與技術流式，而內容則包含奇幻誇張、青春愛情、感人親情及社會省思，在不同的故事結構和訴求下，也要選擇適合的呈現形式與內容運用。

我將品牌故事用微電影呈現時，所能運用的訊息元素做歸類，第一類從呈現時間較長的數天到數年之間用的「生活型態」，或是幾分鐘到一天的「剪影畫面」，這一種可以凸顯消費者的眞實生活感。第二種針對技巧的運用，像是實際呈現的「產品示範」、強化專業說服的「科學證明」、和眞實使用分享的「現身說法」，這一大類則是用理性的方式來強化消費者的信任。第三大類則像是加入動畫元素的「奇幻想像」、深刻動聽的「音樂歌曲」，以及讓品牌象徵物及產品擬人化的「 眞實化身」，這時就能夠讓故事更有畫面而且生動的感性訴求強化。

眞實生活感	理性強化	感性強化
·生活型態	·產品示範	·奇幻想像
·剪影畫面	·科學證明	·音樂歌曲
	·現身說法	·眞實化身

附圖 6-4 品牌故事微電影的呈現類型

當消費者看到了更具體且有內容的畫面時，也更容易進入故事情境，加入一些屬於強化消費者記憶像是感人的配樂及對白、讓人興奮開心的特效運用，或是能夠提升故事可信度的眞人現身說法，相較於原本單純的文字圖像呈現更增加了深度及厚度，也避開了部分只用純文字說明可能造成的消費者誤解。生產品牌微電影的成本也比以前降低許多，透過網路傳播的成本相較於傳統媒體較低，隨著數位環境的發展，只要社群平台上能造成消費者討論熱度，就更能將品牌故事的內容傳播出去，而消費者受到感動後主動的分享與回應，更強化了品牌故事的溝通效益，也就進一步達成讓故事爲品牌帶來實質收益的機會。

對於消費者來說，很多時候因爲故事而產生購買行爲，不一定是產品或服務本身的成本也要大幅增加，就像我們爲了支持特定的品牌，願意付出更高的代價及金額，但相對的其實也是在滿足我們內在的缺乏。因此類似成本的產品及服務，有機會因爲好故事帶來更多的支持者，也可能在售價上更具有溢價的條件，對品牌來說，好故事的意義更可能象徵了品牌的價値與競爭力優於其他人，在獲利上就更有機會得到理想的收穫，如同我們明知T牌的鑽戒就是比較貴，但是在故事及品牌光環的支持下，若是想要打動另一半、贏得美嬌娘／帥情郎，那這錢就算咬著牙都得花下去。

chapter 7

明確的品牌利基
有如伯利恆之星

說到品牌的發展，每個人都有不同的看法，從事行銷工作的人希望能加入有發展性的品牌，新創者希望能打造不但賺錢而且有社會價值的品牌，但是消費者可能希望找到，如同談戀愛一般而且值得依賴的品牌，那什麼是指引我們不斷前進，並且帶來希望的品牌伯利恆之星呢？

7.1看見一點點的未來

很多新創者還在職場的時候，就已經將建立自我的品牌作爲基礎，不斷去經營並讓更多人信任，也有些行銷人雖然一開始並沒有創業的打算，但是累積的成功與身邊人的鼓勵肯定，也讓自己多了一點對未來發展不同的可能性。而這時候對於經營品牌的概念，就比只是成立一家公司賣產品，或是開一家餐廳會更清楚一些，但是要將個人品牌轉化成爲企業或組織品牌，甚至是能夠被消費者記住的產品品牌，還須要更多的策略才能達成目標。

就像我們過去可能是某間大企業成功的產品經理，對於消費市場與產品技術都有一定的專業，但是因爲受限於任職公司的發展，以及職涯與自己期望的方向不同，在爲公司努力付出獲得一定的成功表現之後，就選擇了離職重新開始，用自己期待的方式來經營公司與品牌。而此時如何讓這樣的期望，能夠更爲具體且可行，那就要回到新創者本身對於個人品牌或是新成立的企業品牌，所必須建立與維持的投入資源，願意付出多少代價。

從「元行銷」的角度來說，個人在品牌中扮演的角色相當重要，不論是品牌的新創者、負責維繫與溝通的行銷人，以及支持品牌存活下去的消費者。當我們決定自行創業的時候，心中多少會有些疑惑，未來眞的可以順利嗎？而一個響亮的品牌名稱、一個有特殊意義的品牌標誌，都可以爲我們自己建立的品牌賦予更多的信心及可能性。而從決定公司的名稱開始，就是在建立品牌，因此有的人會請教專家，也有人會尋找信仰及無形力量，但更多時候甚至是長輩說了算。如同新生兒一般的品牌，就從命名開始，不但名稱代表了新創者希望的意義，更是對未來的期望。

那麼具體來說，品牌究竟是什麼？在品牌的分類中，公司企業、非營利組織及政府機構等，具有實體且由人所組成，所以稱之爲組織品牌。一般來說組織品牌都較爲單一，除非是企業持續擴張後，成立不同的組織品牌，或是一個大品牌整併了多家企業，以集團的方式來經營。許多專門以企業對企業來服務的公司，更是通常以組織品牌爲主。另外就是有專屬性的產品及服務品牌，而關鍵一樣在於有沒有清楚好識別的品牌名稱，以及持續溝通的策略。

現在的消費者跟以往越來越不同，從小生長在數位環境中，對於品牌的認識越來越明確，上網看網站介紹品牌的背景故事，社群上接收品牌的貼文分享，再進入實體店前先透過搜尋找到口碑推薦，這些都讓品牌名稱的重要性大幅提升。沒有品牌名稱就無法產生記憶點，這雖然是最基本的概念，以往卻只有在少數消費品或零售業的大型企業品牌中存在，但是自從數位行銷被品牌廣泛接受後，越來越多中小企業甚至微型品牌，都明白品牌被記住的重要性。

品牌的範圍

企業/組織

個人/獨立物體

企業/組織品牌

產品及服務品牌

個人品牌

物體品牌

附圖 7-1 品牌的範圍

在這個新世代中，可能我們替自己的寵物娶了名字，就可以成爲品牌，我們自己因爲興趣成立了一個粉專，建立了一個品牌，或是用自己創作出來的黏土人及畫作當中的主角，也成爲了一個品牌。因此要有品牌的前提，除了可以識別的品牌外，進一步的是如何讓這個名字有專屬性、甚至受到法律的保障，更重要的是讓消費者及大衆廣爲認知。

替品牌取名字從來不是一件容易的事，就像我們聽到一個企業叫什麼名稱時，常常會產生主觀的認知，有的企業因爲爺爺奶奶、爸爸媽媽的緣故，所以直接就用長輩的姓名當作品牌的名稱，其實這反而在這個世代是很有意義的事情，因爲通常也代表了企業存在的歷史悠久，而且有傳承的意義。就像國內不少知名的餐飲品牌，例如阿堂鹹粥或是阿霞飯店，都是跟長輩的姓名有關。

但是當新創者是新創一家公司時，對於企業品牌的命名就可能需要花費一番工夫，當然還是可以用人名當作品牌名稱，但有的時候更可以在命名時賦予品牌更多的意義，讓消費者及合作企業，都能更容易了解我們所提供的產品及服務是哪方面，或是有什麼特殊的意涵及故事。從「元行銷」的概念來說，當消費者越能理解品牌並產生記憶，同時也能讓企業或組織本身的成員，能夠與身邊的人分享自己任職的品牌、品牌名稱背後的故事時，就更容易拉近彼此間的距離。

除了一般消費者會去接觸了解一家企業的品牌名稱，有什麼特別的意義之外，很多新創者的經營模式是企業對企業爲主，所以直接接觸的是其他公司的採購人員甚至是老闆，這時從品牌名稱的介紹就是一個好的切入點。而對於想經營個人品牌的行銷人來說，自己的姓名也是讓人認識的第一步，若是有另外取的藝名、筆名，也是第一個會讓人接觸到的機會，所以爲什麼自我介紹很重要，因爲不論是對企業或組織品牌，還是個人品牌，用名字來開啓與目標對象間的關係建立，都是很重要的事情，就像也不少人都會問我，「闓」的發音與由來，這也是開始讓人有興趣的原因。

產品及服務品牌不同，專門製造生產像是保養品、零食和罐裝飲料的公司，爲了讓旗下的不同產品有各自有發展和商機，會給每個主要的產品品牌取名，像是在統一企業下的「包裝茶」品牌，就有茶裏王、濃韻、麥香、純喫茶、飲冰室茶集、美研社和璞韻，從名稱、包裝到品牌定位以及目標市場都有所區別，也都會影響品牌未來發展的樣貌。還有些服務品牌，背後雖然有成立公司，但是在集團品牌的整體策略下，我們多半只會看到旗下的服務品牌，而不會去注意獨立公司的名稱。例如王品集團旗下有王品、西堤牛排、陶板屋、原燒O-NiKU、石二鍋……等衆多品牌；可是在品牌溝通時，消費者通常只會記住兩件事：這些都是王品集團這家公司的牌子，以及各服務品牌的主要提供餐點和品牌形象不同。

若是新創公司，我們可以從一開始就打造以「元行銷」思考的組織與行銷溝通模式，並在創業初期從品牌命名就開始著手，並且先把一些自己可以做到，跟品牌有關的元素納入規範，前期行銷的重點項目，像是在建立網站及自媒體帳號時，就把品牌的識別與形象管理考量進去，也可以同時就先嘗試寫出自己的品牌故事，並作爲品牌溝通時的重要項目。因爲品牌的溝通不只是實體的接觸，在無形的感觸與記憶中，品牌的形象更是具備了重要的價值，當我們先從未來五年甚至十年的角度回頭來看時，現在所做的一切都是在替未來打好基礎，更因爲我們已經預見了一點點的未來，而更有動力往期望的方向堅持前進。

新品牌在企劃時，會根據我們自身期望的理念來定位，並結合消費者需求滿足的考量；例如開一家餐廳時，就要從品牌命名、店面設計、形象塑造到服務流程建購，達到期望中符合我們想對應的品牌價值。除了外在的品牌形象外，實質餐廳的營運管理還包括了前期的選址、空間設計及裝潢施工，以及後續的菜品、人員培訓、坪效管理等。甚至是在擬定行銷溝通上，必須投入資源運作的社群口碑經營、地圖搜尋評價、外賣團購平臺選擇，都是影響品牌是否能生存的條件。當我們可能知道未來的機會與發展時，對這些品牌的投資與堅持就會更有信心。

另外像是國內近年來蓬勃發展的休閒農業，有規模的業者通常品牌會有較周全的發展，但因爲多數新創者及品牌屬於中小企業，因此我過去在輔導休閒農業時發現，當業者希望自己的品牌能夠長久經營時，我通常會建議要打好基礎，不論是對於企業內部自己本身的生存，或是外在的溝通能力，都應該要更容易獲得社會大衆的關注與肯定。過去國內產業以農業爲核心發展，走入了工業化甚至現在的服務業，休閒農業的獨特性，做爲銜接在地深層文化與觀光的主體，好的服務與體驗、適當的行銷傳播溝通，以及與品牌連結的節慶活動規劃，都可以讓品牌有更好的發展。

在品牌長期發展的考量上，必須一步一步地去落實並因應變化，且持續吸引消費者注意，因此在我的《節慶行銷力》一書中，提到「品牌耶誕樹」的觀念，以年爲單位、節慶爲主題、促銷爲工具等面相來思考規劃，可以幫助休閒農業的經營者與行銷人員，更有邏輯的去規劃與品牌相關的整體性活動。對於品牌的長期發展策略、怎麼落實在不同階段的行銷規劃方案，以及達成規劃的重要思維邏輯上，「品牌耶誕樹」就像一棵大樹的成長，成長方向的指引就是「品牌核心發展策略」。讓品牌能夠照既有發展的方向，也有足夠的力量及合適的思維架構去支撐目標及業績的達成，最後再透過外顯性的傳播工具來增加被注目的機會。

7.2誰是品牌守護者

我們成立新的組織品牌時，可以將品牌名稱、品牌故事及品牌識別這些面向，從一開始就讓消費者感受到我們跟其他品牌不一樣的地方，這也是在品牌溝通的層面上，我們最想讓消費者知道的事情，就像一個新生兒見客時，那種驕傲期待的感覺。

從「元行銷」的角度來思考，最初的需求來自於消費者，而消費者本身就受到文化及次文化的影響，而當品牌要成爲滿足消費者需求的一方時，若消費者只是懵懂無知的少年少女當然比較容易，但是數位環境造就了我們國內的消費者，更高度的重視品牌除產品及服務以外的價值，所以當新創者本身就是重度消費者時，就必須將自己的理想，逐漸延伸到品牌團隊及文化的建立。但如果本來公司並不是以消費者導向爲主，而希望能轉型再造時，同樣的，獲得消費者認同的方式就是找到具有足夠專業能力、又有高度消費者本身特質的行銷人。

當組織發展一段時間之後，可能已經不是最初的新創者在經營，不論是家族成員接班還是專業經理人，很多企業其實並沒有專屬部門在負責品牌形象的管理，而非營利機構更是多數沒有專職的同仁在負責行銷工作，像是近年來國內很多城市都在進行品牌再造，這也是近十年餘才開始流行的風潮。

或許有人會問，爲什麼不是繼續由公司的經營者或創辦人來負責品牌呢？從多數經驗來看，早期的公司創辦人並不知道品牌的概念，後續的經營者可能也沒有對品牌管理有更多的了解，更重要的是，很多時候，公司其他部門的同仁也並非行銷專業背景，若是企業還在想辦法轉型求生時，要大家去思考重新設計的品牌識別標誌長什麼樣子，或是一直參與會議討論品牌轉型的理念，是一件相當不容易的事。

很多新創者及行銷人會覺得，品牌虛無飄渺不容易被相信，關鍵之一就是內在的認同度，這也就是就是爲什麼很多單位雖然知道品牌的重要，但是卻難以落實管理的原因。因此從「元行銷」的觀點來看，將品牌管理的元素分散在實體與虛擬當中，逐漸融入企業及組織已經在運作的工作，就更容易去達到理想與現實之間的平衡，不但能更朝向我們所理想的發展方向，也比較容易讓其他的同事接受，最後達到消費者的認同。

從我們站在行銷人的角度而言，品牌管理工作其實常常是吃力不討好，更何況只有很少數的公司，會特別設立專門的職位來管理品牌。要是企業本身開始具備了品牌管理的制度後，就必須依循相關的規範和程序來進行內外部行銷溝通，若只是流於形式甚至疏於管理，不過只是徒有一個空架構罷了。我們若是越清楚品牌的重要性，就越能幫助組織持續走向正道，若是公司的同仁們也給予肯定與全力支持，也能讓品牌的維護持續下去。

品牌內部行銷的概念，就是使組織及公司內的同仁，對於品牌更具有認同感及向心力，進而達到外在的行爲與表現，去影響B2B的客戶及末端消費者。其實道理很簡單，但是很多企業甚至非營利組織都沒有這樣的認知，以至於當員工爲了公司勞心勞力時，卻感受不到自己被尊重。不論是服務業或是製造業，當員工的流動率過高時，不但會影響實

際生產及現場服務，更會讓人對品牌的觀感不佳。員工參與讓員工透過參與公司決策的方案，提升自我價值並且增加認同組織的機會

其實，員工是不會自動熱愛公司及組織的。但是只靠薪資或是管理制度，面對新世代的工作者，離職早已習以爲常，就算是跨國企業或是上市公司，留才也一直是一大挑戰。很多中小企業的員工，其實都願意與公司一起成長，也有不少是在特定區域或領域，受到某些求職者的歡迎，但也有爲了讓更多元的人才加入，像是銀髮再就業或是身心障礙者，這時品牌內部行銷就更爲重要。

之前筆者輔導過一些企業及非營利組織，核心的同仁都任職已久，流動率不高，可以說這些品牌都是除了實質薪資條件外，品牌願意與同仁互動溝通，甚至在特別的節日時，幫員工慶祝並且給予肯定。就像之前有知名速食業者，在耶誕節的時候，特別邀請離家工作的員工家屬，特別北上到店裡來陪同仁慶祝節日，或是國際飲料公司準備了出乎預期的豐盛大禮，送給到異國工作的同仁，可以返鄉與家人分享。

甚至國內也有一些企業，會特別規劃耶誕節活動，讓公司同仁感受到溫暖，這些都是品牌文化的轉化。但是品牌內部行銷不只是辦活動或喊口號，更不要反倒因強迫員工參與活動，而造成了負面影響，就像尾牙時老闆打賞強迫上台的員工表演就是很爭議的行爲。其實不只是耶誕節，包含公司周年、同仁生日、父母親節以及傳統三節等，品牌的對外節慶行銷常常結合廣告公關、促銷方案，以求提升達成業績目標；但是當公司或非營利組織也適度的規劃內部行銷，讓同仁也能感受自己被重視時，就更有意願在工作上努力表現，甚至與品牌持續前行，畢竟當大家在歡慶的同時，就算是負責專案規劃與執行的同仁，只有自己也喜歡這個品牌，才能讓消費者同樣感同身受。

7.3用再造爲品牌續命

品牌的建立須要長期規劃經營，許多企業在轉型的過程抗拒改變帶來的影響，包含組織架構的調整、行銷成員的能力和專案的控制能力，以及必須系統性的規劃行銷策略。根據「凱義品牌管理顧問公司」提供的「品牌再造診斷及輔導範例」來說，老店品牌再造時必須先進行現況評估的盤點階段，了解自身從經營、行銷、可用資源甚至造成困境等原因及條件。像我在擔任企業的外部品牌顧問時，就必須從一開始釐清問題所在，再透過有計劃性的品牌再造方案，來達成幫助企業的預設目標。這時就會運用「品牌再造十字架」，幫助品牌盤點重整時的主要項目，再重新擬定策略後落實到品牌再造的具體方向。

國內擁有豐富而且多元的餐飲業品牌資源，從米其林星級餐廳、百年餐飲老店，到國際馳名的觀光名店、商圈夜市排隊小吃，可以說是形成了一個具有獨特性、代表性的餐飲生態圈。而當中特別值得關注的就是具有一定歷史的「老店」，因爲通常老店背後象徵的意義是「傳承」、「經典」以及「品牌價值」。

老店品牌的價值不只是在顧客，更包含了文化的傳承、歷史的演變，以及對老一輩同仁的照顧等，另外與時俱進的食材運用及社會回饋等面向，也讓老店品牌在大衆心目中更奠定了獨特且正面的意義。並且經由老店品牌的特殊社會價值，帶動社會對於特定餐飲文化的認識與珍惜。但是老店也常常跟守舊或是缺乏新意畫上等號，從消費市場的不斷變化來說，消費者的回店率提升跟品牌是否創新有一定關連。

過去部分老店因爲沒能在轉型前，先釐清問題所在，也沒有擬定與消費者溝通的策略，甚至是經營層面內部發生矛盾衝突，都導致了品牌轉型的失敗。釐清品牌從建立到必須再造時的種種考量。很多時候老店的經營者並不是不了解，品牌再造後帶來的實質效益，但很多由家族共同經營的品牌，對於要怎麼取得認同，以及確保改變的方向是否正確，可說是在品牌轉型時相當關鍵的問題。

產品及服務方式很久沒有創新改變時，導致忠誠消費者逐漸凋零減少，而新客進入的意願也較低，老店品牌此時需要思考，就應該是什麼樣的產品及服務模式，不會造成品牌形象自我衝突。像是不少過去以眷村菜爲訴求的餐廳，當經營者本身就面臨家中成員對於餐飲的不同喜好時，怎麼達成內部共識決定，提供適合的產品及服務來滿足市場需求，就是一大挑戰。

由於老店品牌的原有裝潢陳設，都有一定的使用年限以上，服務動線也沒有重新規劃過，可能讓消費者覺得老舊不舒服、上菜不流暢或衛生問題，但整體設計與裝潢牽涉到，是否須暫時停業或部分營業的問題。當所在位置的整體環境發生變化時，許多老店也連帶受到影響，像是位於有一定歷史的傳統商圈，當商圈沒落或客層改變時，老店品牌也必須評估是否維持在原來環境還是另覓新處。

由於老店品牌多半爲家族企業，當創辦人年事已高且較沒有改變動力時，年輕一代的接班人與資深的專業經理人，必須先就再造的方向進行溝通並達成共識。有些品牌再造的過程中，會受到老一輩的經營者反對與不認同，通常原因是擁有相當歷史的品牌，舊有的忠誠客源是固定的，而且多半都是長期熟悉的顧客，因此一來是害怕原有客源的流失，二來是不知道怎麼跟年輕的消費者溝通。當然也有不少經營者願意求新求變，讓市場看到品牌持續經營的魄力，或是交棒給新一代的經營者，這些第二、三代多半是因爲對家族的認同，以及期望老店也能有新面貌而願意回來經營。

當公司的品牌形象要提升，或是組織本身的營運模式要調整時，就可能去更改品牌的識別系統，因爲這是最容易在視覺及溝通上所使用的元素之一。這時我們就需要依據整個組織品牌形象的調整，同時進行品牌故事的再重述，尤其是因爲經過了當中新發生的事件，以及成員和消費者新的互動關心，那這個時候品牌故事不但能重新引發消費者的興趣，也能讓內部同仁及其他合作對象都知道我們爲了讓品牌更好做了什麼努力。

透過老中青接班人的直接對話，讓接班人在需要具備的經營與行銷能力上，有更完整的歷練機會，同時也導入專業經理人團隊的內部溝通及升遷管道，並且評估內部創新創業的發展可能性。像是第二代接班後提升了組織的制度管理，讓同仁更有信心未來品牌的持續發展，或是幫助弱勢族群改善教育問題，讓未來的社會更有希望，那這些都是可以透過品牌故事的重塑來達成溝通的目的。

其實這些年不少企業和組織對於再造品牌這件事，雖然著力很深，但卻不容易看到成效，對於新創者來說，雖然接受度提高了不少，但若連公司都生存不下去，還怎麼有餘力去做品牌無形的溝通和思考？這時新加入具備專業知識和能力的行銷人或是外部顧問，常常就必須擔任這項重擔，將品牌管理的內涵有系統有制度的導入，重新找回組織或企業的理念及使命，並且經由跨部門溝通來引導，找出貫穿組織中的品牌文化。

當我們希望消費者對品牌有新的印象時，可以善用品牌故事的再描述、品牌識別元素的更新，並且透過媒體傳播溝通及社群應用，強化消費者對品牌的記憶點及新的認知，適度增加被記住的機會。例如運用品牌象徵物，拉近年輕消費者距離。讓老店的品牌故事和識別特色結合，當老店品牌因爲時代需求增加或更新識別的元素時，可以讓消費者更加深記憶點，同時達到吸引年輕消費客群認識的目的。

另外在科技技術上的導入，也能幫助老店品牌的服務流程改善及效率提升帶來幫助。讓消費者曾經喜愛的風味，透過教育訓練及數位知識庫的建立來維持一致性，經由專業培訓系統及中央廚房將餐飲及服務標準化，作爲品牌再造時的品牌核心基礎。例如在老店品牌的製作方法和口味基礎上，思考可以達到一定程度的可再複製性，運用在新店開設及品牌合作授權的可能性。

不是品牌再造後，就必須放棄以往的忠誠消費客群，反而應該更努力維繫彼此間的關係，經由方案的設計使消費者願意將品牌推薦給年輕一輩的家人、朋友，提升老店品牌的口碑價值。接受消費者的口味與生活習慣改變，更靈活地將行銷活動作爲吸引消費者目光的工具，並且願意嘗試更多符合品牌定位的新產品及服務，善用運用節慶行銷力創造議題。同時當老店品牌思考數位轉型的時候，社群媒體的應用包含Facebook及Instagram的自媒體溝通，或是LINE的顧客關係互動，都能達到行銷效益的提升。

老店透過品牌的再定位，塑造新的品牌形象及風格，經由將製造生產與服務流程的改善，以及更多對新一代消費者的關注，開發新品牌甚至是IP授權，讓不同的消費年齡層也有重新認識老店品牌的意願。同時思考後疫情時代，如何更有效的提升忠誠顧客的回店消費機會，以及更有意義的顧客情感體驗方案。強化自身及所在的商圈價值，讓消費者願意特別遠道而來的消費機會，並經由更在地化的區域合作，發揮老店品牌的光環與價值，形成爲相輔相成的結盟關係。並且經由品牌的吸客效益，幫助商圈帶來更強的競爭力，形成消費者的偏好認同。

從口味改良、品牌識別設計的創新，並融合傳統與現代的特色，把握消費市場中一直存在的懷舊復古熱潮，來爲品牌增加議題。善用新媒體與社群的影響力，讓消費者願意自發性的口碑推薦，當新一代的消費者能在嘗試後接受甚至建立對品牌偏好時，就能讓老店品牌不斷隨著消費者一起成長和延續生命。最終，在時代的洪流中不斷地創新、成長及堅持理念，才能讓老店品牌的光環一直發亮。

7.4是北極星還是伯利恆之星？

我們要爲品牌找到能夠帶領指引的這顆星，難道只是一種奢求？相信不是。但是我們要先區分對於品牌來說，指引品牌發展方向的北極星，可能在不同時期並不是同一個主體，有時初期指引品牌方向的是新創者，有時要讓品牌更上一層樓的是專業經理人及行銷人，但是當品牌發生危機或問題，要重新替迷失的品牌找到正確的道路時，可能需要的就是專業顧問的角色。

新創者就能夠成為品牌的北極星嗎？我想這個答案就不一定是肯定的，因為我也曾遇過太多的新創者，受限於企業經營及自身的知識能力所影響，一直描繪不出品牌的未來之路，聽起來雖然很可怕，但其實這些企業也有不少存活了很多年，而且經營績效並不差。那麼若是找到厲害的行銷人，是否他們就可以成為品牌的北極星呢？那也不盡然。因為很多時候行銷人的能力或專業，在於滿足現在的品牌需求，對於未來道路的指引，卻可能無法給予更好的答案。那到底什麼才能讓我們的品牌，能有持續往對的方向前進的動力呢？我想「元行銷」的特殊意義與影響，應該能夠帶來解答。

當品牌已經步上軌道，希望吸引更多的人才加入品牌，或使更多的消費者喜歡品牌，如同前往朝聖敬拜一般，但這顆星其實並不是一直在那裡，我認為品牌的伯利恆之星，就如同耶穌降生時，天上一顆特別的光體，在耶穌降生後指引來自東方的「博士」找到耶穌。那麼此時這顆星是因為有了成功的品牌而生，那為什麼發光的不是品牌呢？原因在於這顆星是呼應品牌而生，若只是品牌自吹自擂，那是無法吸引到更多人前往朝聖支持的。因此當品牌運用「元行銷」的概念，讓更多具有消費者特質的人加入營運團隊時，才能更容易將品牌邁向大家都期待的方向。

所以這顆品牌的伯利恆之星，其實是由忠誠的消費者和員工所形成，在「元行銷」中不論是實體還是虛擬，品牌要不斷的成長進步，直到凝聚了一群對品牌死忠的鐵粉和熱愛自己所服務品牌的同仁，而這群人又吸引了更多的人來支持品牌，也繼續驅使品牌前進。新創者在這個過程中，一開始是品牌的核心，也是品牌前進的領導者，但新創者無法永遠一個人帶領品牌，在適當的階段時需要委由專業經理人及行銷人繼續推動品牌，而這群能夠延續新創者品牌理念的人，在一定程度上也應該是品牌的忠誠支持者。

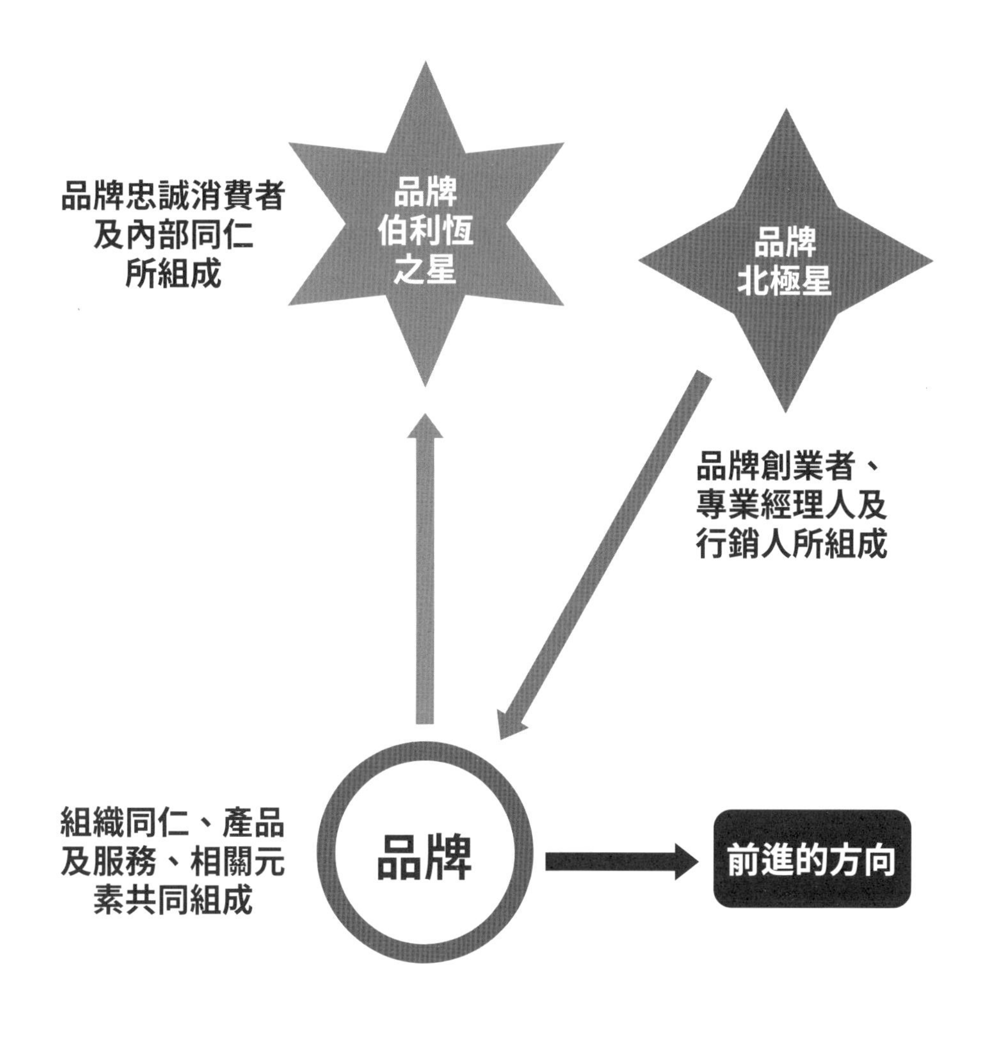

附圖 7-2 品牌伯利恆之星與北極星

建立合作團隊時，若我們能找到志同道合的夥伴，就能透過團隊的力量，促使成員們能超越獨自所能完成的成果，若是成員之間信任度不足時，則不容易持續累積團隊一起運作的成果。尤其是對新創者來說，若是希望能從初期就開始建立品牌文化，就更要找尋志同道合的夥伴，甚至聘請認同該文化的消費者成爲員工，尤其當消費者本身可能是具有背景文化的愛好者，而品牌文化更像是一種團隊默契的共識，也是勉強接受不來的，只有越多認同者的加入，再經由內部的持續強化，才能更形成品牌內的文化共識。

數位時代讓資訊的流動和社群的關聯性提高，也讓更多人從小接觸品牌，也因此在決定要進入什麼公司時，比起以往對品牌已經有所認識，而擁有本身就是忠誠消費者的品牌，就更能發生品牌的擴散效益，讓其他消費者能看到品牌的伯利恆之星。而品牌在往前邁進，新創者和行銷人及外部顧問，則扮演了品牌北極星的指引方向。在過程中，不論是品牌初始階段的故事、經過轉型後的新故事，還是從消費者身上發掘而在論述的故事，都讓品牌更人性化、立體化，這也就是「元行銷」在品牌的發展上，對實體與虛擬的影響。

7.5看清楚腳前的燈、路上的光

縱然行銷研究所獲得的資訊收集與分析，已較以往容易取得，但還是有許多公司不瞭解眞正的目標消費者，也無從分析確認現存和潛在的價值。持續分析市場競爭及了解消費者如何看待品牌，是我們確認品牌現在所在位置，最直接的做法；那我們又該如何了解自身品牌競爭者與消費者的狀況呢？以市場的環境來說，具有一定市場佔有率的品牌，比較容易被選定進入常見調查機構的分析項目中，就像罐裝茶飲常見的前幾名，如茶裏王、御茶園、原萃這些大品牌。

但若我們所在的公司確實連前10名甚至20名都排不上時，難道就放棄了解自己的品牌在市場上的位置嗎？這時應該採取更精準的調查方式，例如自家茶飲主要的通路若是喜宴會館，則可以與業務部門合作，近一步詢問業者觀察的情況，至少可以在特定通路中，知道自己品牌能先打敗哪些直接競爭對手，及消費者在喜宴過程中的產品使用情況與反應，才能先從可以拿下的陣地中，設計出對自己有利的策略。

同樣的，若我們的品牌是單店的咖啡館，用大型市調研究的消費者分析來對標自己品牌的消費者認知，意義其實是不大的，反而是從已經消費過的目標對象身上，例如社群發文或是撰寫的部落格中，來看看消費者眞實的反應比較實際。但若是連消費後都沒有人願意分享，就必須面對自己品牌的經營眞的沒有達到效益。這不只是營業額的問題，常常打折的咖啡店又剛好開在鬧區，勢必會有基本的購買者，但可能對品牌毫無忠誠度，然而品牌本身若眞的希望自己成爲消費者的心頭好，就要想辦法提升消費者願意愛上你的誘因。

從消費者洞察分析中，有機會找到可以持續發展的機會，並經由我們的努力和專業，可以產生更好的產品及服務、更有價值的社會影響力，以及跟消費者一起邁向更值得期待的未來。當我們運用自身具備的「元行銷」概念，去設計影響消費者行爲的有效訊息與誘因時，能夠更從同理心和理想的未來出發，經由結合企業或組織所能產生的價值，透過提供產品或服務與消費者建立關係，並且持續滿足消費者。

若是消費者認同且獲得滿足，便能維持彼此間關係的建立，但若感覺不滿足就會導致關係的變化，甚至減少品牌購買並失去忠誠度，或增加使用競爭產品或服務的機會，直到與原來讓人失望的品牌斷絕聯繫。因此我們要走在消費者前面，設計出更能讓消費者滿足的產品及服務，並以自己爲表率，在社會議題與企業責任上付出，讓消費者對品牌的努力感到認同。

7.6品牌能帶來價值

品牌溝通時，必須能淸楚的向消費者描述品牌的價值與獨特性，讓消費者可以用更容易懂的方式來了解品牌。當我們越是想用那些高深的字眼或是含混不淸的描述希望消費者理解時，常常是反效果。其實讓品牌更有價值，從實質層面上有兩個關鍵的效益：第一個是品牌的話語權增加，當品牌想要與供應商、合作廠商及末端通路等不同對象談判時，越是擁有話語權的一方，越有能力經由條件的訂定而改善成本的支出，進而提升獲得的利益。

就像越有知名度的巧克力品牌，末端通路爲了不流失消費者的購買機會，通常願意給予領導品牌較好的合約條件來吸引對方上架，同時該巧克力品牌也更有條件去優先收購市面上較佳的原物料，因爲這些農民與供應商，也希望自己能成爲成功品牌的合作對象。

第二個則是遠端消費市場擴張的機會，很多新創者希望自己的新創品牌能夠在海外市場中找到出路和機會，但是從現實層面來說，要依靠海外參展可能還得考慮疫情的影響，直接在海外設點銷售更是一大挑戰，尤其當地消費者並不認識你的品牌。這時社群及大眾媒體的力量就相對重要，但最終的目的還是建立品牌在海外的知名度與價值感，當網路無遠弗屆的發生資訊傳遞的功能時，被人記住而且產生興趣，才能更容易在新市場中減少阻力。

在競爭市場中，零售通路的規模也常常影響品牌的話語權，就像透過連鎖加盟型態快速展點的品牌，就容易吸引到消費者目光，但若是資本龐大而全部直營的通路品牌，也能夠憑藉一致的服務和管理，建立消費者的信任度與好感度。

7.7與消費者建立好關係

我自己蠻常光顧咖啡店，但若是因爲洽公或是聚會，會考量特定因素，反之如爲一個人的獨處時光，可能在乎的又是另一個面向；但總體來說，店面有質感、產品服務有基本的水平又價格合適，原則上不太會有什麼負面觀感，但是要讓我自發性地喜歡，且持續上門消費，那麼品牌的故事和風格，以及服務中讓人覺得驚豔的地方，就成了關鍵。然而只靠品牌故事和理念願景，就能一直讓消費者買單嗎？其實後續的維持才是最大的挑戰。

當我們想與消費者溝通時，常常會在網站的品牌理念、社群中的品牌故事許下承諾，就像是愛人對另外一半所說的，但是要實踐對消費者的承諾，就必須要付出足夠的代價。我們可能從來不會對巷口的水餃店有什麼期待，因爲它也沒有答應過我們什麼，但是當有一天小老闆接班，大喇喇地告訴附近的鄰居說：「我是你們好在地的朋友，會用如同家人一般的方式來服務消費者。」結果當我們上門消費時，新來的工讀生用不耐煩的語氣說：「要吃不吃趕快點餐！」這時我們當然會對品牌的失望程度，遠高過小老闆承諾之前，這就是品牌經營不容易的地方，每件事情都可能會影響了消費者的認知。

「元行銷」核心的品牌塑造，可以強化擴大品牌對消費者的連結性，吸引並留住可以帶來收益的消費者。我們所接觸的品牌訊息會形成品牌印象，就是對於品牌的認知、感覺和看法，當消費者有特定的需要時，會將行銷傳播的訊息當作解決問題的參考依據。品牌優勢的建立，以及與消費者產生良好的關係與互動，消費者對品牌的品質與價格會有較高的價值判斷，因此當品牌訊息對消費者產生意義時，就會提升對品牌的印象。

其實我們都想打造出具有獨特個性的品牌，或是能讓人看到廣告就覺得很有創意、看到社群貼文就想分享的品牌，但是在衆多競爭者中，又有幾個是眞的讓人能記住甚至是喜歡上的呢？尤其在越來越多的品牌都遵循著相似的發展背景，就算增加品牌識別的塑造，但那可能只是讓人記住而不是期待。要行銷人去肩負一個品牌的發展，如果只是產品及服務品牌還容易達成，但是組織品牌牽涉層面甚廣，就像內部同仁才能共同塑造的品牌文化，要達到大家對品牌有所期待，就不能只是靠造夢，還需要更實質的獲得。

當消費者的需求與品牌的發展目標都明確，找到雙方的最大公約數並達成雙贏，像是開發更合適現代消費者需求的產品及服務，或是投入行銷溝通資源，同時滿足消費者內在的渴望，最後持續運作顧客關係管理的系統，使品牌與消費者的互動能夠持續循環。

關於品牌忠誠度的建立大家常常放在嘴邊，但是要建立品牌忠誠度之前得先了解，消費者爲什麼會從認同度強化成忠誠度？如果今天餐聽用餐券的形式買十送一，消費者連續去了十一次，這難道是忠誠度嗎？很明顯其中有很多是因爲必須消費，甚至有可能餐券還沒用完就膩了，轉將餐券送給別人使用，或是用完了之後就暫時不再考慮回購，那麼這樣就只能說消費者在購買餐券時，是受到促銷誘因及對品牌的認同度而支持，但是要達到忠誠度的建立，除非是等消費者餐券用完後，還主動提出希望再買十張，就算沒有促銷也沒關係。

這樣的關係建立是相當不容易的，因爲就算是知名品牌或是老牌企業，當消費者與品牌的關係，其實建立在許多其他誘因時，可能這個誘因才消費者購買的原因。然而像我身邊有個朋友，明明有許多飲料可以選擇，但是他每周都一定要買1～2次的可口可樂，而且不等打折就會主動購買，也有人是每周一定要到星巴克坐上一早，來杯拿鐵配上早餐，彷彿就是在店裡才能獲得滿足。當我問他們這麼做的原因時，答案都是：「我喜歡這個品牌。」這時品牌經由消費者認同，所進一步產生的鞏固關係，則是品牌最有價值的原因之一。

尤其是新創事業的新創者，因爲自己所擁有的條件及資源，不容易與領導品牌抗衡，但是會創業建立品牌，就應該有更好的原因及訴求來吸引消費者轉移目光。我在課堂上遇到一個學生，家中原本是做金屬加工廠，但他在小時候看到很多其他競爭品牌的行爲，覺得這樣的發展對產業造成很多負面影響，因此二代接班後並非只是去改良製程，而是從品牌面重新規範制度，讓合作廠商及採購的客戶，都能更認同新一代的品牌經營理念。有趣的是其他競爭者品牌也曾試圖用削價競爭來搶奪一些客戶轉換，但是在多數客戶的支持下，這個品牌靠著忠誠的消費者，和自身對於品牌理念的堅持，走出了一條不一樣的道路。

關係行銷的涵蓋面向包括消費者、上下游廠商及其他合作夥伴，尤其是內部關係行銷的建立在於所有部門及全體員工擁有一致的品牌認同觀點，更進一步透過社會行銷，傳達組織與品牌重視的企業道德、社區發展安全、自然環境議題等態度。顧客關係管理是以消費者個人溝通爲基礎，利用資料庫的大數據技術，透過對個別消費者的分析，經由建立關係與互動，提供專屬的服務來強化消費者的認同度與忠誠度。

擁有忠誠的消費者甚至是具有影響力的人支持，是建立讓人興奮品牌的重點，消費者在心理層面喜歡上品牌，才能提升品牌的感性價值，有影響力的人喜歡，就更能代表品牌的發展達到了一定高度。這時我們有一個關鍵的問題要釐清——到底是爲了讓更多人喜歡重要，還是更精準地讓特定對象喜歡重要？我們回頭看看以前的成功品牌發展，在龐大的消費基數中獲得喜歡是比較容易產生效益，但是在現在的台灣市場中，越是希望更多人喜歡的品牌，越容易失去自己的品牌特色，而在精準溝通特定消費者並建立偏好度後，反而是靠消費者自己的推波助瀾，達到購買及支持品牌的擴散。

爲提高會員重複消費的機會，品牌根據會員的特定需求，更精準地企劃行銷活動，滿足個性化的使用與社交需求，並持續進行忠誠度培養，提供更多品牌的資源來維繫與意見領袖互動，透過他們發揮口碑傳播和品牌效應。爭取新的顧客是讓這些人接觸或瞭解品牌，維繫現有消費者並提高所帶來的銷售量或利潤，必須讓消費者成爲品牌的忠誠者。透過品牌延伸的效應，轉移現有的顧客的消費行爲，也是策略的一環。

事實上，越是忠誠的消費者對於額外的服務也越重視，甚至可以說付費升級是我們打造的一種作法，讓這群消費者在優越感中，更願意持續回購支持。但也必須要在區隔之間有所平衡，要是品牌的其他消費者，卻因分級感受到被歧視的負面觀感，那就要小心了！之前也曾發生原本消費者達到一定金額，就可享有特定的服務，但品牌在沒有預告的情況下，推出了二次升級的服務，並且將原本不限金額可享有的基本服務給取消，因此引起了消費者強烈的不滿，最後品牌只好取消新的方案，這裡的問題除了活動規劃不周外，更大的問題就是產生了消費者被歧視的感覺。

7.8社會責任是品牌的最終解

在國內現在更重視品牌的社會責任，所以不論是企業還是非營利組織，在品牌行銷的職務範疇內，如何藉由公共議題來建立正面形象，並且基於「永續經營」的原則來滿足社會公衆的期待，也是越來越重要的工作項目。不論是雇主對員工的壓榨、環境的汙染還是交易行爲的不公平，或是我們自己過去經歷不夠理想的消費體驗，當看到那些提供產品及服務的組織，不但沒有達到我們的期望，甚至對所處的生活環境還造成了負面的影響時，就會有創新者抱著強烈的改變意願，不論從消費者觀點還是自省後的行爲改變，都希望創造出更符合未來期望價值，也能滿足自身獲利的商業模式。

其實有多少品牌一開始就選擇落實社會責任，或是投入更多公益面向呢？不少新創者本身就具有熱忱想改變這個世界，但多數企業都是在發展的過程中，因爲環境和消費者需求而慢慢走上這條道路，就像不少公司是在發生了環保問題的公關危機後，才開始重視品牌與環境共存的具體作法，也有的是面臨了社會文化的轉變，像是性別及同志議題的抬頭，以至於品牌決定納入更多元的議題關注。不過有時就算自己不想改變，當政府政策及法規制定之後，企業是被迫因應調整還是主動讓自己的品牌成爲標竿，就是行銷人和新創者必須面對思考問題。

事實上，以前的傳統產業或中小企業，雖然也是認眞經營才能創造台灣的經濟發展，但是當這些企業沒有品牌意識時，就會發生像是勞資糾紛、環境污染等，只爲了獲利而發生的問題；另外像是巧克力公司的性騷擾事件，也在不同層面上都反應了消費者不再只是單純購買產品，也會去在意品牌的形象，甚至經營者的道德操守。近年來就以食品業來說，從咖啡混豆、工業氣體混用、經營者道德問題，到過期改標、添加不當成分……當企業以利益導向優先、刻意隱蔽揭露資訊時，不論是造成消費者的健康疑慮還是社會恐慌，都可說是源自於企業對自我的道德和品牌理念產生了重大問題。

之前國內發生了富二代惡煞攔車打人的事件，經由媒體的曝光及社會大衆的高度關注，也連帶影響到這些人家中父母親的事業。雖然以往我們都會認爲，孩子的錯誤不能完全歸咎於長輩，但當發現這些造成社會不安的分子，不但擁有超越常人的優渥生活之外，甚至還可能接班成爲企業的管理者，這才更是導致今天社會大衆如此恐慌憤怒的原因之一。有人認爲公衆對於品牌在社群上的評價，或是檢舉公司其他違法行爲，可能反應太情緒化，但是從品牌經營的角度來看，要成爲一個讓人信任的企業品牌，不但應具有更高的道德標準，也必須努力去落實實踐，畢竟要成爲一個成功的品牌，本來就不容易。另外以往那些有權有勢的企業家富二代，他們的財富許多也是因爲消費者的支持才能獲得，也因此當出現這次事件時，連不少通路商也選擇切割或表態。

若將企業用產品及服務類別分類，則包含生產設備、零組件、原物料、專業維修及維護、資訊提供及建議等，但我們可以發現在商業行爲中，企業本身運作時所需要的產品及服務，仍然是由「人」來做決策，而在整個供應鏈中，不論經過幾個環節，終究成品仍會到達終端消費者手上。就像紡織產業的纖維的原料及製造設備、製成半成品的布料和成衣製作機器，經過批發商到末端通路，每一個環節都是由各公司的採購人員或產品經理、甚至是高階主管來決定，選擇哪一家廠商合作。

最有趣的是，這些年包含了工業專用的挖土機及工程車、蓋房子時的鋼筋、高級的精密醫療設備等，越來越多這樣的公司開始運用社群媒體、品牌故事及微電影，以及特定的廣告及公關管道，不但對交易的企業對象溝通，也對末端消費者溝通。關鍵原因就在於元行銷的整體連結中，消費者可以影響末端企業的選擇，企業中的新創者及行銷人也受到這些訊息的改變而做出決策；更重要的是，就算是最源頭的這些企業，裡面的員工和經營者，也受到了自身消費者層面的影響，而認知品牌溝通的重要性，願意直接面對消費者，甚至是傳達社會責任。

因此企業對企業的行銷，以往可能是比價格、比服務，但是現在擁有決策權的人在受到生活中的消費行爲影響後，也越來越在意工作時所接受的訊息。例如之前甲企業雖然跟乙公司交易合作已久，但是發現該公司的負責人因苛扣員工上了新聞，雖然對產品及服務沒有直接影響，卻可能因爲心裡不認同而結束了雙方的交易關係。又或者是本來家中企業使用的工業生產設備是A公司，但是在二代接班前因不斷從社群口碑中，得知了B品牌的品牌理念可能更符合自己的期望，因此當接班後進行設備的汰換時，就改選擇了B品牌。

過去企業社會責任的觀念與理想，讓我們常常認爲可能只有國際企業，或是大型企業才能做到的事情；但是近年來國人對於品牌形象的意識提升，不但期望產品或生產過程合乎法規標準，勞資關係的處理更爲適當，也對經營者的道德和管理態度有所關注。爲了與世界接軌，國內越來越多企業也跟上聯合國的永續發展目標SDGs（Sustainable Development Goals），其中「合適的工作及經濟成長」就跟品牌內部行銷有關。

自然環境的生態問題對我們來說，比起從前都是更重要的課題，從「元行銷」的角度而言，消費者所在意的生活議題，也就是我們自己經營企業或行銷本就應在意的問題。像是各種食品生產的原料短缺及價格上漲、能源及運輸成本的增加、環境汙染問題越來越嚴重、貧富之間的差距變大，以及生活與居住的條件越來不理想等問題，而品牌做爲獲得消費者利益的角色，也會被檢視在這些負面的變化中，願意努力及付出改變些什麼。

就像以往華人節慶其中二十四節氣，早期立冬的意義，著重在農業的水稻收割結束，「稻成熟，入冬田頭空」是一種美好的象徵，而這樣的歡慶時光也在現代有了不同的意義，背後代表的是一個豐收的象徵。我認爲品牌利用這個議題更值得思考的地方，應該可以有更多元有趣的方式，讓消費對於品牌本身的一些特殊故事產生更多連結的機會。例如當品牌經營了一段時間，透過立冬的議題來感謝這一年來支持的消費者們，讓企業可以有不錯的收益，使員工一起過個好年冬，或是在推出新產品時，結合企業社會責任的概念，讓更多供應商及合作廠商可以在立冬時，也跟著雨露均霑。

甚至結合永續發展目標的概念，像是包括消除貧窮、消除飢餓、永續消費與生產模式等等，因爲這些能夠好好過立冬的企業，其實都在這波疫情中能有不錯表現，這時透過「與人分享」更能提升品牌的正面形象。疫情期間許多餐飲業好不容易撐過來，都想在年末之前好好賺上一筆，但其實有更多消費者，這一年也過得很辛苦，不一定都能維持以往的消費能力，更有甚者可能失去了工作、面臨經濟困境；這時，大家都想能在立冬有個好盼頭，寒冬中的一碗熱湯、一杯熱飲，也許就是他們生存下去最適時的鼓勵。

或者，我們也可以利用世界地球日這個議題，鼓勵社會大衆需更積極採取行動，不僅關注疫情過後如何減少病毒對地球的影響，並盡自己的努力修復已造成的傷害，可以提出更多的創新思維。因爲取之於自然、用之於自然，ESG（環境保護E，environment、社會責任S，social和公司治理G，governance）議題也越來越重要，像是當更多消費者希望自己在休閒農業的體驗中，不但自身得到滿足，也能避免對環境造成太大負擔，或許才是達到品牌、消費者與環境三贏的理想結果。

有些企業每逢世界地球日及其他環保節慶，會集結同仁參與淨灘、山上撿垃圾、或是節約能源等活動，但本質上可能在製造生產的過程中，就造成了更大量的污染。而同仁所參與的活動，更不見得是自發性的意願，可能只是被迫參加。我曾遇到某企業在世界地球日的活動時，要求全公司暫停開冷氣一小時，當時天氣正熱，大家不是自備電扇、叫冷飲外賣解渴，就是找藉口刻意外出。最後居然發現，老闆本人因爲整天在外開會，根本沒有受到影響。

還有，近年大家開始重視剩食問題，有的品牌願意讓消費者以更優惠的方式幫忙消化，也有的是捐給慈善機構，但還是有企業爲了產品銷售排面好看而生產過度，卻又不願影響品牌價値，寧可將能吃的食物撒漂白水後丟棄，這就是ESG的觀念還有待推廣提升的例證。當企業希望運用社會責任議題來提升品牌形象時，應該眞正要反思的是，如何從我們自身開始做起？改變企業體質與提升品牌理念，讓公司同仁更樂於支持公司的提升，爲環境帶來改變，同時再針對特定節慶活動來結合推廣。

chapter 8

產品供應者和消費者之間的關係與定位

不論是一支好廣告，還是一家好餐廳，甚至是一個想吸引人報名的旅遊行程，我們其實都在尋找適合的消費者，但是該怎麼分辨不同的消費者類型？如何察覺消費者的眞實需求？以及爲什麼消費者會對我們的產品服務感興趣？在回答這些問題時其中的一個關鍵就是——「我們」自己到底是誰？因爲若是連我們自己都不瞭解自己是什麼樣的消費者時，又怎麼了解其他人的需求？

回到「人」的角度思考

群體的差異影響

內在的小世界

四種新消費者群體分類

到底爲何而買？

購買後的行爲

8.1回到「人」的角度思考

「你是誰？」這個問題其實是每當我們想了解消費者時的第一個問題，但其實這個問題更應該改成：「我們是誰？」尤其當身處於數位世代，在我們創業、做行銷之前，應該先思考——我們本身是一群什麼樣的消費者。從消費者的生活型態、消費水平、購物習慣甚至使用者需求，當我們越能了解消費者的各種面貌時，就越有機會把產品及服務銷售出去，也更能設計出能讓消費者能夠理解甚至被說服的行銷方案。目標消費者的區隔分類，會影響我們行銷策略的發展，也產生消費者需求與訊息連結可能產生的反應差異。

原本消費者就有許多不同的面貌，就算是在同一個班級、同一個辦公室，甚至同一個父母的不同子女，都有著自己的生活方式和觀點，但是在這麼多的不同之中，又能找到許多人之間的共通點；例如一群喜歡吃肉桂捲配美式咖啡的人，或是一群都想在周末帶著孩子去觀光工廠旅遊的家庭。在一個或多個共通的元素當中，又能將這些消費者聚集起來，成為我們行銷時的目標對象。若依個人生命週期把每個年齡層加以區分，由個人及親屬關係所組成的單位區分之家庭型態，包含配偶、子女及其他共同生活的人。

以前我們會認為，家庭對於消費者的決策影響來說，是很重要的一環，但是仔細去研究後發現，其實複雜度很高，尤其是家長對小孩的影響，以及家庭結構的問題。以現年70～80歲的長輩來說，通常小孩也有40～50歲上下，這群人中年時，多半飲食習慣、文化與次文化受到父母的影響很大，但反觀現在18歲到25歲的大學生，卻已經因數位時代的影響，很多跟自己的父母甚至爺爺奶奶、外公外婆有很明顯的不同，反而更多是受到社群媒體影響；因此其實我們也在思考，以往認知透過家庭內的行銷溝通，是不是越來越難發揮效果。

家庭結構對消費者的影響，因世代改變而有所不同，像早些年的三代同堂，到後來的四人左右小家庭，直到現在的一人獨居生活，不只在組成結構上有所改變，更在關係的平衡上也大大不同。很多現在22～30歲的年輕世代，因為實質條件不允許，所以很多人還是跟父母親住在一起，甚至還有到了40歲都仍住在同一個屋簷下。但父母親對成年的同住子女卻沒有太多干涉的能力，因為新世代消費者自主性極高。這時若我們從人數的角度來看，會認為這仍屬四口之家，但卻可能在品牌的購買上，成員之間幾乎沒有影響力，也不盡然會考慮選擇相同品牌。

反而現代人的家庭型態更多必須考慮是否有養寵物，因為越來越多人將飼養寵物的行為，視為一種精神的寄託，對於成為生活伴侶的寵物毛小孩，也就成為如同家人一般的角色存在。也因此寵物經濟蓬勃成長，不論是寵物的周邊販售、醫療照顧甚至是奢侈品、專屬旅館，不少品牌也相繼投入相關產業的經營。另外寵物被視為家人或陪伴者，考量居住條件的因素，以往多數家庭較偏好養狗，但隨著年輕世代的居住環境空間有限及人與寵物互動的關係模式改變，之前甚至有調查指出，水族生物及貓大幅躍升，成為了第二、第三受歡迎的寵物。

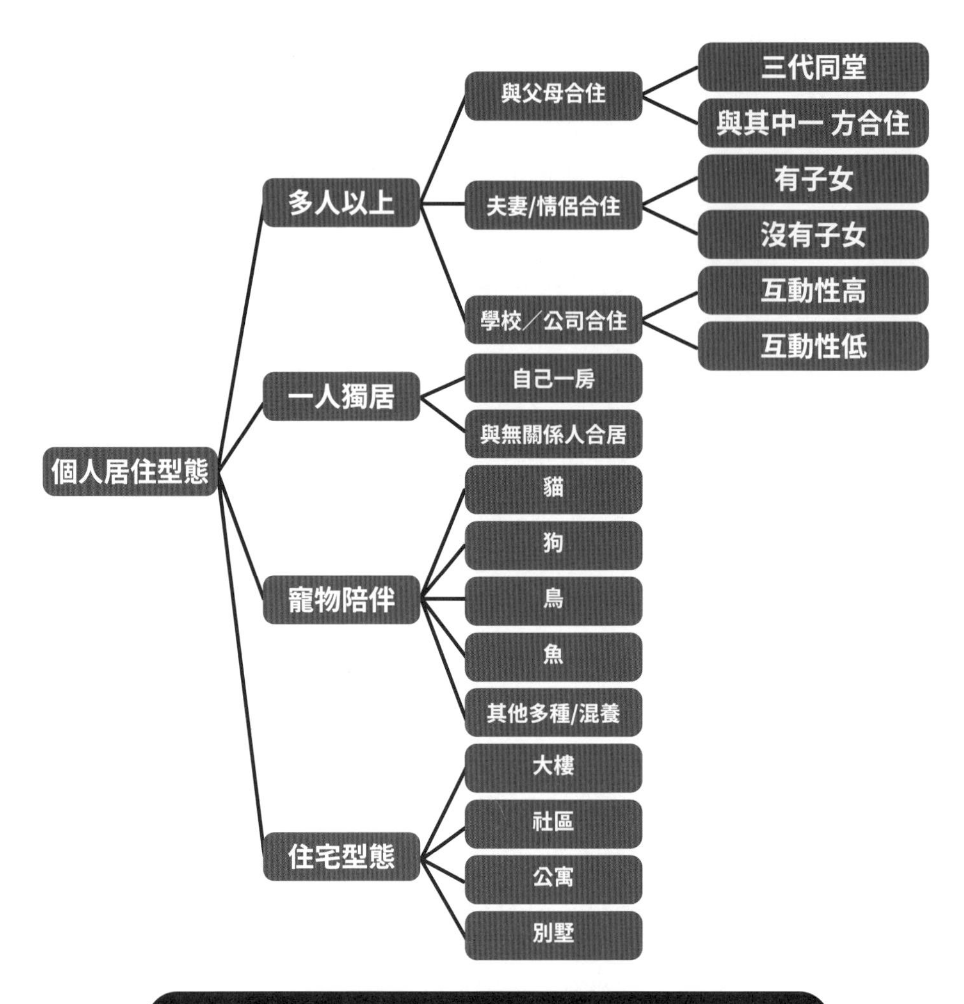

附圖 8-1 消費者的家庭結構與生命型態

台灣市場中過去以家庭型態的照顧模式爲主，這樣的世代大約落在現年35至39歲的區間及60歲以上，因爲家中有「人類小孩」的緣故，以養貓的族群來說，貓的角色更像是兄弟姊妹，而對高齡長輩來說，貓的身分則取代離巢的子女甚至孫子女。另一個照顧族群則是現年29至34歲單身未婚的中高收入者，因爲生活的壓力及排遣寂寞的陪伴需求，也具備一定的經濟收入及自主能力，這時貓的角色也就如同情人伴侶一般。

8.2群體的差異影響

消費社會化是指我們從小到大，經由家庭、教育、數位環境等因素，獲得產品、服務，以及有關消費知識與技巧的過程。若是從兒童時期就開始持續產生影響，往後的年齡成長發展也可能對特定的消費行爲甚至品牌，產生較高的記憶點和偏好度。年齡對於消費者的自我及群體認同有相當程度的影響，由於具有相似經歷，年齡相近的人，在一定程度上會有共同的學習經驗及當下的消費需求，但不代表跨年齡層就不會產生類似的經驗和需求，只是有部分的差異認知。當我們針對特定年齡層開發新產品及服務或設計行銷傳播的方案時，就必須先了解自己所經歷的過程，以及找到在這個年齡層未曾經歷的人，做爲關鍵的參考依據。

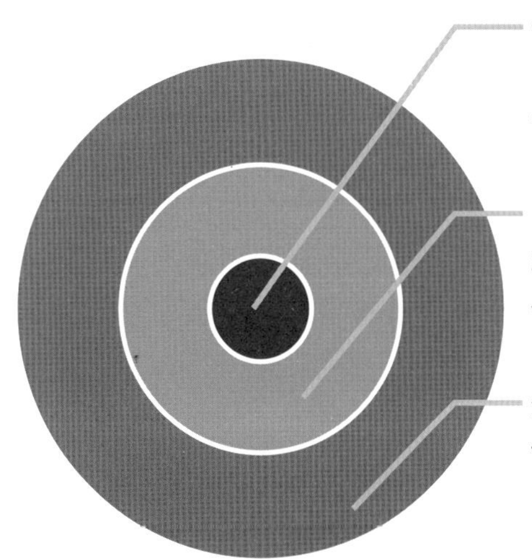

附圖 8-2 消費者人生歷程構成圖

次文化本身能夠形成具有規模、自然存在的區隔，但是否足以成爲有足夠消費能力的群體，還是要回歸所擁有的價值觀與文化認知。次文化的群體堅持維持自有的特色時，對於身處其中的消費者影響就愈大，排他性有時也會較爲明顯。事實上每個消費者都處在不同的次文化群體中，在生活情境的改變下，也會受到不同群體的影響，也因此在我們思考溝通策略時，不能用二分法來決定次文化群體的需求，更需要的是找到在特定情境和消費需求時，能夠讓次文化群體感到認同的元素。

次文化包含了國籍、宗教、種族，我們受到社會環境的影響，當自己的家庭或族群有明顯的文化獨特性時，就會在消費行爲時更習慣依循這樣的文化，像是傳統的客家族群、閩南族群及原住民族中，長輩的意見和觀念就相當重要，不論是節慶儀式或是結婚的流程，都有相對於其他群體更多的規範。但是像國民政府遷台後的二、三代及眷村住民，或是從國外嫁娶進入台灣的新住民，因爲生活的環境與早年先人的原生環境不同，受到的約束也相對較小，除非是自己特別偏好或是懷念某些流傳下來的習慣。

自從疫情影響之後，有一段時間我們身邊少了許多外籍朋友，其中除了多數觀光客外，包含外籍學生、工作者，甚至是準備來台發展的商務人士，都突然間受到疫情影響而減少。但是願意在台長期定居的工作人士以及落地成家的新住民和子女，人數都已經開始逐漸提升。其實國內居民與新住民的融合程度，已經因爲文化的認同，經過國際化的演進，可說是越來越高。更重要的是，因爲收入與組成型態的改變，也有越來越高的消費能力。

從早期外籍人士及外籍配偶，爲了改善經濟而進入國內工作生活，到現在包含歐美及日籍專業人士因爲愛情成爲我們的一份子，除了擁有專業技術更可能也有不錯的經濟能力，另外新住民第二代也都已經有比以往更好的生活條件。還有不少外籍學生到國內讀書，在生活沒有壓力的情況下，更願意多透過旅遊和消費，認識這塊土地的文化。以我自己居住的台北市來說，因爲不少長輩都需要外籍看護，所以每逢垃圾車來的時候，過去會看到許多外籍朋友提早到來，一邊聊天一邊交流；讓人感到有趣的是，因爲消費能力的提升，現在常常外籍朋友會在完成任務後，再到附近的便利商店消費，甚至像是本土的速食店、咖啡店，也成了外籍朋友的聚會場所。

另外在生活型態改變上，不少新住民也很融入台灣文化，像是在捷運上越來越常遇到日籍媽媽帶著小孩，當我們一起下車後也是到像王品這樣的餐廳用餐。另外更常看到的消費習慣包含一群新住民二代在夜市成群逛街，或是在網美打卡的花季，許多很會拍照的外籍工作者，也讓節慶氣氛更加溫暖。在跨縣市的旅遊中，也越來越多新住民朋友，有能力到不同縣市旅遊，也因此在國內多數的商圈，正在評估轉型或提升的同時，其實可以思考若能吸引在台的外籍朋友有興趣前往消費，或許等到更多國際觀光客可以來訪時，會因爲透過在地朋友的推薦或KOL的分享，而成爲新一波帶動國內商圈起飛的機會。

但我們也能發現，部分品牌餐廳雖然以特定國家的特色餐飲爲訴求，卻可能因風味或品牌定位，無法吸引到新住民朋友的青睞。有一次我在課堂上正好問到新二代同學，是否喜歡去越式及泰式餐廳時，得到的結果與預期完全不同；進一步詢問才知道，有的異國餐廳，根本與當地風味和做法大相逕庭，也有的反而讓新住民朋友感覺自己的文化不被尊重。或許餐廳本就爲滿足想嚐鮮的國人，而非外籍人士，但也必須思考當市場上有更多新住民將成爲消費主力時，什麼才是更符合市場的需求。不少新住民透過家鄉的美食風味、特殊的工藝服務，及多語言跨文化的優勢，讓疫情這段期間不能出國的人，能品嚐到正宗的異國風情。

另外不少新住民雖然在國內生根，但有也不少人會有返鄉探親，或是學校畢業、工作專案結束時，若已對國內的特色餐飲有了偏好，就可能透過加盟的方式，將手搖飲、珍珠奶茶、台式料理或是點心帶回自己的國家，進而爲我們的品牌與文化輸出盡一份力。不論是透過電商、實體消費等方式，新住民也在擁有更好的經濟能力後，願意在國內有更多的消費機會，但不論是我們自己對文化的認知，或願意提供更理想的服務產品，來滿足新住民與外籍人士在國內的需求，更增進文化的了解是必要條件。同樣的，若我們能善用這樣友好的文化交流，就能爲替國家的國際接軌打下更好的根基。

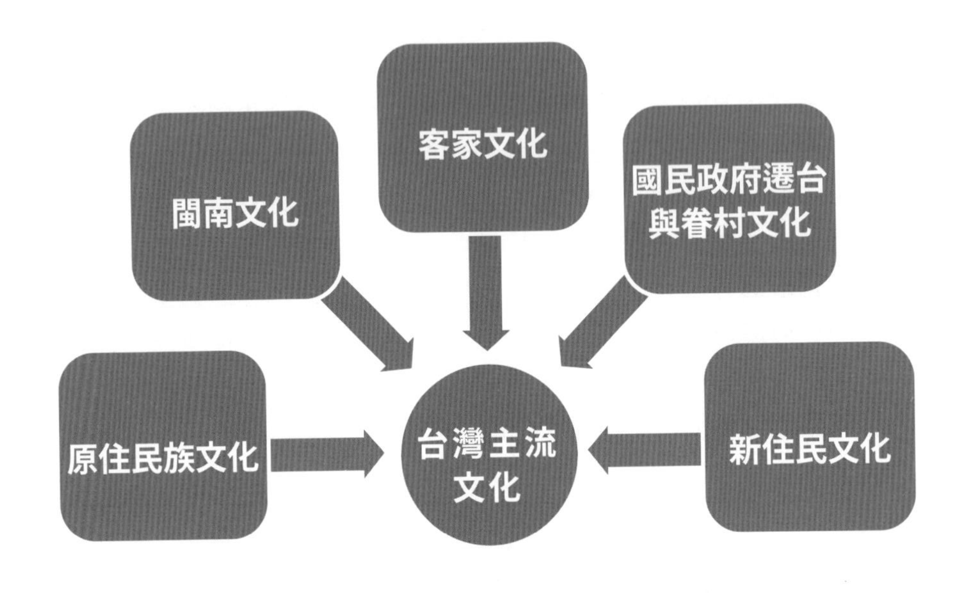

附圖 8-3 台灣主流文化類型

而在這些宗族血親的主流文化影響之外，其次就是消費者自己在學習及生活過程當中，所接收到的次文化影響。在國內，次文化的學習其實都跟整個歷史發展仍有一定關聯，所以在美系及日系文化下的影響，就更明顯的產生分衆；例如喜歡看日系動漫的族群，或是偏好美式電影劇集的族群。但就算同樣是偏好日系文化的消費者，有的人偏好動漫玩具，有的人則偏好餐飲習慣，甚至有人著迷於歷史建物……次文化的形成因爲是透過學習而來，所以在認知的選擇上會更加明顯偏重於消費者的自我認知。

事實上，國內的玩具消費者早已從過去所謂只是單純喜歡把玩的「玩家」，或是對社交溝通較不在行的所謂「御宅族」，進化成包含高知識份子、企業家甚至專業人士的消費者輪廓。除了日系與美系之外，重視設計及顧客關係維繫的本土玩具公司，更針對本土的歷史及特色文化元素來推出產品，也進一步培養新的次文化玩具支持者，逐漸培養成更理想且接地氣的商業機會，也讓整體的玩具市場有了更多元的發展。

主流文化不一定和次文化相衝突，像是有些人喜歡美系文化中的餐飲習慣，可能是因爲原生家族跟隨國民政府遷台，長輩的生活就跟美國文化有一定關聯；或是偏好日系文化的歷史建築，很可能早年家中長輩曾經歷日治時期，因而對日本文史有一定程度的認知。但確實很多時候消費者會因爲次文化的選擇，而與自身主流文化發生矛盾。像我們身邊不少離開家鄉已久的客家人，雖然家族有許多對於子女婚姻上的期待和要求，但受到長年都市化的薰陶，以及自身更偏好美系文化的自由生活，兩者就可能發生矛盾甚至衝突，因此每到過年就會像打仗一般。

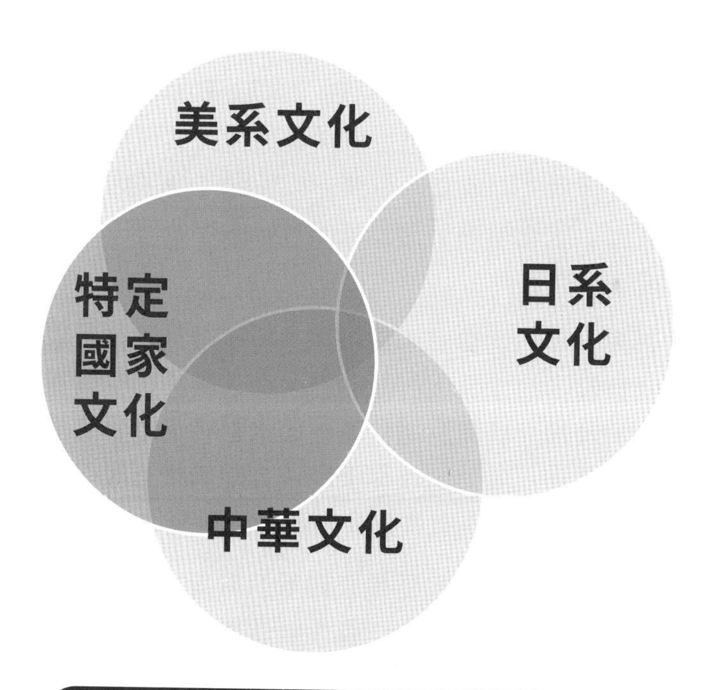

附圖 8-4 主流文化與次文化的拉鋸

但是對行銷人來說，還有一種群體價值，不但具高度的分衆行爲，更與品牌產生關連，那就是品牌支持者集合而成的群體。例如喜歡全聯、好市多或是家樂福的消費者，各自加入偏好品牌的主題社團，也有喜歡賓士、BMW或保時捷的消費者，分別加入各個車主俱樂部。雖然消費者也可能因有多重偏好，而同時加入不同品牌的群體，但至少在消費者討論及分享的內容中，以及在群體行爲的自律性管理下，我們常常可以從中找到對品牌直接有用的建議。

在特定的實體或虛擬環境中，如年齡、性別、家庭結構、居住區域等原因，也可能使消費者形成特定的群體；像是銀髮族在公園聚會時，共同加入的LINE群組，或是因爲都住在台北市的中正區，而加入的FB社團，甚至是都有六歲以下幼童的母親或父代母職者而成立的群體；這些群體有著相近的實質性特徵，也願意透過線上及線下的方式來聚集交流，雖然各自想要的資訊不一定相同，但是在實質行爲上會產生某些的一致性，也在一定程度的需求是同時存在的。

例如FB社群中有專門的烘培社團，有的成立時即由專業的老師或公司擔任管理者，這時就可以發現成員會與管理者有較多互動；但也可能是一群烘培愛好者共同成立，發展一段時間之後，經由多數成員的推舉，逐漸推選出了意見領袖，也會有因喜好的作法或主題不同，又離開社團並另外成立新團者。

所以從興趣區隔的消費者，當行銷人希望針對目標對象溝通時，就要再更仔細觀察當中的差異與群體關係。有些群體的成員凝聚力不強，只是基於各自的興趣而參與討論分享，但像是特定歌手的後援會，群體的凝聚力就相當強大，我們可以從整體成員間的相互吸引力，以及對於群體的重視程度來區分，也有群體會有明顯的意見領袖。

社會層級的區隔，原因主要是來自於消費者本身接觸與使用的社會與經濟資源，與實際權力的差異；像是管理職的經理人和一般職員、老師與學生、上市櫃老闆及微型企業的新創者，甚至是政府機關的首長及一般基層公務員、軍隊的軍官與士兵，都會產生實質的行爲區隔。社會層級相近的消費者，可能具有相似的職業與教育背景，可使用資源與權力也相近，尤其像是兩者均爲新創公司的負責人，在個性及價值觀上也會有些相似之處，對收入與金錢的支配方式，在社會階層上也會有一定程度的影響。

從「元行銷」的角度來看，社會層級的區隔方式有著相當關鍵的影響，尤其是對於具備新創者、行銷人及消費者三層特性的人，當中多半會更在乎階層的提升，也相對期望擁有更多的資源和權力。但同樣受到次文化與其他自我認知的影響，有的人外顯在消費行上會購買名牌服飾、高級汽車與豪宅，但有的人則將大量資源投入社會公益，依舊能獲得衆人的目光與掌聲。因此在品牌運用故事行銷時，除了其他外在的變數外，社會階層可說是透過消費者輪廓描述，以產生更明確的區隔，並對應於「消費能力」及「品牌需求」的重要關鍵。

8.3內在的小世界

心理學大師亞伯拉罕．馬斯洛（Abraham Harold Maslow），十九世紀提出的需求層次理論，至今仍然是許多消費者心理學的重要概念。但是我們從國內現實環境的情況來看，消費者對於需求滿足的情況，是越來愈不按每個層級發展，而形成不同情況的交錯。像是觀察剛從學校畢業進入社會工作的年輕人，很多因爲家中經濟環境還過得去，所以在選擇工作時並不是先考慮生理需求吃不吃得飽，常常會直接跳到自我實現，選擇那些可以讓自己有自信或喜歡的公作，而就算只有2～3萬的薪水，卻仍然每天一餐200～300元，外加一杯珍珠奶茶或咖啡，原因是可以和同事多交流，滿足愛和歸屬的需求。

當工作一段時間之後，覺得自己很有貢獻時，就會要求希望加薪升値，除了滿足日常開銷外，更重要的是面子問題。因此安全需求中的公平性和尊嚴需求的成就感，也必須要同時滿足，這時這些需求可說既是同時出現，更必須被同時滿足。看在40～50歲的中產階級眼中，是既羨慕又忌妒，當自己年輕時誰敢要求這麼多？但同時又羨慕年輕世代的敢要。對於行銷人來說，這群消費者有許多需求得被滿足，可以說是極大的商機，但同樣的，這些年輕世代受影響變心的速度，更是一瞬間的事情。

再者，影響消費者的關鍵，在於個人興趣不同。有些人從小就喜歡音樂，也可能在成長過程中會特別去學習，甚至從事相關工作，但也有很多是喜歡但並沒有機會能眞正深入其中，然而對不同的樂理、樂器、表演者或表演形式，都有各自的偏好，這時也會形成因興趣而區別的群體。

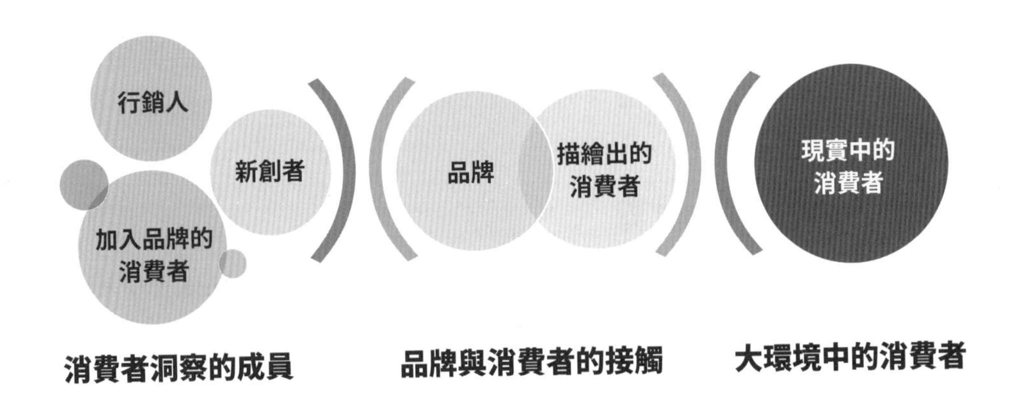

附圖 8-5 品牌與消費者的接觸關係圖

今天挑個精品包、下周到高檔餐廳聚餐、今年生日買台雙B……在國內的消費行爲中，奢侈品及高額消費的市場，自從疫情後越來越明顯的成長，除了因爲不能出國而產生的移轉效應外，也有越來越多的消費者對於奢侈品的購買及高額消費的意願逐漸提升，甚至包含一餐2000～3000元的高級餐點、一晚數萬元的飯店住宿，都可以看到社群上有不少人分享。

但大家眞的都變有錢了嗎？還是消費者的金錢觀已跟往日不同？就我自己的觀察與分析，生活條件較以往更好的消費族群雖然有增加，但新世代的20歲與八十年代的20歲比較起來，確實更敢花也更懂花。此外過去捨不得吃大餐、買好東西享受的高齡族群，在疫情衝擊後也有了明顯的心態改變，與其自己辛苦一輩子什麼都帶不走，至少買幾套自己喜歡的珠寶首飾，也能讓心裡感到安慰。

從高階消費者的背景和需求，可以分爲以下四種類型：從前高額消費的發生，有很大部分的群體是「高階商務者」，因爲工作需求的身分象徵、社交目的與地位展現，以及實際經費支出常常由企業買單，因此像是出差時住宿高級飯店、米其林等級的餐飲消費，或是頂級訂製西裝和雙B等級房車，這個個族群的消費者也一般是公司的創辦任人或高階幹部，並且對品牌和品味都有一定的識別能力。

第二群人則是「品味投資者」，對於奢侈消費背後的增值、知識、文化等面向相當在意，因此也會更重視所使用及購買的奢侈品消費，是否具有特定的意涵與升値空間，像是義大利的百年品牌、稀有的歷史文物收藏品，以及能夠展現自我獨特性的經典跑車款式。女性則更看重保値性高的包款與珠寶，也會對在餐與社會團體活動時，具有較高識別度的奢侈品較爲偏好。

第三類的消費族群則是「自我滿足者」，這個族群普遍性年紀較輕，雖然沒有特別高的收入與資產，但是對於自我的滿足與實踐，有更強烈的意願，因此在扣除像是房屋租金與各類貸款後，雖然可能所剩無幾，但像是和姊妹淘一起去五星級飯店吃大餐、入手春季剛上市的新款LV，及國內限量1000個的鋼鐵人雕像，雖然是奢侈的消費行爲，仍然讓這群消費者願意爲此付出。

第四類的群體爲「心靈新世代者」，除了大部分年齡更爲年輕外，也有一些人是因爲過去的生活條件與接觸對象受限，反而到銀髮退休後更爲勇敢，因此包含Z世代、α世代擁有較好的生活環境，以及想要跟上潮流的潮銀髮族，對於鑲嵌爲主的炫耀性珠寶飾品、品牌授權的特色黃金配件，以及復古風的經典奢侈品服飾、懷舊的老爺車，甚至是昂貴的家用香氛與居家布置，在自我心靈的滿足以及精品的價值再現下，奢侈品與高價消費成了跨世代的文化對話方式。

或許還是有不少人認爲，同樣一餐100～200元可以填飽肚子，但是去吃3999的龍蝦吃到飽，可以獲得特定對象在社群上的500讚；T牌房車既省油又安全，但是坐在凱宴中或許可以讓部分消費者忘卻工作中的痛苦；綠水鬼和柏金包對許多人來說可能不只是手錶和包包，卻剛好只是他們的日常用品。

面對越來越明顯的文化與經濟差異時，奢侈品與高級消費存在雲端，卻如此的接地氣滿足了人性的渴望，若是我們從商業的機會來看，那就讓需要的獲得滿足吧！畢竟哪天在二手市場，我們也可能因便宜而入手了小時候嚮往的T牌鑽戒和空號銀手鐲，實現了那個曾經想要飛上雲端的美夢。

附圖 8-6 奢侈品與高價消費族群分析

8-4四種新消費者群體分類

「消費者洞察」是發現消費者從生理到心理層面，已經存在或潛在未被滿足的需求，我們必須把消費者的需求和品牌效益結合，溝通合適的訊息並提供誘因，掌握消費者洞察有助品牌留住現有顧客及爭取新顧客，可以從過去的經驗與資料發展或重新調查分析，甚至從相關的競爭對手未能滿足的產品與服務著手。從消費者行爲及調查研究分析中觀察，眞正的消費者輪廓、消費者對品牌的認知，以及期望的消費經驗。對消費者關注的議題與市場環境的變化，即時掌握並且擬定對策。

從消費者的內在洞察來說，越是會高度依賴品牌的人，其實越有可能自己也是相對缺乏，就像高度喜歡並著迷義大利高級精品品牌的人，可能是喜愛炫耀及自戀類型的消費者，而極度偏好平價大衆服飾，希望自己不要與衆不同的人，則可能是溫順及逃避類型的消費者。從心理層來看消費者可以有很多的面向，但是對應到能夠與品牌產生高度連結時，這個層面的消費者就會有很獨特的特質出現，原因也在於品牌所投射出的形象。像有的行銷人在時尚雜誌品牌中，往往會有相當融合的品牌連結，甚至是品牌在找尋自己的成員時，尤其是負責行銷工作的同仁，可能會希望是挑選到有如「門徒」一般的忠實認同者。

在消費者的內在影響中，消費者的性格有著很明顯的差異，我特別將受到「元行銷」概念影響的消費者個性分成四大類，分別是自戀型、依賴型、探索型和反抗型；主要的原因自於，從元行銷的角度來說，消費者的行爲一生都在尋求滿足，但是我們到底是處在「必須自我滿足」、「容易被滿足」、「還在尋找滿足」以及「不願現在滿足」這四種狀態中的哪一種。自戀型的消費者只有自己可以滿足自己，而依賴型的消費者期望別人讓他滿足，探索型的消費者一直都在尋找更滿足，反抗型的消費者則是一直不願接受滿足。從品牌的角度來看，如何滿足消費者就是品牌生存下去的關鍵，但是消費者不是只有末端消費者，還包含的企業對企業的關係，而在元行銷中解決人的事才是關鍵。

附圖 8-7 元行銷特質消費者的四種類型

有的人是「自戀型消費者」，對比前前面容易受到影響的情況，這類型的消費者可能從小就有強烈的自我意識，不容易接受別人的意見，更習慣自主判斷想要及喜歡的東西。對於品牌的選擇更是如此，甚至不太認同及相信意見領袖的推薦，因爲只有「自己嚴選」才能滿足他們的內心。這時若品牌若希望與他們溝通，也讓這群人願意購買並且可能產生偏好，可能就要「傲嬌」一點，讓這類消費者覺得：「這個品牌就是我！」的感覺。例如「自戀型消費者」可能花了一些時間挑選到了一台很有特色的A品牌汽車，雖然身邊的朋友覺得價位偏高，且後續保養成本也較貴，但是消費者仍然很有購買意願。

這時若我們身爲A品牌的行銷人，該怎麼讓這群消費者買單呢？很多人會誤會既然要「傲嬌」，那就讓消費者覺得很難買到，營造出稀缺性的感覺，但其實這樣做卻可能會造成反效果，因爲既然消費者對自我的信心很強，他們若因此對品牌產生反感，就更不願意回頭。所以可以運用以下三個方式，來讓這群消費者既滿意，又不失去品牌自己的優雅。

一.專屬聯繫人員：讓消費者覺得這是專屬他們獨有的特殊服務。

二.強化品牌與消費者的投射：運用故事行銷來滿足消費者的心理需求。

三.讓消費者更自戀，讓品牌成爲他們的同路人。

在消費者類型中有一群較容易受到傳播影響而產生購買行爲的人，這類型的也可說是「腦波弱」，稱爲「依賴型消費者」。對於意見領袖甚至是親朋好友的推薦接受度高，而明顯特徵就是他們不太願意拒絕別人，也害怕拒絕後被人討厭，但可能在品牌購買和使用後，就能喜歡上品牌。例如有人可能對於料理有興趣，但是因個性相對沒有自信，當烹飪老師推薦A品牌的氣炸鍋、B品牌的電晶爐時，就可能接受建議直接先購買了A品牌。當A品牌使用很上手，品牌服務也很道位，讓這類型的消費者感受到內心滿足時，就可能會持續購買A品牌的其他產品，甚至同品牌的電晶爐。

但這時我們如果是B品牌的行銷人該怎麼辦？有三種方式可以幫助自己的成爲依賴型消費者願意選擇的品牌：

一.讓具有推薦力的意見領袖加強推薦，讓消費者更願意優先購買。

二.塑造品牌形象，讓消費者在接收資訊時將品牌當作意見領袖參考。

三.在A品牌出現負評時，將自己更好的地方極力推薦給消費者。

在「探索型消費者」中，這群人對自己想要什麼還不太確定，因此會願意多方嘗試，可能從網路上收集資訊，也可能會看到商業新聞的推薦就去嘗試，但有時也想自我任性一下，隨性做出選擇。對於行銷人來說，這群人是產生品牌購買的「大宗主力」，但也因這群消費者有很多想嘗鮮的選擇，因此要建立忠誠度並不容易。同樣在使用傳播工具時，這群人更容易受到外部資訊的影響，因為他們追求的是探索嚐鮮，因此越是創新、有趣的新產品及服務，甚至是跟上時事議題，都會影響消費的選擇。

例如A巧克力品牌推出新的口味，經由網紅開箱和新聞報導，這群消費者可能就會去購賣試試口味，但是當B品牌也推出類似的風味時，因為還有名人代言，身邊也不少人在討論，就可能跟著也買了。這時我們如果是A品牌的行銷人，則可以採取三個做法來維繫與探索型消費者的關係：

一.從市場中找出最新的時事話題，透過社群主動推播。

二.邀請這類消費者參與品牌行銷活動，並且給予持續互動的誘因。

三.挑選當中更為積極與友善的消費者，成為首先體驗的分享者。

至於「反抗型消費者」消費者則是一群對於生活現況，和品牌都很難滿足的對象，他們認為好還要更好，但是在現有的消費選擇中，能夠得到他們認同的並不多。像是他們會更積極的去賺錢過上好生活，也會更願意支持超過自己能力的情況而購買奢侈品，但是當產品及服務品質不如預期，或是自己的生活條件又更上一層樓時，就會對本來的品牌不屑一顧。而面對社會議題的關注，現有狀況的不滿，都會用更激進的方式來表達自己的態度，也會反映在願意支持或討厭的品牌上。

例如A汽車品牌的品牌形象是「超越突破」，在定價上也是中高價位，當這類消費者可能終於打敗其他的競爭者，拿下一筆大訂單時，覺得這項商品符合自我需求，於是就選擇購入，但是在使用的前三個月發現，產品的表現不如期待，甚至讓人失望時，會將使用的負面心得PO網分享，並且明確的表達抗議。這時我們如果是A品牌的行銷人，可以有以下的三種做法：

一、主動放低姿態與他們和解並且釐清問題。

二、將消費者不滿的情況作爲未來改進的地方並主動告知。

三、將他們納爲未來品牌發展的鞭策者，讓他們感覺受到肯定。

對於交易對象主要是企業的角度來說，我們除了必須思考像是對方的公司負責人、握有實權的採購人員他們本身的消費者特質外，還有一個關鍵就是——爲對方的「下一步」著想。例如對方希望購買了我們所生產的鋼材，可以蓋出更堅固也更有品牌價值的房屋，或是用了我們設計的軟體能夠幫助公司同仁在管理制度上更人性化，也更能建立內部品牌的認同度，因此買高級房屋的消費者、企業希望留下來的人才，究竟有什麼樣的面貌和需求，同樣可以從這四大類型來思考。

其實從「元行銷」的思考角度就可以發現，不論我們經營的是滿足末端消費者的企業，還是滿足其他企業的商品服務，最終仍然要有人願意付錢買單，就算是政府機構的城市行銷，或是非營利組織的公益募款，仍然只有打動人心才能獲得支持。只是這個消費者是一般人還是企業採購，購買的是產品、服務還是股票，只有回歸到對「人」的認知，才能眞正找到支持我們創業及行銷成功的答案。

確實越來越多的品牌，開始在健康議題上做出策略調整，與節日結合也是一種溝通理念的方式。國人因爲收入逐年增加，疫情又讓人感到更多焦慮，而想要靠飲食的方式紓解壓力，像是華人過農曆年更是每天都有宴飲及家族聚餐的習慣；然而市場上的年菜及食品類禮盒，常常都是以美味爲主要訴求，較少顧及到健康的議題。雖然對品牌來說，健康跟美味很難產生直接連結，但是當消費者的需求趨勢開始改變時，在口腹之慾及健康上得到平衡就顯得更重要了。

健康飲食的概念甚至也影響了許多品牌在跟消費者溝通時的方向。如何針對這個議題來連結品牌，成了越來越多消費者購買時的一項重要考量因素。像是市面上許多燕麥奶、養生食品，或是營養師設計的健康餐點，但多半都是以生活當中的一般餐點取代爲主。因此當我們面對「探索型」的消費者時，給予充足的資訊來滿足他們的好奇心，並且從我們自身和品牌的發展方向來思考，未來有什麼新的產品或服務，能夠讓這群消費者持續感到驚喜與期待，也能加深品牌的黏著度。

特別的服務一樣可以提升消費者的購買意願，但是得注意不要讓服務都成爲免費。「元行銷」的創意應用中，在針對不同的消費者的需求時，讓有特別期望和能力的人額外付出費用是合理的，就像「依賴型」的消費者，可能已經對品牌有重複消費的經驗，但是其中有人在多次使用後，希望能獲得更被尊重的感覺，所以行銷人可以針對合適的對象推出VIP的付費升級服務，像是在企業對企業的服務中，會有專人有先協助訂單的處理及貨品的採購權，或是在末端消費者擇以在升級後使用品牌的專屬包廂用用餐等作法，都是對這類型消費者受用的服務方式。

8.5到底爲何而買？

在外部影響消費者決策的原因衆多，所以我們可以去思考，哪些是我們可以產生的影響。例如消費者站在貨架前時，運用包裝增加消費者的注意力，或是在手搖茶的店面旁邊，增加主打新品的優惠方案資訊，甚至是當消費者人在附近時，就用定位推播的方式，提醒會員可以到店領取優惠券……這些方式對於行銷人來說都很常見，但是知道消費者爲什麼會受這些事情影響，就更能讓行銷發揮功效。

健康和運動的議題往往能帶來幫助。消費者爲了能更舒適的運動，讓自己看起來更有型更美麗，願意花更多預算在相關的服飾配件上，包含運動服、車衣及運動鞋等必要性的運動消耗品，都提升了一定的市場發展機會。而疫情期間大受歡迎的戶外活動與露營等休閒方式，也帶動了像是機能性的禦寒服飾、一件多用途的外套，或是保暖發熱衣的商機。

我們經常購買產品時不只是因爲商品功能，也可能是背後的文化意義，但是單靠產品常常不能夠完整的呈現獨特的文化差異，背後的品牌更可能在消費者心目中，更具體地描繪與連結某種獨特的文化內涵。咖啡店具備了風格與體驗的獨特性，甚至有些獨立咖啡店更成爲了咖啡文化的推動者，但若是以便利性來看，消費者對於一站式服務的需要，也讓帶著走的一杯咖啡，成了生活中簡單的儀式行爲。

另外自己動手的風潮也影響了越來越多年齡層的消費族群對於咖啡產品的認識，像是家中的銀髮長輩也將手沖咖啡視爲休閒的一環。過去消費者總會覺得，要自己沖煮咖啡是一件較爲麻煩的事情，即使不論咖啡豆、咖啡壺、咖啡濾杯都越來越容易取得，但是以往在辦公室要是一個人沖起了咖啡，在同事眼中還是有這麼點過於悠閒的感覺。但是這次疫情直接影響了爲數衆多的工作者，不論是因爲在家上班期間培養了自己手沖咖啡的習慣，還是公司爲了減少員工在外消費的風險，而在辦公室準備的相關自煮咖啡設備，很明顯的疫情提升了許多咖啡品牌周邊產品的銷售。

消費者越來越從以往「認識咖啡種類」到「自己決定偏好」，這個過程不論是哪種提供服務的品牌，都必須思考自己品牌的核心能力，以及希望消費者認同的品牌理念，而不再只是一昧的訴求咖啡豆產地或是得獎光環，到底要運用空軍般的行銷傳播產生全面性的品牌認知、廣開門店的陸軍戰略來逐漸提升消費者的忠誠度、或是運用海軍陸戰隊的精準打擊，針對重度消費者來溝通？畢竟只有存活下來而且活得精彩的品牌，才是眞正的贏家。

消費行爲中的參與者包含決策者、購買者、使用者、建議者、影響者及反對者。我們尤其應該先思考消費者的自身決策過程，才做出更有影響效果的行銷決策。而決策就是幫助問題解決，消費者決策是目標導向的問題解決過程，若是我們的決策能幫助消費者更快或是更好的完成決策，那之後消費者就會更願意倚靠我們提供的建議。有時消費者對於當下的選擇，是基於立即性和必要性，但是當在使用的過程當中，就有機會去檢視自己的所獲得的，就像每年大掃除總會需要購買新的清潔劑，但是之前買的品牌味道總有那麼點不夠好，就算用起來效果還不錯時，就可能還是會想嘗試其他品牌。

當競爭品牌出現，帶著比其他已推出產品服務更好的條件時，消費者總是會心動的；去年生日那家餐廳送龍蝦，今年生日另一家餐廳送三隻龍蝦還免服務費，當兩家價格與品質差不多，這時消費者可能就會嘗試擁抱新品牌了。但這並不完全是消費者變心的全部理由，真正的關鍵還是在於：我們是否在不同的階段，都有掌握到消費行爲中的各自參與者之眞正需求，並給予對應的回應和達成滿足的條件？就像消費者有兩家外送平台可以選擇時，若是訂餐與付費的人，是還在加班的老公–購買者／決策者，用餐的是在家操持家務的老婆–使用者，那業者該思考的就是如何讓兩者都能得到滿意，而不是只考慮訂餐介面的方便性，或是外送員的品質，只有兩者都達到理想的水準，才能持續獲得消費者繼續支持，不然就可能被競爭對手超越後趁虛而入。

附圖 8-8 消費行爲中的參與者類型

有時促銷活動就像突然有人拿著鮮花和禮物對你說：「我們在一起吧！」被沖昏頭的消費者於是就買了，那個電視購物買一送三的手提包，但是當回過神來才發現那根本不是什麼知名品牌，品質實在也普通到不行時，因爲衝動而帶來的消費常常在下次就會讓自己記取教訓——別又輕易跟著另一個渣男女走。當消費者購買時原本抱著期望，希望能找到一個長久相處下去的品牌時，卻發現所選其實沒有這麼理想，像是好不容易用年終挑選了一台進口休旅車，以爲看起來品牌跟口碑都沒問題，但是才開一個月就遇到天窗漏水、三個月引擎故障，除了不斷的修理甚至賠本賣掉外，更會堅定的告訴自己沒有下次。

其實今天就算是奢侈品，在消費者決策時也一樣會面臨購買選擇上的問題。小資族手上沒什麼存款，但下周就是公司的耶誕節餐會，其他同事都會穿上自己稱頭的衣服，但是當我們早在10月份就開始接收到品牌的訊息時，有的人就會把握百貨公司周年慶的機會，趁折價促銷購入做準備，但也有人會一直掙扎到最後一刻，只好臨時到快時尚品牌補一件，但卻發現活動當日因自己的外在條件弱勢沒人搭理，在羞愧之餘剛好手機收到奢侈品的優惠活動短訊，立刻就分期刷卡入手了一件戰袍，只爲了想扳回一城……這時就可能又加入了「情緒因素」。

以性別來說，男生長鬍子就是一個很專屬的特殊性，台灣男生對於理髮這件事，十之八九不會當作相當重要的事情，而蓄鬍在台灣現在的消費者風氣中更算少數。不過說起來，老一輩的男人還是會有上理容院的習慣，但多數是「純」理髮，甚至染燙都算少數，因此就算有一定消費能力的，也多半以方便或習慣爲主。修容服務更是過去在男性市場當中，佔了少數中的少數。還記得我在很年輕的時候，就獲得了父母贈送的第一把刮鬍刀，直到開始蓄鬍之前，刮乾淨就是最簡單的理容方式，當開始蓄鬍之後，其實更要時不時去修剪整理，反而需要花更多的時間及技巧，但也很少特別到店裡去。

國內的連鎖美容美髮產業，可以算是數量龐大且成熟，以前我還在妝管科系教書時，不少具有才能的學生也都順利投入市場，不論是進入連鎖品牌還是創業，但仍然很少看到專門以男生理髮修容爲主的品牌，而現有多數的成功品牌，比例較高的還是以女性市場或兩性同時服務爲主。或許有人認爲這是因爲市場沒有需求，但其實反過來說，這個市場在男性夠重視自己的外在形象、個人風格的時代，其實缺少的應該是與消費者合適的溝通管道，以及更貼近市場的定位。另外則是常因店面裝潢徒具特色，但卻在服務上略顯生澀，以至於顧客再次上門的意願降低。

例如像在不少地方，開始陸續有獨立型的男性修容理髮店型出現，但是在我上門詢問後，居然有些店不知道怎麼處理男生的中長髮！以往男性的髮型因爲職場及社會文化，多爲短髮造型爲主，而現在更多的人願意嘗試中長髮，卻只有少數的美髮師能夠提供合適的服務。不少男生都曾經選擇較爲傳統的連鎖美髮通路來理髮，但是很少有能夠同時處理修容的部分，至於平價理髮更是幾乎沒有這樣的服務。這時若是有強調重視男性理容的品牌，也能夠一次性的完成顧客「頂上」服務，就算是多付出一點費用，但能達到的理想效果的話，有特定需求的消費者依然會買單。

在消費者的決策過程中，這項產品及服務是否與自己有相關性和在意程度，指的就是消費者的涉入度；對於行銷人來說，我們通常都會希望消費者對於品牌更在意，但有時候必須先明白，涉入度的影響層面更常常是消費者長久所累積下來的因素，並且不見得一個品牌就能改變。就像以往我們的認知當中，夫妻兩人在選購家用車輛時，通常男性的涉入度較高，因爲可能從小整體教育環境的影響下就是以男性長輩應該更在像是對機械或車輛的相關資訊較爲熟悉。但是在社會環境、家庭及教育等因素的逐漸改變後，就可能有越來越多的女性消費者，對於家用車輛選購時的涉入度增加，但是在商用車量的層面就不一定有同樣顯著的改變。

同樣的，消費者的涉入度也有可能逐漸降低。像是早期不少人會在選購電腦上，特別重視包含處理器、記憶體甚至是硬碟容量，但是在智慧型手機越來越普及後，很多消費者在選購電腦時就沒有像以前一樣在意那麼多細節，這其實也就是涉入度的降低。但是不論是涉入度的提升或是減少，行銷人關注的就是如何在消費者選擇的過程中，將合適的資訊提供給消費者做選擇，進而達到品牌的銷售機會。

就像當消費者對於電腦的選購時的涉入度降低時，行銷人可以更明確的應用簡化後的訊息，讓消費者做出選擇並且購買，或者是當女性消費者對於家用車輛選購的涉入度增加時，品牌更針對女性資訊接收上的管道來設計，進而讓消費者感受到品牌的便利性及善意。

8.6購買後的行爲

許多人小的時候都有一種經驗，明明上次爸媽帶你去挑玩具，你選擇了芭比娃娃，但是下次考一百分的時候，挑的玩具卻是彩虹小馬，不僅爸媽覺得疑惑，推出玩具的廠商其實也很不解，爲什麼上次是你的心頭好，這次卻沒有再次獲選？同樣的，像是在每年選擇年菜時，雖然我們去年吃的那家飯店品牌沒有什麼問題，但今年可能就是想換一家試試，而這時若品牌想問問消費者爲什麼變心，通常也得不到答案。

這時我們就得思考一個問題——消費者變心是無可避免的嗎？難道都是品牌的錯還是競爭者橫刀奪愛呢？若是本來有機會曾被選擇，那又爲什麼沒有再次被選擇的機會？尤其是那些曾經對過去選擇的品牌有過依戀，最後卻依然選擇離去、擁抱新歡的案例。或許從「心理因素」來說，可能就是單純膩了，以及在嘗鮮之後也沒有強烈的獲得滿足，因而沒有再次回購的意願。

變心可能的原因，也可能是產品及服務在實質上或心理上，沒有眞正打動到消費者的內心深處。就像芭比娃娃雖然精緻，但是獲得彩虹小馬更像滿足養寵物的渴望；年菜確實沒有不好吃，但是不想連續兩年打卡餐桌都長一樣。本來消費者就是會不斷改變的，就像年輕時大家喜歡聚在一起，威士忌當水喝，但是當有人升官發財，或是開始重視生活品質時，就可能會選擇更符合自己身分地位的品牌，甚至以往都是爲了自己喝而買，但現在購賣則是爲了送禮，那就必須更換更合適的品牌了。

有時我們曾經很喜歡某個品牌，但經過一段時間，品牌沒有再積極的做行銷溝通的工作時，其實消費者還是會默默的繼續支持了一陣子，就像當年我最喜歡的那隻瑞士品牌手錶，直到有一天發現市面上都沒有什麼新的消息，卻看到別的品牌正用浪漫微電影打動你時，只好將過去的回憶放在心裡。有的時候品牌不再被消費者選擇，可能不是消費者或是品牌的問題，而單純就是兩者不再相契合，就像高中時期那瓶彷彿噴在身上，就充滿魅力的英國香水，一直用到30歲也沒有更換品牌，但有一天突然覺得自己不再需要香水了，甚至連其他品牌也沒有購買的意願。

當消費者清楚自己需要的是什麼時，就會進入現實的評估與確認，例如知道自己口很渴，所以需要一杯水或飲料，但是在當下可能有便利商店、咖啡店及手搖茶店時，就會開始思考包含口袋有多少錢、是只想買料還是要順便買其他東西、想不想坐下來休息一下……在確認自己的需求後，就會針對可行方案來執行；例如口袋只有30元但是想吹一下冷氣，就走進了便利商店，或是等一下有一個小時沒有急事，所以決定走進咖啡館。我們的每一次決策其實都會受到自己需求和現實條件的相互影響，只是這件事情的決策是簡單還是複雜，有沒有受到外部因素影響，以及是現實戰勝還是需求勝出。

其實消費者確實在很多時候，衝動型購買的機會很高，原因在於當面像促銷活動、限量發售，或者是網路話題的爆款時，在購買當下更像是一種內在滿足地達成，搶到超低價商品感覺自己佔了便宜，或是買到話題商品打卡上傳時的社群友人按讚肯定，都讓消費者在下次面對類似情況時，可能會再次引發衝動。但是這樣的行爲並非很容易發生，甚至是造成衝動性消費的誘因，也可能會逐漸遞減，就像剛開始大家在搶購雙十一的超級優惠時，就是一個勁的買不停，但連續幾年後就會發現，好像自己不再對這樣的搶購有這麼高的興趣。同樣的，買到爆款或是訂到話題餐廳時，剛開始很興奮，但卻可能在消費過後沒有得預期的滿足，那下次就不一定會這麼積極。

因此就延伸出消費者在什麼樣的環境中，會特別容易記得或產生購買的意願，就是行銷人更需要了解的「情境因素」，例如在上班族工作時，針對曾經搜尋過「新生兒」、「尿布」這些關鍵字的消費者，主動用廣告推播提醒，你家的尿布可能不夠了，或是當消費者突然發現家中尿布用完時，發現在包裝袋的外面有一支緊急聯絡電話，都是可以讓消費者在不同的情境中，更快完成購買的機會。因爲當消費者開始進入情境時，比較容易更理性的去思考和接受訊息，但是通常當面對時間因素發生時，多半都是緊急而沒有足夠決策機會的。

在許多不同的情況下，會影響到消費者什麼時候購買，他們需要或是想要的產品及服務，如果是今天早上小孩哭鬧，父母親發現原來是要換尿布了，但是家中的卻又剛好用完，這時其中一人立刻衝到最快可以買到的地方，先將問題解決再說，或是馬上上網透過外送平台，請外送員立刻送過來。這時「時間因素」是消費者最在乎且希望立即解決的關鍵，那也許有人會說：「爲什麼不事先趁雙十買好呢？」有可能因爲消費者當時忙於工作沒空，但也可能因爲一次要購買的量要比較大，父母親的經濟能力沒有辦法支出，但也可能就是單純他們不想面對尿布的問題。

以男性西裝服飾來說，大多數發生在目的性購買，例如出席正式場合，若是更有預算及品味的消費者，則會更注重質感、款式與獨特行。因此可以客製化的本土品牌更容易滿足消費者，若是同時與其他相關商品搭配，就更有機會增加產品的銷售，而皮鞋及領帶等配件都常見的組合，或是與特殊風格的手作飾品。業者以結盟合作的方式，來達到消費者一站式購買的需求滿足，也讓消費者省去一些選擇比較的時間，但是在關鍵的品質與價格上，仍然是作出消費決策時的重要考量。

影響消費者最後做出選擇原因有很多，尤其是讓人放棄原來選的品牌，去買隔壁競爭者的更是比比皆是，例如本來我們出門前已經想好要去吃壽司，然後選定了A品牌，結果到了門口發現大排長龍，本來差一點就要放棄了，門口的店員馬上到面前遞上一杯飲料和掃碼的QR code，說明只要登記等一下有位子就會用電話通知，先去逛逛再來回，本來想說那就再等等，結果逛了不到10分鐘發現，附近居然有一家新開的壽司名店，於是就放棄了本來的等待。

在這整個眞實案例中，店家一開始確實有先預設，會有許多消費者可能不耐等待，所以用體貼服務和數位技術，增加消費者願意繼續選擇品牌的機會，但是卻可能沒有發現，競爭者已經在附近虎視眈眈。從行銷人的角度來說，前面的準備已經做了，但誰能預測後來發生的事？若我們有固定在做單店附近的商圈調查，其實就可以知道，本來消費者對於壽司的購買意願是高的，但是店的座位不足也是事實，所以當我們知道附近有競爭者時，可能就要提出更能鎖住消費者，不要讓他們流失的方案，像是用外帶的優惠誘因，讓部分消費者願意先完成消費，或是提供附近有趣的景點，確認消費者來回的時間和路徑，可以避開經過競爭者。

很多時候品牌會想嘗試了解消費者購買之後，對品牌的相關資訊與使用評價，但消費者願意分享這些資訊的機會卻相當不易，主要原因還是在於，消費者的使用經驗及之後對品牌的評價，大多是只是持平甚至可能是負面的，那若眞的沒有達到理想時，這樣的調查更容易勾起消費者的不悅。我們只要回想一下自己的經驗，要是有個枕頭品牌，在你購買後一天，就問你使用感覺如何、喜不喜歡？其實就算回答喜歡也只是客套話，但若是過了三個月再問，確實有可能消費者睡眠狀況改善，但也可能跟其他品牌沒什麼差別，甚至當品牌問完後消費者抱怨了一下，以爲品牌要做什麼更換的動作時，結果什麼都沒發生，反而造成了更多的負面觀感。

難道我們就不能去了解，消費者購賣後的訊息嗎？當然可以，但是需要問得更有技巧且有意義；就像服飾品牌去問買了外套的消費者是否夠保暖，這就沒有太多意義，但若是詢問消費者穿著這件外套的場合，進而詢問若是有新款的外套更適合消費者，之後願不願意用折扣價舊換新購買，才更能夠了解消費者對於使用產品的現況，與當初品牌規劃時的想法是否一致，之後要怎麼在新產品開發時，更符合消費者的需要，還能順便將促銷誘因告知，或許就多增加了一次消費者未來回購的機會。

當消費者曾經離開後再回來，有時行銷人可以規劃一些讓人感到貼心的行銷方案，讓消費者既能夠感動，又不會覺得不舒服；像是本來在逢甲商圈開設的關東煮店，可能因爲疫情所以好一陣子北部的觀光客沒辦法再去，但是當一年後疫情比較緩和，消費者突然想到當初那家店想要去走走消費時，可能會先上社群看一下店還在不在，這時行銷人可以預先規劃疫情後會有消費者回流的機會，所以特別設計貼文內容，用消費者回家看朋友的手法，結合節慶議題來更進一步讓消費者的意願提高，因此當消費者條件時間許可，經過逢甲夜市時，就有再次支持品牌的動力。

企業沒有聽到或忽視顧客不滿意的聲音，且做出相對回應時，那些不滿的消費者會停止購買、開始抱怨甚至散佈負面口碑，如果能將問題快速解決且處理得當的話，消費者還是會願意給我們機會，但如果持續沒有解決的話，那他們會斷開與品牌之間的關係，因爲他們認爲公司並不在乎。對於品牌來說，並不一定是強求就能挽回消費者，但有些時候找到消費者變心的原因，至少可以在下次努力看看，提升並改變自己，或是更努力的超越競爭者。當然有時也得要學著放手，擁抱一群新的消費者，或許他們正從別的品牌中受了傷、沒有得到滿足，而你的品牌正是最佳的陪伴者、避風港。

chapter 9

你的產品或服務叫好又叫座嗎？

每當我們發現市場好像還有些什麼產品不夠理想，或是服務不夠到位時，有創意的行銷人及新創者，都會覺得這是一個商機，但是若這個機會這麼好，爲什麼沒有人來攻城掠地，本來提供的產品及服務又爲什麼不改進呢？當我們終於規劃好產品及服務要進入市場時，該賣多少錢消費者才會買單，畢竟有人買才能眞正的體現產品及服務的價值！

機會在哪裡？
現在的產品眞的不行嗎
服務的缺口
把服務好好當作重點
你有能力創造新玩意嗎
用包裝增加價值
價格是門好學問

9.1機會在哪裡？

市場中的機會主要來自於現有環境中，現存的產品服務尚未能滿足消費者需求或未達消費者期望，也可能是將現有的產品服務，供應給尚未完全被開發的新市場。當我們對自身所處的環境有所不滿時，某個機會就一定存在；例如更好吃的草莓、拍照更漂亮的手機、更安全且便宜的運送服務，或是對企業端的交易中，更能禦寒的紡織纖維、更精密的沖壓機、更有幫助的餐飲業者資料庫服務。

掌握本身所處產業的最新市場趨勢與變化，透過我們的敏銳度與觀察力，找尋更理想的商機和切入點，並明確評估可行性，是找到商機的重要方式。尤其是現在的不滿足，更是必須經過判斷分析，認清到底是我們自己可以掌握的機會，還是我們必須解決的問題。例如現有產品失敗的原因，究竟是市場分析錯誤、未能掌握上市時機、成本估計錯誤、不適當的訂價策略、通路選擇不當、對產品不滿意不適當、行銷溝通資源不夠、議題訴求出現爭議、組織未給予足夠支援……每一項我們都應避免發生，並視爲新產品推出的商機。

在許多的創意構想中，我們必須優先面對的關鍵問題，就是必須要能讓企業及組織本身獲得足夠的實質利益，像是賣掉新產品能賺錢、提供新服務能獲得消費者黏著度提高並增進品牌忠誠度、新節慶活動讓城市的觀光客增加並帶動商圈的業者收入，甚至是新倡議的訴求能夠讓非營利組織獲得更多的捐款支持。沒有人願意做對自己不夠有利的事情，唯有在能達到的目標效益的同時，也能滿足消費者和其他對象的需求，才能夠更具體地往下發展並落實。

從「元行銷創意思考法」來分析，許多產品在設計時存在的部分內在風險，原因可能在於加入了太多想滿足消費者的元素，這時運用「分割」的方式將過度複雜的元素切分成2～3個產品，並降低每一個產品的設計難度，進而能達到規避風險的效益。或可能因產品瑕疵問題導致使用上發生消費者安全疑慮時，事實上若問題只需要多加小心注意就可以避免，但因現階段的技術仍無法克服，這時我們可以運用「交換」的概念，將產品的更新置換成服務的提升，使產品在安全使用的過程中，將原本應由消費者注意的問題，改由公司的服務人員來進行維修確認，甚至顧客只要存有疑慮就直接協助更換，這時不但能解決消費者問題，更可達到與其他競爭者差異化的優勢。

對於新品牌的創造及發展，是發展品牌策略時必須考慮的事情，尤其我們會發現，消費者對於新的產及服務品牌較容易產生認知，所以很多企業一旦發現原有的品牌推不動的時候，會考慮用新品牌去取代。這邊有一個很重要的關鍵，以往我們說要推出新產品時，若新產品取了一個新名字，其實在跟消費者進行溝通時，指的是新品牌認知的重新建立；就像企業原本已經有了針對年輕上班族推出的A品牌罐裝咖啡，但是本因市場改變所以想再推出B品牌的罐裝咖啡，但訴求對象是咖啡愛好者，這時不只是新舊產品之間的溝通要區分開來，兩者的品牌形象也應分別塑造。

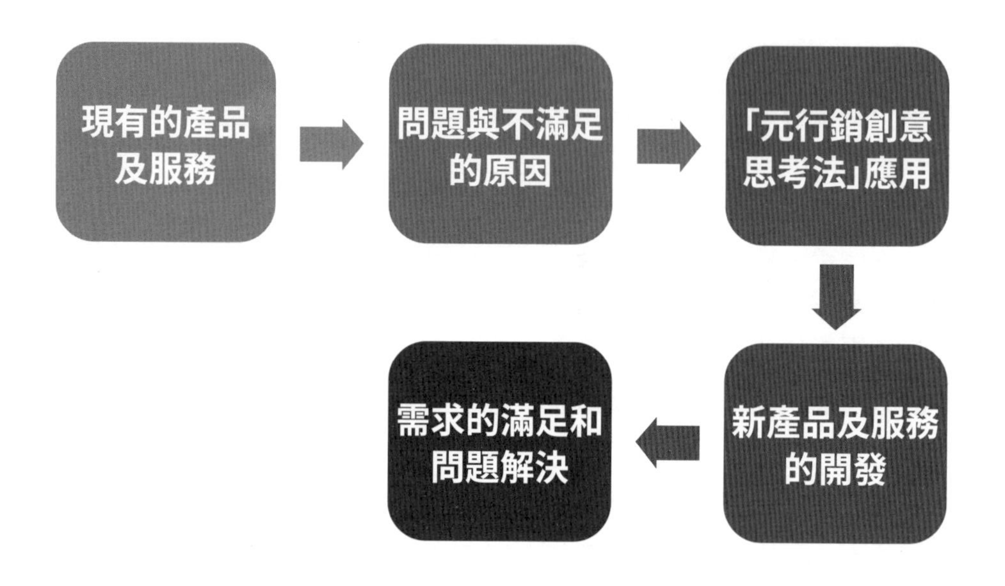

附圖 9-1 運用元行銷開發新服務解決消費者問題

但若是本來的A品牌咖啡，除了美式還想增加炭烤杏仁拿鐵風味，或是增加同品牌的浸泡式包裝，雖然從品牌層面考量仍與原來一致，但消費者購買的原因和目的可能已經不同，這時我們就得回歸「元行銷」的角度思考消費者會不會因爲A品牌的光環而願意去嘗試購買並且支持，還是有可能寧可選擇其他現存的競爭者。

新產品服務的構想通常來自於多個層面，而每個層面也都有自己的考量原因，像是公司內部同仁想的可能是：爲了讓自己也能獲得更好的實質利益，消費者則希望更符合自己需求同時也要能買得起，中間商則是希望能更容易地賣給交易對象，市場行銷研究者的建議通常較爲中立，但也可能因爲理論性較高而產生無法落實的問題。至於從已存在市場上的競爭者身上也可能可以找到新的靈感，不過就要更謹愼的評估，是否會給人抄襲模仿的觀感問題。

在創新的過程中我們會將構想概念先做嘗試，經過不斷的調整認爲已達一定水平後，就可以找消費者一起加入，經由消費者建議與測試後更進一步的修改，並且在評估成本、銷售及利潤的各個層面上，達到可以正式進入市場的階段。像是新規劃的連鎖店型、新設計的無線藍芽耳機，或是餐廳內新的點餐服務流程，都要足夠的修正微調確認可行性下，才能夠確保上市成功的機會。

在「元行銷」的時代，確認新產品及服務正式推出時，配套的行銷宣傳企劃成爲與消費者溝通的必要條件，但是跟對的人溝通以及溝通的方式與內容，也影響了新產品服務持續成長的機會，必須同時將可能發生的風險與問題，作爲推廣時的考量因素。也因爲除了原本的開發成本外，行銷溝通的成本也必須納入，因此再次調整及修正我們的預期效益與目標，才能避免新產品服務推出成功，但卻居然賠錢甚至造成損失的事情發生。

對消費者來說，在付錢購買產品及服務的過程中，關鍵在於「解決問題」，有的解決的是生理問題，也有解決的是心理問題，而企業對企業的採購一樣是如此，有的企業採購購買可可飲品的原物料，是因爲製作自己品牌的產品，所以會選擇性價比高的供應商購買，但有的企業希望營造品牌的公益形象，所以即使明知成本效益較差，但還是選擇採購小農品牌的原物料，原因在於此舉能提升採購的附加價值。消費者付費之後的產品服務使用情況，其實仍屬於整體購買的環節，就像我們的年節禮盒並不是消費者購買後交易就結束，而是從送禮到收禮人的反應都至爲重要，若是送禮後產品出現問題，實則比自己使用出狀況還更糟糕。

9.2現在的產品真的不行嗎

新創企業的商品服務與市場現有競爭者的差異化，常常是吸引消費者嘗試的關鍵；初期的創新並不困難，但是當企業志得意滿不再前進，或是競爭者投入更多資源瓜分機會，甚至是消費者喜新厭舊時，新創企業如何能找到繼續走下去的生存之路才是重點。有時我們剛認識了一家有理想的新創公司，推出的新產品也不錯，但是當該品牌接下來就沒有其他能繼續吸引我們購買的原因時，很快就會被消費者遺忘。就像市場正流行居家香氛的議題，於是有公司就推出了造型不同於市面的香氛機，也透過了促銷讓不少消費者願意購買，但後續沒有持續推出更吸引人的香氛精油，也不可能沒事就要消費者再換一台進階版的機器，那這家公司的後續發展就可能逐漸趨緩。

擁有研發新產品的技術可以為我們創造優勢，但是在市場當中只有產品比競爭者更好，才能取得相對的優勢，同時持續研發創新服務與流程，更是我們未來的機會。從服務需求的缺口來切入，創造更有價值的服務內容，或是運用流程改善來提升消費者的認同感，都是相當重要的做法。就像餐點好吃很重要，但是不同家的麻辣鴨血可能只是口味上的差異，若在外送時能更快速的送達並提醒食用重點，或是提供在店內用餐時更好的服務方式與獨特話術介紹，都是產品以外很重要的加值機會。

當已有不少類似產品在市場上銷售時，我們腦中其實還是會思考：會不會還有更適合消費者的產品能夠推出，而且能夠成為爆款暢銷？又或者是現在已經在販售的產品，能不能有更好的改善空間，讓銷量提升甚至是獲利增加？而同時內心又在苦惱，到底怎麼樣才能真正創造出更理想的商品及服務？在行銷創新的運用上，我們雖然知道可以用各種方式來創造出不同於現在所銷售的內容，但是否就一定比現在市場上的更好，則成了相當重要的問題。

但是在現代數位資訊流通的情況下，新產品在企劃時會產生一個很嚴重的問題就是：當我們從資料取得後的判斷與分析，若因本身的品牌或組織沒有足夠的自身優勢時，通常會依靠大量的二級資料來解讀，但此時其他的競爭者也可能都擁有類似的資訊而推演出類似的策略。最常發現的就是，我們都知道每逢草莓季時是推出新口味草莓產品的機會，也是消費者本來就感興趣的議題，但是在合理的策略分析之後，可能會有十家手搖茶店都推出草莓相關新品、十家甜點店推出草莓口味蛋糕，最後可能就變成大家都沒特色。

而此時擁有最充足媒體資源的品牌，或最先將新品推出付諸實踐者，都比較有機會脫穎而出，雖然多數的品牌也推出了相似的新產品，但是結果往往只是差強人意。因此在新產品及服務的規劃上，更早一步的洞察力和紮實的執行力才有機會讓我們達成預定目標，然而就算已知道自己品牌資源的弱勢，還能夠運用創意殺出重圍，那就更能凸顯行銷人的價值。

我們覺得習以爲常的事，其實不一定都是對的，甚至可能在當時雖然正確的，但過了一段時間答案卻可能不見得相同，而這樣的情況在行銷人的工作中更是常常出現。保持思考的自主性及邏輯的驗證性下，我們要常常從更宏觀的角度及細微的執行面來思考，更重要的是將「元行銷」的核心概念加入，用更符合不同面向的觀點，考量不同視角各自期望獲得的利益來衡量。這樣的訓練過程中，又常常必須在工作中被驗證，因爲行銷人在多數情況下扮演的角色，就是利用組織的資源來發揮功效，這時企劃不能單純的只憑感覺及喜好，更要能讓相關的內外部人士接受。

同樣的狀況在新創者身上也常常發生，當我們主觀上認爲自己的產品比市場上其他的產品更好，但要請他進一步說明到底好在哪、爲什麼消費者更願意選擇時，卻可能連自己都說不清楚。新產品的開發畢竟需要成本，若我們只憑主觀的判斷，就開始進行計劃，這時新創公司等於是倚靠新產品來孤注一擲，因此當新產品計劃失敗時，甚至可能會危及到公司的發展。

有時循著過去的觀念及做法也經常是導致問題出現的原因，像是複製過去的行銷方案再次使用，或是沒有適時調整必須重新評估的地方，例如有些產品因爲是限量販售，所以消費者會更重視交易的公平性，例如排除購買的動線，是否有人插隊及作弊，或是在線上銷售平台的預購機制是否完善，這些都是在已有消費者願意支持及購買的情況下，必須重新檢視注意的地方。

例如當品牌的節慶商品特別受到歡迎，或是限量發行的玩具公仔引發話題，結果因爲數量有限，只有少部分人能夠買到，銷售熱門對我們來說當然是不錯，但更需注意在銷售的過程中，是否有引發其他沒買到的人反感的原因，像是未設定單人限購數量的規則導致有人一次購買20～30個，導致後面想買的人都買不到，然後不久就在拍賣平台上出現「轉賣廚」的現象時；又或者大家在排隊等待時突然發現，居然有人提前拿到貨，讓還在等待的人感覺不公平……若是我們沒有預先因應的措施，或是了解這些問題發生的原因，後續的負面效應反而會傷害了產品後續的銷售，以及品牌的形象。

9.3服務的缺口

爲什麼新的服務更不容易維持品質？尤其是新的店開幕或是加入新的流程時？通常關鍵還是在於訓練，尤其服務是立即性的，如果今天我們叫了快遞收件，有一家號稱更便宜更快速的品牌出現，我們便嘗試看看，結果不但速度沒有更快，甚至還把貨物弄丟也不願意負責，那眞是一場災難。或是我們本來在婚宴時訂了餐廳，餐廳表示只要用低於市價的價格就能提供配合的主持人及表演，我們基於對業者的信任就採納方案，然而卻發生了主持人及表演都差強人意的不專業狀況，甚至差點搞砸婚禮的氣氛。當然這些企業都可以歸責是快遞員或是主持人的錯，但是對消費者來說，服務的結果和失誤都已經造成，給予建議承諾提供服務的企業，就必須負最大的責任。

我印象比較深刻的是，某牛排集團品牌，曾在當時的外送袋子中，另外附上了一張店長的簽名卡片，感謝消費者的支持與照顧，這張卡片還用信封裝了起來，更顯質感，或許有人認爲此舉沒有必要，但當時我身邊不少人在開箱時，就將卡片和餐點一起拍照打卡上傳社群，這不但代表消費者認同這項服務，更能爲品牌的正面形象加分。但同樣的，當時有另一個品牌，就成了負面教材，因爲原本消費者在店內消費需外加一成服務費，但是當店家刻意推出外帶買一送一的方案時，第二份加贈的餐點居然還要另計服務費，這眞是讓人開了眼界，而後續在一片罵聲中業者才取消這項措施，這就是該品牌爲了想將服務費作爲收益，但未曾考慮消費者能否接受的認知問題。

很多時候我們會覺得要推出新的服務實在不容易，就算推出了也擔心很快就被模仿，但其實在國內仍然有許多方式，能幫新創者的創新服務獲得保障。然而對消費者來說，就算使用我們的服務能獲得保障，但若無法滿足消費者需求、沒有市場也是沒有用，更何況創新的服務行爲，要怎麼爲品牌增加獲利，更是研發新服務的關鍵。以疫情期間來說，消費者因爲一段時間無法在餐廳內用，所以業者的服務行爲就必須考慮加上外送，但外送平台的抽成從20%～35%之間都有，一個不小心甚至有可能虧錢；但若是沒有這項服務，有些店可能連消費者上門的意願都沒有，這時考量「便利性」，外送服務勢必需要，但如何讓消費者更願意額外付出，另如訂購更高額的產品，或是另外在品牌的推廣上有所助益，這時其他的服務就相對重要。

當品牌的規模夠大時，就會希望透過自有的平台來直接接觸消費者，降低服務上的溝通落差，例如透過APP直接完成訂購下單付款，或是在原有的官方網站頁面上增加服務功能。但是除了因業者必須增加營運及行銷成本外，也要小心當流量過大時若網站當機，反而更造成消費者反感。預訂的消費者通過線上APP，能對餐廳進行時間、人數及用餐品項的確認，收銀系統同時獲取資訊，合理安排座位及桌次，以及後廚預備做菜時間。而創新服務一樣可以運用在實體的排隊，從開始點餐的消費者就可通過手持平板、自助點餐機、二維掃碼等多個管道來完成並直接付款，讓消費者節省時間，也可以緩解餐廳的服務人力需求，與用餐高峰期的等待的人潮壓力。

同時通過線下及線上取號系統的提醒，使顧客對排隊時間更能掌握，減少消費者流失機會，本來注重現場服務的品牌，可能因員工不足或是疫情限制，而產生的相關流程過程的新問題，反而容易導致顧客的負面感受，或許簡化的服務及科技導入，讓現場少了一點「人」的溫度，但透過「元行銷」的角度思考，並運用在服務提供與社群溝通上，如何能在疫情後使員工及顧客都更能適應體諒，也許就是未來對餐飲業品牌經營者必須去平衡思考的地方。

從「元行銷」的觀點來說，從實體的產品與服務到線上的定位點餐系統、虛擬的體驗環境與社群溝通，甚至是運用新型態的加密貨幣交易、NFT的購買與收藏，處處都可以發現傳統的服務模式已不足以滿足新世代的消費需求；但重點是我們是否了解這之間的服務缺口及解決落差的方式。當我們自身從行銷人、新創者與消費者三位一體的身分重新去思考時，就會更容易了解產生缺口的原因，以及當我們也追求自身能獲得滿足時，應該提出的解決方案與未來的可能性，這樣就更能同時滿足有同樣需求的消費者。

9.4把服務好好當作重點

提供比競爭者更能超越顧客期望的服務，常常可贏得消費者的關注，但是相對於新產品的開發，新服務的創造和獲利方式，常常是我們較為陌生的一環。就像當我們去百貨公司買東西時，若覺得動線很不好懂、要去的櫃位不好找時，就會想要是有個APP方便導覽，或是有人能帶我們到想去的地方，或許就能夠解決現存的問題，但當APP開發了卻沒什麼人想用，而且還要額外再花一筆行銷費用，甚至想到找專人導覽更是有點不切實際，若是項付費服務就更加困難，這時就算我們知道有問題存在，卻找不到解決的方式。

但只要我們願意嘗試新的服務，才有可能知道怎麼樣去改進和提升，基於過去消費者的體驗經驗比較、親朋好友與社群的口碑相傳，以及品牌的廣告訊息溝通，我們可以判斷這樣的新服務是不是會比之前更能符合消費者期待，且在與消費者溝通的過程中有正確的傳達新服務的存在與過往的差異。而消費者在接受服務之後，自己本身也會將新服務、過去體驗的服務與期望的服務，在自己的內心加以比較，有可能現況比過去改善但需求仍未能眞正獲得滿足，或者若服務能超過消費者預期就更加理想。

服務行爲的概念，就是運用專業的知識和技術，透過行爲的完成而獲取報酬，例如在休閒農業所能提供的內容中，包含像是觀賞自然風景及動植物、昆蟲的觀賞性體驗，實際參與農務操作、果園採果及模擬原民狩獵的文化性體驗，DIY製作手工藝品或料理的教育性體驗，以及乘坐牛車或人力車、觀看主題表演、品嚐特色菜餚的娛樂性體驗。從服務的內容和品質來說，當消費者在前往行程時，可能已經在網站上看到許多相關的介紹，甚至是其他消費者的體驗分享，但是當實際進入這些休閒農業場域時，其實還是希望能獲得更多驚喜。

像是在進行文化性體驗時，以往導覽人員可能很專業地介紹相關內容，也讓消費者對文化內涵有所感受，但是當他們想要拍照留下自己射箭的回憶，或是將在田中農忙的過程作紀錄時，休閒農業的業者可以給予更多的關注，更主動地安排專人紀錄或是攝影。甚至像是不少人對DIY的材料很有興趣時，透過物流宅配能將材料包直接寄給消費者，就更能提高消費者對品牌的好感度。對於消費者來說，服務體驗的過程會影響當下的感受，但若能延續體驗回憶則可能讓人更加感動。

在旅遊行程中，除了休閒場域本身的服務人員外，像是旅行社、領隊、導遊、司機等，都會對消費者服務體驗的接觸經驗，產生一定程度的影響。不少業者之間透過合作，將旅遊過程中提供彼此互補的服務加以組合，形成單一價格的主題套裝服務，這時當消費者對這樣的服務感到興趣時，可能會選擇尋找優惠，或是挑選更具獨特性的服務內容選購，這時就可能將整個行程視爲一個完整的服務流程。

有機會成功的新服務其實在開發過程中一樣有成本的考量，包含人員的培訓、新舊流程的改變、消費者可能的流失，以及行銷溝通的費用；但是在這個時代中新服務所能創造的價值，甚至是成功的新產品也一樣，能爲我們帶來豐厚的實質收益。尤其對新創者來說，在產品本身沒有太多變化的空間下，新服務甚至是突破重圍的關鍵方式，更可能是新創公司的價值所在，像是用沖咖啡的方式來沖手搖茶，或是在購買洗髮精的時候，可以加購新的頭皮按摩服務，都是透過新服務爲企業帶來新的獲利機會，更可能讓品牌擁有不同的價值提升。

在不同的服務類型中，特定產品的技術支援也可視爲是服務的一部分，其他常見的還包括產品定期檢查、維修保固等，像是當消費者的冷氣機出現問題時，還在保固期間內廠商願意免費或以合理的價格提供給客戶原本承諾的服務和維修。但是若我們願意將這項本來就存在的服務升級，與競爭者所提供的服務做出區隔，以創新或更升級的服務來吸引消費者，像是就未在保證書及口頭銷售時答應的維修項目和保固條件，品牌依然提供額外服務，並做到讓消費者覺得感動，那也是一種差異化的承諾方式。

另外像是傳統的餐飲企業端的服務需求，在不同環節中仍是以分散而未整合的形式存在，導致點餐、財務、食材庫存、會員管理等環節資料較難統一，也降低了小型餐飲門市的管理效率。而我們若是能找到創新的方式來解決，建立智慧化的整體系統，運用更完善的資料管理，覆蓋從線上預訂、前臺點餐用餐收銀、後廚分單打印到後續的報表管理及會員行銷等環節；這時餐飲業者的吧台和廚房單據直接由系統傳送，服務員不必往返傳送單子，服務員工作量和跑單漏單的現象減少，上菜時間更能縮短且使翻桌率提高。

也有業者爲了鞏固消費者的忠誠度，採用了「訂閱制」的方式，以穩定提供一定數量的餐飲服務及相對優惠的折扣或是高額贈品，來增加消費者一次性較高金額的購買。對於原本就有一定忠誠支持者的品牌來說，就如同以往買餐券的概念，或是提供「餐飲建議」的主題設計，透過外帶外送及冷凍食品等方式，讓消費者更方便的在家就能享用美食。以往其他業者將原本的產品及服務轉變成訂閱制時，通常採用預付費用、數量購買及價格誘因等來達成消費者訂閱的目標。

但此舉還是常常發生無法讓消費者續訂，或是中斷服務要求退費的問題，因此當我們打算推出餐飲服務類型的訂閱制時，品牌要有較長期的新產品及服務規劃，若是品牌本身已經有足夠的產品及服務，可以一次性的提供完整方案，但若是不夠吸引消費者的話，就必須要有持續更新的方案，才能滿足消費者再次訂購的機會。在設計訂閱制服務內容時，是否有辦法持續掌握消費者的需求，並在滿足當下市場的同時也能持續因應變化。尤其是當消費者選擇A品牌的訂閱制服務後，同質性高的B品牌就要適度調整服務內容，也要觀察市場的飽和狀態來考量發展。

我們也可以運用「元行銷創意思考法」，在現有的產品及服務基礎上，去考量如何提供能讓消費者更感興趣的訂閱制，且具備優於單次購買的誘因。例如消費者爲了維持身材與健康，可能會選擇健康料理，並且持續使用一定期間，但是像口味較重或是特殊節慶時才會購入的餐飲，就要重新設計成可持續使用的餐飲內容，這時我們就可加入「結合」的元素，讓消費者一次性就能判斷，何時會收到常態使用的健康料理、何時會收到重新設計的節慶料理，在兩者結合服務並與消費者溝通後，就能更具有吸引力。

訂閱制可以帶來首波快速且較爲穩定的現金流，但業者是否能持續維持營運，而不讓消費者擔心也是重點。對消費者來說，品牌形象的維持，仍然是必要的信任原因，若企業可能發生服務中斷甚至倒閉的疑慮，都會影響消費者接受訂閱制的意願。願意採用訂閱制的消費者，購買服務時多半希望能完成持續購買及訂閱的產品與服務，除非因某些因素才會中斷甚至退訂。像是每次因爲要透過外送的方式才能取得餐點，但外送時間過於不固定，以及過程中出現產品服務品質衰退等問題，這時若我們想開發新的服務方式，就能從解決這些問題來著手，因爲用「元行銷」的角度來思考，當我們自己也是消費者的時候，可能這個痛點就是完成服務或消費者轉換其他品牌的關鍵。

餐飲業的B2B服務需求持續擴大，更多需求經由分工而出現，透過時尚精緻的品牌形象，但採用中央工廠的半成品降低成本，且更鼓勵外帶外送的消費形式，來降低實體店的空間需求，同時又能達到現場體驗的機會。像是受到季節、天氣、產量及人爲因素影響，食材價格供應波動較大，不同區域食材供應條件也不盡相同，而且因爲餐廳業者的採購環節複雜、品類繁多的特徵使中小型餐飲的成本常常居高不下。以往餐飲業基於經驗決定食材採購和數量，缺乏更專業的管理方式，這時我們應從供應鏈服務的角度來思考，整合網路溝通管道、冷藏保鮮、大數據等多種技術，幫助餐飲企業降低經營成本及提高營運效率。

目前市場上部分大型連鎖餐飲企業已經形成了自有的專業化供應鏈，建構完整的原物料貨源、加工、冷凍冷藏保存、物流、倉儲的供應體系。但是當需求降低時就可能導致產能閒置，這時甚至可能會將資源開放出來，作爲其他中小型餐飲業的合作夥伴，像是通路的自有品牌代工、新創餐飲的加工半成品，以及特定節慶時間的生產合作者，透過商業之間的合作達到效益應用的最大化。而從「元行銷」的層面來思考，產業間的合作不再只是實體的商業需求，更是資源的串聯與虛實的連結，而獲益的也同樣包含了當中的企業與組織，以及末端的消費者。

消費者在平常沒有時間的時候，直接透過外賣平台訂餐，而有空的時候也願意去實體店光顧，雖然目的不完全是因爲好吃而上門，但是一定的水平及持續的品牌連結，更實現了線下和線上的品牌串聯。從實體店的裝飾風格、菜品樣式及門店服務，以及在家自己料理的套裝食材與服務，在透過行銷傳播的溝通和會員忠誠度培養，提高了消費者對品牌的黏著度，甚至增加了願意主動推薦的機會。

零售的模式幫助餐飲企業更具有資本化的營運規模，消費者對品牌的購買與認知也跟著更爲提升，我們可以直接增加運用創新服務的概念，從餐聽、外賣、外送到冷凍冷藏包裝食品，將食材銷售、餐飲體驗結合。疫情影響更多消費者習慣透過手機預訂、點餐、支付，對於線上服務的依賴越來越高，平台業者提供應用和服務一系列的線上服務，強化餐廳和消費者的連接，進而提升實體用餐時的體驗滿足。

9.5你有能力創造新玩意嗎

不得不說，很多的新創者在思考創新性產品時眞的很有觀點及想法，但也因新創者常常是在沒有包袱的情況下思考，相對的，我們通常必須考量到組織現有資源、內部共識及可行性，甚至是經營者的決定等各種因素，所以當我們眞的覺得自己的點子，不論是新產品、新服務眞的很不錯時，可以先檢視若是眞的可行，那麼受到的限制條件是否自行能突破？還是只有在現有的組織體制下才能實現；畢竟，擁有夢想的人不少，但眞能築夢成功的人終究還是少數。

很多有創意的人在創造新產品及服務時會說：「我想跟別人不一樣！」但那種眞正全新的開發、不論是產品形式或使用方式的革命性創新產品，其實眞是萬中選一才有的可能性，畢竟大部分的人都生活在同一個世界；相對的，在單一技術上的革命性創新就比較常見，像是Apple、Facebook、特斯拉等公司，當初都擁有這樣的技術才走向成功。市場上現有的基礎，不論是已經成功的產業及服務，多半還是承襲大家習以爲常的習慣，然而總會有消費者或企業，需要更爲進步、更加方便或是更節省成本的需求，因此，能將現存的部分產品功能或使用方法加以改進，或是優化現有的服務流程，都是相當不錯的創新方向。

我擔任「中小企業服務優化與特色加值計畫」的顧問時，就常常鼓勵輔導的企業：跟你做生意的公司可能沒有能力突然接受太大的變化，但透過局部改良式產品及服務，則可能讓雙方都獲得更好的利益。其中一個例子是，專門提供企業禮贈品採購的公司，每年都在思考有什麼更好的產品可以讓企業客戶買單，但透過服務優化後，運用APP的訂購及主題式分類，雖然沒有增加太多新產品內容供客戶選擇，但在使用上大幅提升了企業採購時的便利性，也因此獲得更高額的訂單。其實運用APP來推薦選單並不難，但可能一些中小企業沒接觸過，因此當這樣的新服務推出後，正好能幫助企業的福委會在採購時更容易做選擇，這就是一項成功的創新服務。

對於新創者來說，運用「元行銷」的創意思考可以找出許多現在還尚未被滿足的機會，其中我們必須評估，若是推出新的產品及服務，是否能對自己的企業產生較好的獲利。如同當市場上的美式咖啡價格最低大概落在40～50元左右時，從價格向下發展的角度，只要你有本事賣20元也能獲利也能勝出；但同樣的，以星巴克來說，一杯咖啡卻可以賣到100元，這麼說來我們也可以採取價格向上提升的策略一杯咖啡賣200元。但問題就在於，依照我們的營運能力，是否在這樣的條件下，你所做的選擇是最好的運作方式？還是這只是爲了賭一口氣先嘗試在說？今天就算市場上出現再低價的產品，也只有少數消費者會因爲低價願意去嘗鮮而買單，但即便是高價的產品，只要消費者需求意願高，一樣可以有很好的銷售機會。

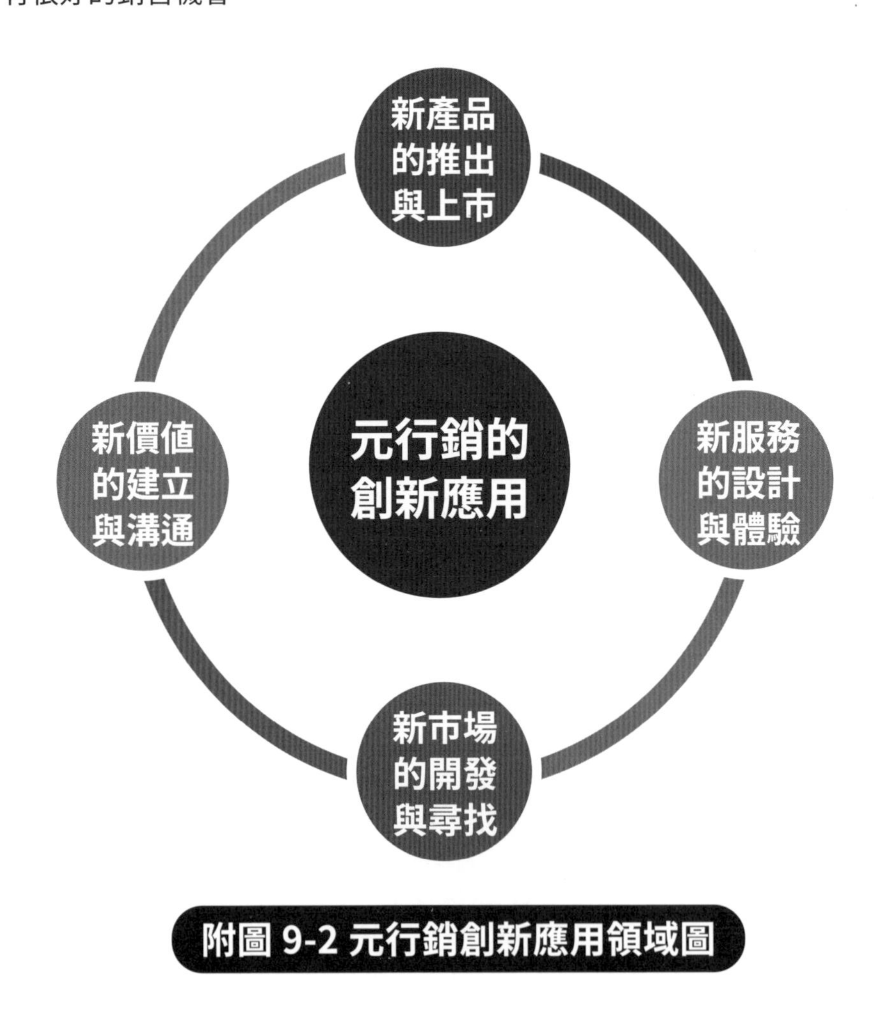

附圖 9-2 元行銷創新應用領域圖

通常公司裡已經銷售得不錯的產品，我們通常也不太敢隨便的去動它們，因爲產品銷售的範圍影響較廣，像是末端通路採購人員是否接受變動後的新產品，或是公司自己業務部門是否因此要花更多時間重新教育訓練、甚至是對外溝通。過去在我服務的中藥商品牌就曾有一個很特殊的例子，公司的商品企劃人員覺得某個女性養身的保健產品銷售量不錯，就決定推出原來產品的加強版，但是舊產品本身並沒有問題，也因此在商品部與業務部之間產生了相當大的衝突。最後這支加強版還是上市了，並且與原來的產品並存，但負責銷售的中藥房加盟商卻再次產生反彈，認爲新產品增加了銷售上的困難，最終在業務部門和加盟商的反彈下，上架不到三個月的新產品就下市了。

而這樣的情況在許多從事行銷工作的人心中，不但是一場惡夢，更是職業生涯的黑暗時刻，若是從我們的角度可能會認爲，增加銷售品項應該是好事，能滿足消費者不同的需求，也能爲公司帶來多一種的銷售機會，但卻沒有思考到對於銷售人員及通路來說，增加消費者選擇的機會也可能是風險，當消費者不確定爲什麼這個品牌要推出兩種版本的產品，甚至是不明白新產品對於自己是否更有幫助時，就有可能延後選擇或是放棄購買，轉向其它也熟悉的品牌及產品。

另外業務部門和末端通路因爲兩個產品的差異性有限，也因此增加了需要溝通的時間，但這對他們來說卻不是本來必要的事情。所以當行銷人在考量是否要推出新產品，或對原有產品的包裝或配方作法進行調整時，都必須有更多內外部的思考、評估，而不是只從消費者的角度出發，甚至說實在的，所做的改變是否眞的就對消費者更有幫助，或能增加消費者購買的機會和意願，也可能要有更周全的評估及確認。

因此我們要先預測銷售額，決定最適存貨水準，通常來說一般的日常消費性商品，會隨著時間有持續性需求，但也會養成消費者的使用與購買慣性，因此大量新商品切入的機會是有限的；但是流行性商品在短期有相對較高的需求，銷售通常只能持續一個季節，這時持續導入新商品的出線機會就高出許多。流行性商品的規劃系統有個重要的目標，就是盡可能在退流行成爲庫存商品前就將產品銷售出清完成。

同樣的，我們若是規劃季節性商品，例如萬聖節糖果、聖誕節裝飾品、泳裝、羽絨衣，隨著當年度的需求有明顯變化，更是需要整體精準的行銷策略搭配，避免商品變成庫存後就沒有價值。因此我們要將季節性或流行性商品加入時尚議題來引發話題，並且在相對較短的時間內，能大量販賣，比如像是有授權的超商聯名便當、限定販售的設計師T恤。從「元行銷」的觀念來說，創新本身必須從人出發，在連結議題、環境與需求之後，最後也需要有足夠的技術能力去開發上市，因此更必須去思考不論是品牌、企業或組織，在創新後希望帶來的實質利益，及商業模式延續性的可能性。

9.6用包裝增加價值

包裝本身是爲產品提供容納、保護、運輸、經銷、識別，並運用造型、結構、色彩、圖像、排版及等設計方式，達到使產品可以在市場上販售的作爲，並且以獨特的方式傳達我們期望的商品特色或功能，也能幫助產品的行銷溝通。對消費者而言，包裝必須要能夠辨認品牌、傳達描述性及說服性的資訊、確保儲存時效及便利產品的使用，並且能展現對應我們自身的品味。

包裝的素材選擇須依據具有功能性、成本效益且可否資源回收等因素考量，我們最常見的包裝材質包含塑膠、玻璃、金屬，很多時候包裝的重要性對產品來說，甚至不輸給本體的內容，像是在設計肉鬆罐頭的時候，必須考量的包含具有保護、運輸、識別以及增加產品價值等面向，而夜市一包用簡單夾鏈袋裝的，跟在門市裡一罐用鐵罐裝的，雖然內容物分量一樣，但價差可能就達到3～5倍，當然若是在包裝上還有另外的設計或造型，就可能再增加更高的價值。而對於我們自身若是更重視文化、品味等元素的行銷人來說，能夠讓自己經手的產品擁有創新與獨特的包裝，更是一種成就的實現。

在規劃包裝的時候，大致可分爲三個層面：直接接觸產品的是第一級包裝，像是超市生鮮包裹的那一層，和麵包的外包裝，不與產品接觸稱爲第一級包裝，也通常是發揮空間最大的一種，像是罐裝果醬外再裝進一個紙盒，這個紙盒就可能會是我們希望更吸引消費者時用的，另外像是將多個已經完成第一級包裝的產品裝入的袋子，讓消費者可以一次購買20個裝。有些時候除了前面兩種，在特殊需求下還會有所謂的運送包裝，像是從工廠出貨時的紙箱，這層包裝更重視保護內容物及運送上的安全。

在包裝上我們其實有很多的發揮空間，尤其是不少行銷人的背景也與設計相關，例如如何讓品牌形象透過包裝更容易被消費者看到，或是在包裝上加入環保議題，提升公司的社會責任落實。我有一次輔導的客戶，是很特殊的「企業對企業」的類型，生產的是給獸醫院使用的血液檢查儀器，但是這麼生硬的產品，在外包裝上卻能發揮創意，除了確保運送的產品穩定外，也能在包裝清楚看到與寵物友善的圖像，以及品牌識別的元素。因此雖然行銷人不見得都懂設計，但是有這層概念後可以透過與專業的設計人員溝通，一起達到更理想的效果。

當產品內容物區別顯得越來越微不足道，或是完全無存在感的時候，爲了營造獨特的包裝，製造商也會開發新的材料與結構，運用在新包裝上來呈現造型。以年節禮盒爲例，我們就可以思考如何運用包裝設計，像是顏色與圖案讓消費者特別注意，消費者在辨別包裝上的任何其他視覺特色前，首先會先注意到的便是色彩。色彩不但會因觀看的螢幕而產生色差，就連材質、印刷方式不同也會影響到色彩的呈現。而是從質感的角度來體現，包含精品類顏色的轉換套用，以及適合重複再利用的材質，都是能夠脫穎而出的方式。

有長期配合產品外送的業者，也開始有一些對設計合適容器的認知與觀念，以避免商品在運送的過程中受到破壞，但突然加入外送或外帶的業者，因爲不少人使用的容器不適合較長距離的運送或震動，常常導致消費者產生客訴。另外在商品外帶的情況下，消費者可能是自己拿取，若因沒有理想的外包裝，常常會遇到客人被燙到或是因不方便取而摔落商品的問題，因此如何讓消費者更容易拿取也成了產品容器包裝設計的關鍵。而最新的議題則是品牌對自己設計生產包裝的社會責任，過度包裝會傷害環境、影響消費者觀感，如何回收越來越被重視，企業必須首先負起環保責任。

9.7價格是門好學問

雖然我們通常希望產品能賣得較高的價錢，消費者則是希望能買到較低的價格，許多公司都希望以增加利潤最多的方式來決定商品定價，所以會先估計各種需求與成本，並且評估長期最大的利潤及市場佔有機會，但更重要的是，若能在品牌價值的經營上就納入訂價的考量，或是擁有強大且足以長期提供較低成本的能力，就更能夠掌握價格的決定。以「元行銷」的觀點來說，不同的消費者對不同形象的品牌，也會有對應的價值和價格的認知，因此我們要先從自身的角度來思考，如何設計出自己也願意買單的價格。

領導企業有機會可以藉著自身優勢，主導產業中的部分價格訂定，以及優先選擇交易與合作的對象，但是同樣的，消費者的選擇及需求也會逐漸影響競爭條件的改變。當很長一段時間消費者對品質及服務都感受處在停滯不前的情況下，就可能用行動展示自己的期望，例如回購的頻率降低、在門市逗留選購的時間增加但卻降低消費金額，或是更集中於只有促銷的時候購買，這時無論是領導的通路品牌，或是製造端品牌，就應該更快速的產生反應。

有些公司可以利用特定的方式，取得較低成本的原料或較低廉的人力，進而降低生產及服務的成本，也可能是用更科學的方式來控制成本的增加與變化。我們可以運用科技技術來設計、開發及生產新的產品及服務，來提供給消費者使他們能更加獲得滿足，包含了同樣的產品但價格更便宜、同樣的服務內容但流程與體驗過程更理想，甚至是雖然價格較高但能符合消費者理想的功能與心理滿足情況，但是價格低同樣也會影響消費者的認知，而最終品牌仍常常被與CP值畫上等號。

從價格的角度來說，消費者願意為具有差異化的產品及服務，付上多少相對的代價，是一個相當重要的評估依據。尤其像是同類型的產品在市場中已經相當成熟，除非這個差異化有消費者無法拒絕的理由。透過非常特殊的功能及服務，以及非常強烈的品牌形象，都有機會強化這樣的條件，但前提是能夠維持競爭的優勢，不然競爭者只要找到機會，就能突破然後迎頭趕上。就像有些奢侈品的限量款，消費者不但必須付出高額的費用購買，還有長時間的等待與其他附帶條件的要求，但是有價值的品牌仍然讓消費者甘心樂意的付出。

因為生活中之需求不同，會產生彈性需求，我們認為消費者願意因為某些原因額外付出的金額便是價格可以設定的上限，而常態性製造生產及服務成本就是價格的中線，若是能超出常規而提供產品及服務，但是又不至於讓消費者害怕的價格就是底線。說起來很有趣的是，像是我自己買咖啡時，若是一條街上有150元的星巴克拿鐵，可以接受的就是因為品牌的溢價效益，而75元的露易莎拿鐵就是正常開店時需包含成本及利潤後，我還可以接受的價格，但就算價格最低的全聯福利中心，一杯拿鐵也要30元，這時如果突然出現了一家新咖啡店，一杯拿鐵只賣10元我也不想買，因為那樣的價格已經讓人感到害怕而且不合常理了。

若原本市場中的高價位品牌，現在開始提供中低價位的產品及服務，可能是因為能夠消費該品牌的原有消費者數量漸少，或是轉移購買其他的高價位品牌。但是當同一個品牌有高價位及中低價位的產品及服務時，也能代表對消費者來說，有自我升級的購買機會，但也有可能會流失部分無法接受原有高價位的消費者。而原有價格屬於中低價位的品牌，想要藉由推出高價位產品及服務時，面對的挑戰反而較小，因為本來的消費者其實有可能希望自己也可以隨著生活的提升與改變，而購買更有價値的品牌，但是若原有品牌能夠成功的升級，只要消費者還保留自有選擇不同價格的購買機會，其實是會願意去嘗試熟悉品牌的進階版的。

其中的關鍵就在於，如何讓消費者相信中低價位的品牌，已經具備了足夠的能力，提供及生產進階的產品及服務，這個時候「品牌故事」的角色就再次出現，例如經過一番努力後達到了內部技術及人力升級，或是爲了讓消費者能過上「更美好」的生活，在實際符合提供的能力與條件之外，還近一步透過故事及行銷溝通，來達到說服的目的。同時品牌起源故事的再描述，當中扣連了消費者的自我升級、社會更值得期待的美好，以及品牌內部的理念進階，這樣的故事內容都是幫助品牌，提升價值也帶動價格升級方式。

像是保健食品常常被拿來當作新產品開發的議題，我正好在中藥行業待過，還親眼見證過不少保健食品的產品從出生到退場，以一個保健食品的末端定價來看，要是用「有效成分」的成本來推估，產品售價大概從10倍～30倍以上都有可能。保健產品就是一場造夢的遊戲！多數的消費產品，因爲市場機制成熟，所以相對產品本身的成本、公司毛利與淨利，還有其他的費用，一個產品的定價從產品成本的2倍～10倍甚至20倍都有，有的薄利多銷、有的暴利橫財，而品牌的形象與消費者的認同度，也是造成價格差異化的原因之一。

保健食品的成本原則上分成三大塊：保健產品本身的成本、管銷成本、傳播成本，要是去討論一斤保健食品的原料多少，可以做幾顆、幾粒，這是沒有意義的。因爲不少成分根本不可能未經稀釋或複合，就給消費者直接使用。坦白說，要是依據食藥署的規定，很多營養成分的補充，一天的攝取量實際上可能只有「1顆米粒」大小，甚至「1顆芝麻」不到！要是眞的賣這樣的劑量，雖然不會超標，但消費者心裡過不去，實際上也不符合保存與食用的規範，所以不論加上數倍的「賦形劑」使其定型成錠狀或粉狀，還是再加上「膠囊」，或是將多種元素組合後增加賣點，甚至爲了顏色、保存和味道等等原因，加上許多不同的「添加物」。

此時，一顆保健食品除了實際有效成本，已經加上了一定比例的成本，還不包含罐子、保護填充物、盒子、內襯、禮盒、提袋等包裝設計物。我們總不會期望這些保健食品會純粹用來「做公益」吧？所以從產品與功效的研發過程（或是專利授權費）、公司老闆、股東的利潤、各部門的人員薪資及各種開銷、製造生產單位（或代工）製造過程的成本、成品的儲存和運送費用、各種通路上架相關費用、甚至還有因爲退貨、過期庫存等等的其他費用。

但是這並不代表低價消費者就一定買單，從「元行銷」的角度來說，當消費者自己也身處在商業環境時，也不會希望自己服務的公司沒有獲利，或生產的產品沒有水平，因此這樣的消費者在能力許可及接受故事溝通後懷抱夢想，還是會願意接受一定程度的價格。一杯50元的咖啡，要是只論咖啡豆和水的成本共3塊，就覺得是暴利——那是不公平的，同樣90分鐘按摩，經驗老到的按摩師和剛畢業的學生，過去專業養成的成本也是天高地遠。

當市場多數消費者在「需求與滿足」之間，因爲資訊不對等的洗腦傳播，最終的選擇早已不是眞的是否需要或是否有用，而只是希望能在某個比較熟悉的保健食品身上找到救贖，能夠擺脫深淵不要變成米蒂。但這一切卻就是在「造勢」和「恐懼訴求」的多重攻勢下，所塑造的故事結局，而說這場故事的成本，自然也在我們手中那顆保健食品中。購入的保健食品不管有沒有實質效果，至少自己能接受付出的「金額」和接受的「訊息」是接近的。

有時品牌已經發展到一個階段，具備了足夠的基本消費者，但是在現在萬物齊漲的時代，不論是因爲原物料的成本上漲，還是交通成本持續增加，甚至是因爲人事成本或租金的問題，每當只要有品牌上了新聞被報導即將漲價時，多半消費者很難會有開心的感覺，畢竟自己可能要付出更高的代價，才能獲得原本的產品及服務，而品牌經營者也會擔心自己會受到非議。

其實多數品牌在面臨成本壓力時，初期多半會選擇避免漲價，藉以維持消費者持續上門的購買意願。但是當企業已經因爲在經營及生存上，面臨了不漲價就可能必須停產，甚至虧本的時候，導致調整商品價格是很難避免的，如何在漲價之後還能盡量減少負評，就成了不少經營者的難題。因爲有些餐飲業者資源較少而生產成本較高，想要在定價上提高來增加獲利，這時還是要先找到消費者能接受的「心理認知範圍」，因爲這時消費者有太多的選擇，沒有足夠的說服力時反而會讓消費者對品牌反感。

我觀察這幾年雖然漲價但多半能讓消費者接受體諒，甚至願意「用新台幣下架」的品牌，多半在過去都有一直在經營品牌的正面形象，透過媒體先溝通，當消費者在品牌漲價前，能夠更清楚漲價的原因及理由，甚至感覺該品牌的漲價幅度己經是最大善意時，就能讓消費者對品牌的漲價更容易接受。在調漲同時針對部分商品進行售價調降，若是在盤點後發現其實有的品項，在原物料的成本上還有調整空間，可以用同步漲價與降價來平衡消費者的心理。

開發短期季節限定的獲利商品，來增加消費者因爲稀缺性，而產生的購買意願，也因爲這類產品通常是只有特定期間或條件販售，甚至是合作聯名商品，所以消費者也較願意付出多一點代價購買。以新品取代舊品的方式，將原本消費者原本購買的產品加以改良，並且透過行銷溝通的方式讓消費者認知，舊品因爲某些原因暫時無法生產販售，但是仍然保留未來重新上架的機會。

用附加價值提升消費者加價購買的意願，例如針對原本已經銷售不錯的產品及服務之外，提供只有本店專屬的清酒或是特製手路菜加購，並且強化會員特別服務方案，讓消費者願意提高購買金額。還記得之前一間筆者輔導的披薩店，因爲物美價廉所以生意很好，但是經營者卻因爲工作勞累而生病，後來因爲必須反映原料及人事成本所以漲價，但即使如此消費者也幾乎沒有減少，甚至不少人更願意提早預約，讓該品牌可以經營下去。

因此當大家都希望自己薪水能漲、生活品質更好的時候，漲價其實是合乎邏輯的事情，就像庇護工場透過漲價提高獲利，希望能讓弱勢族群的生活，能夠逐漸改善提升時，多數消費者也是願意支持肯定。就算是因爲現實環境不得已的原因，只要品牌願意用心溝通，或是更針對消費者來設計相關方案，還是能獲得支持的機會。

chapter 10

完成銷售的最後一里路

每次行銷活動做得轟轟烈烈，話題炒得沸沸揚揚，但是突然發現消費者根本不知道去哪裡找到你的品牌，藏在巷弄的老店、僻靜的休閒農場，然而就算品牌隨處可見，連鎖的咖啡廳或是各大電商的網店，消費者就是少了一步：完成交易！到底什麼樣的通路才能讓品牌不但能被看到，還要能賣得掉，甚至讓消費者願意主動回頭，那就是最後一里路的重要關鍵。

開實體店有這麼容易嗎

線上銷售的重點

保存運送是難題

在銷售之外的大挑戰

促銷是把兩面刃

別說談錢太俗氣

找到持續運作的模式

10.1開實體店有這麼容易嗎

當我們想要開店做生意時，就會遇到到底要開實體店還是網路店、開店的類型與型態等問題。很多行銷人都是在通路領域中歷練過，在企業擁有龐大資源的情況下，開設新店面的機會相對較高。但就算如此也是牽涉層面廣大，從店址調查到店面裝潢的設計規劃，施工建設到商品進駐，甚至在行銷溝通及人事訓練進駐上，都有相當多需要跨部門整合的地方，更不是單一行銷部門就能完成的工作，而要是我們是自己創業開實體店時，就有些必須先了解的事情，才不會開了店面就開始虧錢。

像是我們如果想開發咖啡館，有不少獨立連鎖咖啡店，雖然只有在特定的城市、商圈存在，大眾消費者不一定會廣泛認識，但是卻能憑藉差異化的風格，成為附近居民或上班族的陪伴。像是筆者小時候生活的區域以永康街爲主，就算沒有大量觀光客時，不少獨立咖啡店仍然能存活得很不錯，倚靠的忠誠消費者則是附近具有一定消費能力的工作者及社區住戶。而在疫情期間，不少獨立咖啡店倚靠電商平台及直播，快速打開品牌的知名度，並且在自己選豆、烘豆及手沖理念的分享中，也凝聚了一批忠實的線上消費客群。

這樣的情況就算在疫情緩和後，仍然有機會藉由社群的力量繼續維繫，也是大型咖啡店及其他連鎖品牌不容易撼動的地方。但是當更多的品牌持續曝光甚至運用行銷的一些手法來吸引消費者時，如何守住好不容易獲得的客源就成了經營重點，因此若是我們自己也想開設這樣的店面，就必需在準備階段掌握客源，所以在自己熟悉的社區，或是曾經生活的地方，也可能是必較好的選擇，這也是地方創生的概念。

以實體通路來說，那些投資金額巨大的類型，一般新創者其實是不太可能去開設的，例如百貨公司或大型購物中心，通常是不切實際的。但是若我們想要在這些擁有相當規模的通路裡面，設立一個進駐的門市店面，相對機會可能就高一些。另外以自主品牌爲主的量販店、超市及超商，更是需要有品牌總部的營運，也因此一般來說新創者也是沒有什麼機會開設的，不過若願意加盟的話，至少超商是有機會的。

若是我們希望自己能開設專屬的實體店面，有些型態相對比較容易，例如針對特定品類經營的專賣店、餐飲業，以及以服務爲主的店面，例如專門販售手機配件的專賣店、文青咖啡店、西裝訂製店、美容SPA店等，都是相對來說比較容易開得成的實體店。有些時候開店除了直接接觸消費者，能夠面對面完成交易及服務外，也有很多新創者其實希望透過開店，能傳達自己的理念。

有不少新創者認爲在線上開店，是一定可以降低營運成本的做法，但是卻忽略了維持線上營運，以及在線上做行銷也是有成本的問題，最重要的是雖然很多像是冷凍預製菜、一般書籍、服飾配件或其他可以存放較久的商品，但是當消費者沒有購買的意願時，庫存成本更是一大壓力。

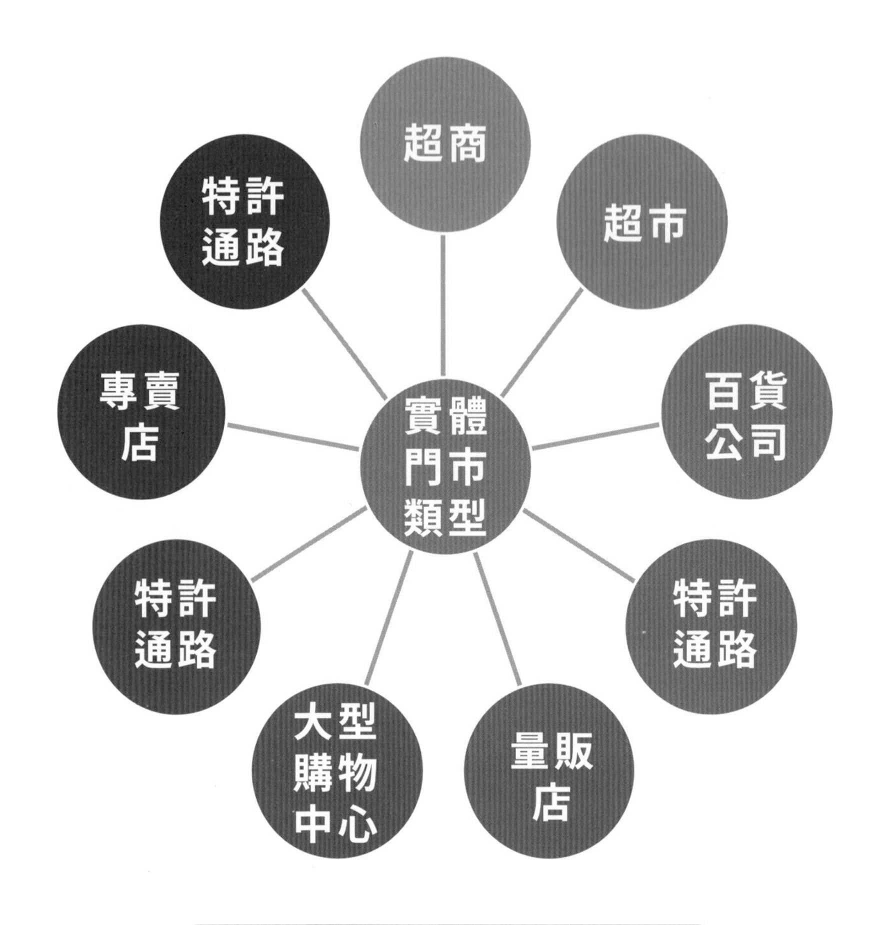

附圖 10-1 實體門市的類型說明

就像冷凍年菜的高峰一過後，有實體店的品牌可以快速用優惠價將產品出清，沒有立即性議題的書籍也可以在特賣會上促銷，服裝店更是直接將店內的換季商品集中後，用最低價快速銷售出去，但是在線上有時反而因爲無法更快速的提升消費者購買意願，而且已經在店裡的促銷品若是需再集中等待線上銷售，反而更不切實際。

有些情況下，確實實體店面的成本較高，但是當我們從品牌的角度去思考接觸點的概念，實體店的營運模式並不是只有店面，農業的休閒農場、製造業的觀光工廠，甚至連公司的獨特綠建築都是實體場域的優勢。當我們要讓更多的消費者除了能購買產品外，也能夠認識品牌的故事及理念，進而還能達成延續銷售的目的時，實體場域還是無法完全透過線上取代。還有像是餐飲業的消費習慣，除非因爲疫情暫時無法內用，不可能全國的餐廳都全面轉變成雲端廚房，在餐廳內的氛圍和服務，是無法完全被外送外帶的餐盒給取代的。

當消費者習慣上網購物時，本土服飾品牌的業者也在思考，如何利用社群及電商增加曝光的機會，但是也必須考量產品價格上的競爭力，畢竟當品牌在線上銷售時，消費者就更容易透過搜尋找到類似的款式，除非是自己設計的產品，不然就更容易被類似的低價品牌給取代。同時服飾商圈組織的角色也較以往更爲重要，有創意的規劃議題與節慶活動，幫助在地業者從線上到線下，能同步吸引消費者的注意力，並且透過創造節慶與商圈品牌塑造，讓消費者的刻板印象能夠逐漸改善，才能讓整個區域都以一起向上提升。

但是要如何提升實體的價值，卻也不是只靠實體的行銷活動可以解決。這也就是爲什麼行銷人在這個世代，比以往更重視虛實整合的行銷操作，運用元行銷的思考邏輯來發展，對品牌更爲周延而且有效的策略，達到品牌在實體場域的銷售目的。而實體的場域也不是只等在那，都倚靠線上行銷的資源來幫助，像台北市立動物園就導入了和AR技術結合的販賣機，當消費者在實體環境中能夠增加虛擬技術的體驗，甚至在未來還能在園區之外持續與動物們互動，但軟體得定期回到園區升級更新，這就更強化了實體場域的價值。

10.2線上銷售的重點

有些傳統而直接的銷售方式，在疫情的衝擊下變得越來愈不容易生存，最明顯的就是人員銷售的情況，像是因爲有新聞報導，房仲業者不知道自己染疫，還是帶著客戶去看房，結果導致對方也染疫的事件；也有保險業務員變成了疫情的受害者及傳播者，這些都讓更多消費者擔心，在人員直接銷售及服務之外，是否有什麼更好的方式來完成消費者的購買需求。人員銷售的關鍵就在於有些產品及服務，必須在現場說明才能更清楚，其實主要關鍵還是在於信任度的建立，我們可以在資源許可的情況，運用包含線上看屋、看車，或是視訊解說及簽單，都能在維持人員銷售的特性下，讓消費者更放心的購買及交易。

開設虛擬通路也必須先做好評估，除非是品牌自己的官方網站直接當作電商經營，不然像是常見的電視購物及電子商務平台，都是在大型通路下，自己進駐的一間數位門市。當然也有實體大型通路在線上的電商平台，除了能夠將合作的品牌更全面的在線上線下曝光，也讓開設門市的效益更有發展空間。不過相對來說，在消費者多元化的購買方式中，當如果能在大的電商通路中，發現特定的品牌或是賣家，能夠符合自己的期待時，也同樣會進一步去了解，是否有其他的購買方式以及產品和服務。

對於消費者來說，線上購物的成交率雖然提高，但是很多人並沒有辦法配合在家等商品直接到府收件，所以能否提供消費者方便的實體據點取貨就很重要，像是蝦皮的店到店取貨就能提供快速的服務，既滿足了專屬電商的消費者需求，同時也能在退貨的便利性上達到滿足，甚至是因爲有了實體店也能夠向消費者順便推薦一些現場可以購買的產品，也讓特別願意合作的供應商有機會得到額外的銷售及曝光機會。同樣有不少本來就有實體店的品牌，也爲了爭奪消費者願意在線上消費的機會，所以會推出電商專屬的產品與優惠，再結合節慶及促銷的誘因，提升消費者線上和線下都有購買的可能性。

服飾業者針對疫情所面臨的問題，就可以趁此機會進行數位轉型及調整營運體質，像是在大家較爲恐慌的時候，實體門市就幾乎都沒有生意，轉換成線上銷售的模式時，若是在店內有一定的庫存量，而且對於網路拍賣或商城的手續流程願意學習熟悉，至少有機會將店內的閒置人力和資源，轉換成實際的收益。另外也能利用店內空間，運用作爲網拍拍照的場域。網路銷售的門檻較低且激烈競爭，評估網路銷售時的競爭對手時，可以從價格與產品獨特性來分析競爭因素，並且在不同平台上要各自進行分析，像是蝦皮賣場、旋轉拍賣及露天商城的競爭者和條件，就會各自有不同的差異性。

當我們經營電商，尤其是透過自營網站銷售時，因爲沒有辦法直接與消費者面對面，所以常常需要從網站上可得到的數字來分析評估，到底自己經營的效果如何，像是透過消費者拜訪網站的數量及頻次、完成交易前重複拜訪網站的次數、網站訪客下訂單的比例，都可以知道大致上有多人在關注我們的網站、要花多少時間及拜訪次數才願意下單購買。另外透過每筆訂單的金額計算，以及訂單購買的產品類別，也可以了解平均的客單價及主要購買的品項。

這時候除了原有的服裝市場外，還可以從其他服飾相關搭配的類別，來增加產品銷售的機會。在原有的客戶群上洞察用戶需求，提供延伸性的產品較有機會。以特色型的服飾店來說，除了上線銷售自家服飾外，也可以跟有風格的手作飾品業者合作，以搭配銷售的方式來增加購買機會。以男性服飾爲主的店型來說，以25～35歲之間的時尚男性爲例，這類消費者更注重產品的款式與獨特行，他們的需求更加彈性化。因此可以從中低價位單品的銷售先切入，並且考量到在家辦公時可以使用的方向爲開發目標。

在網路銷售的是服飾產業市場當中，仍然有許多尚未發展完全的商機，例如以長者爲主的銀髮族市場。專門生產設計銀髮服飾的品牌確實較少，多半產品也較爲功能性，銀髮服飾市場過去比較少有新品牌投入，我們也可以嘗試針對這樣的市場來尋找商機，因此若是想投入這塊市場，可以先從社會創新的角度著手，並且利用疫情時間來做前期的調查工作，同時從機能性的布料、更貼近消費者願意接受的時尚設計來思考。

線上銷售的優勢在於，消費者只要看中喜歡的款式，確認款式和尺寸後，半小時以內就能完成挑選比對，搭配合理的退換貨服務，就能完成交易安心等待衣服上門。採用實體店加網店同時運營，可提高消費者的信任度。另外品牌可以直接在線上提供穿搭的諮詢服務說明，更便利的讓消費者瞭解產品。原本的實體店因爲不方便提供試穿，而遇到線上消費者訂購之後試穿又退貨時，依據「消費者保護法」在一定的規範下，就算是疫情期間仍然需遵守法規，避免破壞自己的商譽，可以在出貨前多花一些時間先與購買的消費者聯繫確認，降低被退貨的風險，而退回來的貨品也必須因應疫情另作淸消處裡，以免造成不可預期的風險。

過去沒有經營網路銷售的品牌，在數位環境銷售時不容易獲得首次的關注度，但是因爲疫情，許多消費者也會嘗試尋找新的產品及服務，所以在網路商店營運的前期，進行適度的社群平台及廣告宣傳，將知名度提高並增加話題性。社群媒體有不少賣家開設社團銷售，有的還會運用直播進行帶貨介紹，然而現有的社群銷售社團多半在疫情前就已經著手經營，而若過去熟客較多但尙未累積社群經驗，可以先從特定的產品及價格著手，在社團限定銷售才具有集客的吸引力。若要考慮直播帶貨銷售，則要事先規劃直播的內容與腳本，才能有效達成與消費者互動的銷售效果。

實體通路	虛擬通路	經銷通路
・公司直營	・網站直營	・批發商
・連鎖店面	・電商平台	・經銷商
・加盟體系	・委託寄賣	・代理商
・商品上架店面	・社群團購	
・短期展會活動	・擴增實境	
・體驗場域(觀光工廠／休閒農場		

附圖 10-2 產品銷售的通路分布

10.3保存運送是難題

產品移動階段的物流及儲放倉儲地點，也是通路範圍的一部分，物流的功能包含商品的集中出貨、保管、分類、包裝、裝箱、搬運、配送運輸及相關的資訊整理與回饋。對末端消費者來說，能越快拿到商品，當然就越開心，但是對於企業端的採購，則是準時並依照預期規劃收件才是合乎需求，有時到貨時間太早反而沒有空間存放。例如家裡買了一台冰箱，因爲舊的壞了所以希望立刻能更新，但若是開餐廳時我們訂購了兩台冷藏櫃，後續廚房還沒施工完成冰箱就先到貨，不但設備無法安裝還占空間。

一般中小企業的物流和倉儲通常還是與大型公司合作，這時就要評估包含出貨時的便利性和時效性以及倉儲成本的費用。但此時我們額外還有一個要評估的重點是：產品在移轉過程中若是發生問題，像是運送過程損毀、儲放環境不佳導致產品變質，甚至是在通路門市因爲消費者行爲損害，之前最常發生的例子就是生鮮水果類，從農戶手中包裝好後經歷千辛萬苦，終於到達消費者的手中，每個層面都必須確認好，才不會在最後當消費者打開包裝，發現包裹爛了、水果破損甚至是變質了，另外像是走冷鏈的冷凍冷藏食品，除了要評估運送成本外，甚至是中途也要避免因爲意外而解凍，最終導致產品出現異狀。

有時行銷人會覺得，這些事跟自己的專業領域不是這麼相關，但是從「元行銷」的角度來說，在消費者的眼中最終結果都會歸咎於購買的品牌，因此把最後一里路的每一個層面都當作行銷的一環，才能讓品牌維持在理想的情況。對於新創者來說，最後一里路更是攸關生存，過多的問題商品因爲退貨導致成本增加，更失去了消費者的信任及原本收益，而過程中像是物流及倉儲的問題，可能都會讓初期成立的企業嚴重虧損。

我曾經看過一家輔導的廠商，因爲常常發生商品在運送過程中包裝破損導致退款或換貨，當新創者自己跟著物流跑一趟時才發現，物流人員沒有正確的將產品平放，導致只要產品在運輸過程中產生晃動，就會出問題。但這名新創者又不願意因過度使用包材而造成環境問題，後來乾脆自己請專人送貨，也因此降低了不少客訴。雖然有人會說，這樣不是增加了運送成本嗎？但是當消費者在減少客訴後，又得知了新創者的理念與用心，反而增加了更多生意，其實這也是一個好的品牌溝通範例。

另外也有越來越多消費者，在購物時的習慣因爲社群而改變，像是我們從一些FB社團中看到不錯的農產品，雖然超市也有賣而且方便，但是當看到「拉拉山水蜜桃產地直送」、「台南虱目魚鮮宰冷凍急送」，又發現自己的消費金額能達到免運優惠，能直接專人送到家，這時物流就不再只是物流，可以直接收到貨品檢查及付款、還能順便問問未來還有什麼可以訂購，這時通路就延到了消費者家門口。但反觀有些在路上叫賣產地直送的小販，因爲缺乏了前端社群的溝通與信任建立，以及消費者只是在路邊購買但是不確定商品來源及後續問題處理時，反而越來越難吸引消費者上門。

附圖 10-3 物流的關鍵環節

從消費者開始採購的到收件，每隔層面都會影響到消費者的體驗感受，若是我們能在運送物流的階段，處處展現出品牌的用心，像是外層的紙箱包裝有乾淨的設計圖案和品牌標誌、裡面內襯做好完善防護，並針對回購機制設計折價券，或是貼心的感謝卡，都能讓消費者在收到商品開箱時，感受到驚喜。另外在物流運送階段也能夠發揮行銷創意，像是在物流車上做車體廣告，或是在倉儲的地點運用大型戶外展示廣告，都能增加品牌曝光的機會，也是行銷工具的延伸效益。

10.4越冷越有商機

在疫情的影響下，消費者最明顯改變的其中一個生活習慣就是在家料理的需求大幅提高，疫情的影響猶如一場超大型的「震撼體驗」，消費者開始積極地尋找各種可以方便保存、口味能夠接受的冷凍食品加以選購，而營運受創較深的餐飲服務業及其上下游業者，更是爲了求生積極尋找進入冷凍食品產業領域的機會。在國內整體消費市場的人口結構中，銀髮族增加、小家庭成爲主流，以及年輕單身族的自主意識提高，再加上後疫情時代一定程度的影響，消費者透過網上消費購買冷凍食品，或是在更便利的條件下選擇實體通路，都成了更常見的發展趨勢。

冷凍食品的應用包含了零售市場（C端）和餐飲服務市場（B端），零售市場的銷售包含大型量販店、超商超市以及電商，餐飲服務市場則是運用像自建中央廚房，或尋找供應商，通過批發、經銷商及直接採購，協助業者簡化或改善現場作業的需求。冷凍食品產業將預先處理過的食材，像是米、麵、雜糧等主食，或是豬、牛、羊肉、禽肉、水產、乳、蛋、蔬菜等食材，以原型的型態或經烹調處理後，以急速冷凍的方式在低溫環境下通過專業設備和技術，完成運輸與銷售。

不論是冷凍食材、半成品或是復熱食品，只要條件許可都持續推出新商品，也有許多品牌加入戰場，因此帶動了像是冷鏈產業及零售通路的發展。包含在家自己開鍋的火鍋料類，魚餃、蝦餃、貢丸等加工品，以及知名品牌的火鍋湯底，也都有一定的發展空間。另外許多家庭將料理視爲一種興趣的培養，所以像是購買知名餐廳飯店的冷凍食品在家開箱，或是在家烘焙需要的半成品，也都受到消費者的一定青睞。

另外尤其是像華人重視的農曆新年，也因爲社會文化習慣的逐漸轉變，家族成員對於能夠縮短家務勞動時間的復熱菜也越來越能接受，冷凍食品的便捷性有效提高了烹飪的效率。同時經由宅配的方式，享用到距離較遠的大飯店口味，更是讓家庭聚餐時的時間及品質，有一定程度的提升。再搭配冷凍食材的選購，或是裹麵油炸類的雞塊、可樂餅、海鮮排，或餅皮類的蔥油餅、手抓餅、比薩餅皮，都更容易讓消費者願意一併購買。

中小型餐飲業者因爲成本的不斷攀升，也一直在尋找更好的解決辦法，當經營面臨高額租金、人工成本、採購成本的時候，尤其是連鎖品牌業者可能就會選擇自建中央廚房，一來大量採購可以降低成本，二來是能簡化現場人員的作業流程。隨著餐飲企業的連鎖加盟化發展、經營成本上漲，如何讓各門市的品質以一致性的標準來提供給消費者，且又能維持品牌特色及風味，使用冷凍食品的方式進行前置處理，也逐漸成爲了廣泛的做法。另外原物料的持續上漲，也讓計畫性採購更爲重要，鎖冷保鮮的冷凍食品可以適度延長保質期，但該類產品考驗製造商和經銷商對於製程、物流、庫存等要求，因此主力品牌更具有優勢。

就算是規模小的業者，雖然沒有資源自建，也可以透過合約式的採購，向專門製作冷凍食品的製造廠商，購買一定比例的成品或半成品，來解決成本及流程上的問題。在餐飲經營模式中，有的業者更強調店內裝潢與風格，或是在出餐後透過外帶外送的方式，提供給一般消費者，這時業者需要能達到基本水準餐飲的更快速作業流程，因此將前端烹飪標準化之後的半成品透過冷凍保存，再交由後廚完成料理出餐，也能更符合業者的需求。餐飲業的工作較爲辛苦，有時要找到合適的後廚人員相對不易，因此在可接受的範圍內配合採取半成品烹調，也能讓人力造成的問題獲得紓解。

因應市場的發展，冷鏈倉儲需求呈現快速增長，有很大的發展空間，在生鮮電商、冷凍食品的市場需求增長下，冷鏈倉儲行業邁向智慧化、無人化的技術領域。雖然冷鏈倉儲的建置與營運成本較高，是一般倉儲的3倍以上，但也因爲越多業主使用，能使營運的效益提高，透過自動化系統和數位化管理，倉儲能更有效率地完成所有流程。所以不但大型食品製造業者及零售通路品牌陸續投入冷鏈倉儲的建置，來符合市場及自己品牌的需求，也會有第三方業者，投入興建冷鏈倉儲的軟硬體，用來服務及滿足中小企業。另外像是政府針對農業領域的冷鏈倉儲，也有意投入更多的資源，來幫助產業提升與轉型。

面對庫存時間拉高，存貨數量增加及周轉速度不固定，冷鏈倉儲物流作爲整個冷凍食品產業鏈組成的重要部分，讓產品能夠存放及到達指定地點，也形成了品牌結盟與自主發展的核心競爭力之一。從產業鏈分析來看，無論是原材料運輸，還是產品物流配送，經由車隊運送到各個通路及餐飲業者手中。與普通物流相比，冷鏈物流在冷鏈儲藏溫度、流通時間、耐藏性三方面均有較高的要求，運輸的品質會對冷凍食品帶來不可逆的影響，也因此最有效率的運送及下貨流程，才能發揮冷鏈的價值。

隨著疫情造成的市場轉變，消費者較以往更加重視品牌和品質，傾向於採購例如主題性的套裝組合產品、小型便利包裝，並且在乎能更容易購買，因此具備優秀的品質控制、強大品牌力的企業會更有優勢。作爲一站式購買型態的量販店，主要提供的自然包含了各種規格的冷凍食品，以及多樣性的品牌選擇。但是便利超商和超市，則能夠更靈活的運用跨界合作方式與不同餐飲業者合作，提升消費者的選擇機會與意願。

除了實體零售品牌之外，電商系統也是冷凍食品的重要通路，尤其是當大型促銷節慶活動，像是雙十一、農曆年等重要時節，線上下單送貨到府或是到店，都更節省了選購的時間。而延伸出來的服務，像是配送到社區及團購等模式，也成爲了另一個重要的銷售管道，也因此甚至是連鎖書店都開始以複合型態展店，提供社區取貨的服務，希望打造全通路概念，帶動品牌在消費者心目中更有價值的面向。

在冷鏈倉儲的產業成熟發展及零售通路的推波助瀾下，也讓整體的趨勢持續發展。然而當中的挑戰像是每逢大型節慶活動時，年菜是否能準時到家、耶誕大餐有沒有因爲運送過程而出現品質變異，都是消費者相當在乎的地方。另外消費者仍然在一定程度上，會有自己的需求考量，像是冷凍火鍋的鍋底，與實際店面的口味是否一致，是否有過多的添加物都是選購重點，此外當消費者購買餐廳的外送餐飲時，若是業者僅是將冷凍食品復熱就出餐，收費卻高上好幾倍，也容易造成消費爭議。

因此，不論是餐飲業者還是食品製造商，在面對消費者飲食時如何地努力用心也必須更清楚的向消費者告知說明，才能避免後續爭議，甚至是對品牌形象造成影響。畢竟當消費者也可以自己選購半成品在家復熱時，萬一突然發現某餐廳的特色菜居然跟某家的冷凍食品的味道幾乎一樣時，那就尷尬了！在「元行銷」的環境中，品牌不只要在實質的產品、服務及銷售上滿足消費者，也必須面對虛實整合後的消費者認知，尤其當社群有人提出了討論或分享，但我們卻未能去了解背後可能發生的問題時，就會對企業或組織帶來不可預期的傷害。

10.5在銷售之外的大挑戰

而在資訊過量的情況下，多數消費者對於電話銷售的忍受度越來越低，況且現在也已經有不少可以協助過濾來電的APP，消費者雖然知道陌生的來電不一定是詐騙，可是跟自己無關及沒有需求的電話行銷，還是會造成一定程度的反感。當然有些大品牌像是房貸、車貸的推廣，仍然是很多消費者需要的服務，所以如何降低無關消費者接到電話的機會，以及在對的時機給予需要的消費者資訊，是更重要的事情。像是我身邊不少朋友其實不開車，所以一接到車貸的電話時就會立刻翻臉，但若是本來有開車而且有二胎貸款需求的人，反而就有意願聽聽電話行銷的介紹，但是關鍵時間得對應得宜。

通路與銷售方式的型態會演進改變，主要還是在於消費者需求產生了變化，因此對我們來說，若是自己服務的品牌就是末端零售通路，那就必須更快速的調整因應，才能讓消費者不致覺得我們的品牌落伍了，而逐漸失去最終購買的吸引力。包含對服務於企業對企業型態的公司，或是以製造生產爲主的品牌，最後一里路的消費對象就是那些企業的採購人員，甚至是交易對象的公司負責人，而這群人在「元行銷」的影響下，同時也對品牌溝通和社會議題更爲關注。

很多時候行銷人眞正要關注的是更全面的銷售過程與結果，雖然多數公司會有自己的業務部門來負責，但如何一起並肩作戰，甚至幫企業達到更好的銷售結果，就成了行銷人有時會忽略的問題。對於新創者來說，通常這最後的一里路要是能有更好的掌握，將直接影響目標達成的機率，對於新創企業的生存與否有高度的影響力，不能只靠一些花俏的促銷方案，或看來有創意實則平庸的產品和服務就想滿足消費者的需求。這時具有「元行銷」特質的人，就能從更宏觀的面向來思考，並且關注到虛擬和實體之間，對於銷售完成的認知，還有哪些是屬於新世代族群更重視的地方。

既然銷售這麼重要，我們就應該更清楚自己所做的事情，怎麼爲品牌直接或間接的帶來獲利，且在服務企業的過程中也爲自己未來的生涯發展，打上更完整的基礎，就算希望留在公司長久服務，也能夠一直維持自己的價值。而新創者則是以「元行銷」的宏觀面向來思考，就算達成銷售是最終的重要目標，但是過程中導入更多的行銷管理元素，才能讓企業走得更長久。當中以存在於虛擬環境的故事，做爲行銷溝通的記憶點，運用更爲便利消費者完成交易的數位服務方式，甚至是AR／VR技術的環境導入，都能對銷售的提升帶來幫助。

有的公司本身並不具備自行生產的能力，也不直接賣產品給消費者，而是以批發商的型態來運作，很多時候就必須具備專業的商業談判及資源運用的能力。因爲很多製造商規模較小，但是要一一去跟各通路談判，或直接面對消費者時，又因銷售能力不足而效果不佳，透過批發商或是經銷商的角色，可以讓大家更容易發揮分工的專長。我們若是在這類企業從事行銷或是想以這種形式創業時，企業對企業的品牌溝通更爲重要，而且在信任度及營運能力上，其實也需要相當的資源才能進行。

在數位時代中，因爲資訊的溝通越來越容易，銷售完成的機會也更多元，所以除非是一些國際品牌在台灣維持代理商的型態，或是製造商本身不願意改變破壞現有的經銷模式，不然越來越多的新創企業，都會跳過經銷及批發的環節，運用數位通路來完成交易。像是早期的科學中藥廠因爲不能隨便銷售，所以從中藥廠對經銷商直接供貨，再由經銷商自己佈建的業務團隊，來服務中藥房並完成批發銷售，最後再由中藥房直接賣給消費者，才能在符合法規的情況下進行。

但是當保健食品興起時，甚至只是對身體更有幫助的食材，都不需層層的銷售流程，新創品牌的中藥廠可能直接就在電商上架，只要在合乎法規的情況下，都更容易接觸到消費者，而且可以自己控制調整末端的售價及銷售狀況。另外很多銷售導向的直播主及團媽，其實也扮演批發及通路的角色，從製造商端一次大批量的獲得商品，再透過自身的銷售能力達到消費者購買，對於製造商來說，他們也是通路的角色，能協助品牌處理自身不擅長的銷售問題。

參考競爭者的同類型產品的銷售狀況，包含銷售量、銷售額及銷售通路的分配，當然更有助於擬定我們自己的應對策略，但是如何取的競爭對手的資料其實是相當不容易的事情。畢竟使用非法的手段是不允許的，這我們只能從合理的情況下來做推估。這也是爲什麼當製造商同時也是通路商的時候，需要有更高的規範標準，因爲在店內販售的產品，必然會有銷售數字的統計，但是卻提供給同一集團的產品部門參考，那就產生相對不公平的競爭現象。

10.6促銷是把兩面刃

當品牌在行銷戰爭中，遭遇了敵軍攻擊、頑強抵抗，一時半刻攻不下消費者的荷包；又或是新進品牌也發動攻勢，想一起瓜分市場；此時，促銷工具的應用，就成了具有一定效果，而且可以多元性發展的行銷方式之一。通常大家看到促銷活動都比較容易荷包失守，就是因爲立即性的誘因與及容易達成的條件會讓人想要佔點便宜。

對於品牌來說，促銷工具一直都是必要之惡，但首先我要清楚地說明一個觀念，很多書籍或課程會提到的「促銷」或是「推廣」，都是源自於國外的翻譯名詞promotion，概念比較廣泛。在我的《節慶行銷力》一書中所指的促銷工具，就是能直接提升消費者購買意願的行銷專案，在使用方式及達成目的上，與廣告、公共關係，甚至社群的自媒體這些傳播工具，有明顯的不同，所以先了解什麼是眞正的促銷工具核心，才能在進行促銷專案企劃時不會發生錯誤。

在這裡我將促銷工具的定義解釋成：「對特定對象提供短暫的及額外的誘因，達成消費者願意提前採購或增加數量的目的，並幫助促銷者創造業績。」過去的促銷經常代表商品價格的降低與品牌價值的折損，但是只要控制促銷的方式與效益評估，其實就能成爲有用且能幫助業績提升的行銷工具。促銷屬於短期的激勵措施，提供消費者購買的額外誘因型態，也可以使銷售過程和銷售量更快達到目標，必須考慮對象、方法、誘因和傳播途徑等各方面因素。

促銷專案企劃的前提就是獲得利益，並且針對消費者及企業採購者的需求及目標來規劃合適的誘因，很多時候我們一開始並沒有把握能確實獲得如預期應有的利益，因此若是能更明確且具體的描述，例如一般沒有做促銷時的週末二日營業額是五萬元，但可能因爲設計了提供消費者促銷當週的消費打九折的優惠方案，就必須在專案企劃時以將原有的毛利率與促銷後的毛利相對應，再加上促銷應帶來的像是客流量、購買數量及金額的增加，最後定出促銷期間應該達到的營業額，至少有機會成長12～15%。

不論是買大送小、折價劵還是直接降價，促銷工具的重點在於提供誘因對這次的促銷專案企劃的合適度；像是母親節的保健食品，常常是兒子女兒買給媽媽，這時雖然送贈品或買一送一也很有誘因，但若是本來商品價格就比較高的品牌，直接降價最能夠降低消費者的購買壓力。而一定得避開的則是可能對品牌有高度傷害或消費者不適合的促銷工具；例如一般來說漢堡買一送一很容易接受，但電動機車通常就不適合買一送一，除非一開始就有設定特別需要兩台機車，或是有其他原因的考量，這時若改成買電動機車送電動滑板車，就比較能符合消費者生活習慣的期望了。

常常在執行促銷方案時，會發生一些奇怪的意外，如促銷商品提前缺貨、店面的促銷佈置物在活動都已經開始三天了還沒來，解決這些問題最基本的就是從專案的最後結果反推每個細節，當我們規劃時如果就知道門市之後要做促銷可能缺貨的話，促銷前就應該先準備好，確認供應端將需要的銷售數量、以及缺貨時可立即調貨的因應方案都先做好準備，或是將佈置物的製作時間更加提前，讓專案開始前一定要收到，或是預設沒收到時的緊急應變措施。

促銷專案只是品牌在完整行銷計畫中的一環，除了必須先將可能支出的成本確實計算後，才能在獲得營業額提升的情況下評估專案的眞實的收益，再進一步從可達成目標的情況下，反推最後理想的促銷專案應投入預算金額。要是花更多錢卻因爲環境因素或競爭影響，還達不到目標時，那麼規劃時的促銷預算就必須要保守一些，但若是當下市場很不錯，只要投入就有機會獲得遠超過以往的營業額時，就可以將預算的金額與項目增加，編列較高的預算進行廣告媒體投放費用增加曝光，或是較多的經銷商進貨補貼費用。

一般促銷常常會搭配主題，不論是因爲換季、耶誕節還是新店開幕，要讓專案企劃有更多的創新時，重點在於找出消費者眞正感興趣的議題，並且加以利用。像是每年耶誕節都是吃大餐，但若已發現大家其實更重視養生時，針對健康套餐推出耶誕節限定，並贈送消費者會喜歡的香氛蠟燭做爲贈品，這時可能從主題上、產品及服務上，甚至宣傳上都能找到創新的機會。

就像當我們看到星巴克優惠買一送一時，還是會覺得優惠，而想上門消費，但是看到一些平價品牌買一送一時，雖然一樣是免費拿到第二杯，但卻沒有特別開心的感覺。或是當我們到便利商店買零食時，雖然明知道量販店的一包只要30元，便利商店的卻要35元時，卻仍因正好有喜歡的迪士尼集點公仔，只要五點就可以加價購，最終不但買了零食而且爲了達到集點門檻，還順便買了飲料。只要在專案管理的概念及企劃可以發揮的創意上，針對品牌的立即性需求，且在長期發展不會造成太多負面影響的情況下，還是可以利用促銷專案企劃爲品牌帶來不錯的實質利益。

成功的促銷活動，必須重視四個關鍵，我從過去長期協助規劃的經驗分享，如何才能達到最終目標。

1. 短期且時間明確：
   通常消費者看到促銷活動，若是沒有立即反應，常常是因爲已經對活動疲乏，或是太常看到相同的促銷方案。所以每次的促銷時間盡量控制在消費者的猶豫期內，例如星巴克的買1送1就是一天結束，但可愛小物的集點換贈品，就要讓消費者至少2～3天就回購，可以控制在1個月左右。

2. 促銷工具不時更換：雖然消費者最常產生反應的促銷方案是價格折扣，但對品牌傷害也最大。若是消費者有時看到送贈品，有時看到打8折，甚至有時看到價量不加價，縱然最後廠商的成本差異不大，卻能讓消費者有新鮮感，甚至不會只在降價時才願意購買。

3. 適時收手很重要：能夠讓一次性的促銷成功不算太難，但當成功之後卻想一直複製成功模式就不容易！尤其是立刻延伸之前的促銷方案，例如：剛結束集點活動卻有立刻開放加碼，或是抽完獎且公布後又立即再辦類似活動。但若是一段時間才再次操作，或是加入新的主題元素，就能提高成功率。

4. 結合整合行銷工具：在投資報酬率爲前提的條件下，以促銷爲主體的整合行銷有時可以增加消費者的印象和好感。但當投入成本越高，除了淨利成長外，包含品牌認同及顧客關係連結，都可以一起作爲成效的評估。但當然，要是過度強調「促銷誘因」，也會造成副作用。

從品牌的角度來說，合適的促銷工具運用，既可以提昇業績、清庫存，還可以增加消費者對新品的使用機會。要是結合特定節慶活動，甚至可以創造品牌的記憶連結，像是「中元節–全聯」、「週年慶–百貨」。折價卷、贈品、價格折扣、抽獎……促銷方案琳瑯滿目，但要是消費者就算在都沒有任何促銷方案下還是願意購買，那就是「眞愛」了。所以，品牌與消費者之間就像情人一樣，偶爾耍甜蜜還不錯，天天吃大餐就會膩，但要是情敵想橫刀奪愛送鮮花，那你還不趕快晚上訂個「龍蝦吃到飽」大餐，來鞏固一下感情也是應該的！

例如百貨周年慶、超級雙11的促銷活動，看到業者們磨刀霍霍，促銷商品和廣告預算銀彈都準備齊全，想再好好一掃整年低迷的業績，並且一次豐收時，做好事前準備很重要；促銷活動通常跟年度規劃及整合行銷傳播方案有關，尤其是重要的黃金節慶更要把吸引新顧客的引客方案及老顧客的回頭誘因。我們必須事先推估如何讓顧客進入銷售頁（店面）、如何降低顧客猶豫原因、如何讓顧客增加購買金額、以及如何避免顧客流失且挽回流失。

同時在文案內容規劃，以及行銷溝通宣傳的運用，達到增加曝光的機會，價格上當然必須有相當的競爭力，因此要先設定促銷商品獲利以及數量的預估。另外因爲主力促銷產品的銷量會比常態產品銷售多上數倍，因此包含物流時間、倉儲空間都需要一併考量。常常節慶的吸引力稍縱卽逝，所以必須在最短時間放大顧客進入的流量，而且需要包含在下單、客服等層面做重點流量測試。另外投放的導引顧客廣告也要設定並監測點擊率與轉化率，分分鐘的掌控狀況並適時調整。

另外關鍵字廣告的設定以及SEO的運用都能提升流量的導入，並且隨時調整促銷文案的標題、內文與圖片。甚至針對不同客群設計合適的文案，才能提升在促銷時的吸引力及顧客的購買結單意願。有時當顧客下單後，開始有些猶豫或是對商品不確認，就必須由客服單位來接軌，降低顧客的疑問甚至增加好感度。在回應速度及措辭用語上都要有更能符合品牌形象的專業能力，甚至有的顧客因爲後來在其他通路或店家看到更有競爭力的價格或是更有興趣的競爭品牌，這時客戶的疑問或是改變心意不但要靠客服來緊急應變，更要整合資訊後作爲下次規劃的參考。

但是當重大節慶的促銷方案過去後，立刻下滑的業績，總讓業者苦惱之後該怎麼再創佳績，有時關鍵不在促銷本身，而是「促銷後」該做什麼。而當促銷活動已經推出了一段時間，卻持續感覺在沒有促銷活動時業績就差很多，甚至只能倚靠重複促銷活動來存活，而且沒有什麼新創意……這時很有可能就是犯了「懶惰」的問題。我們可以先針對促銷後的顧客關係管理來檢視，當消費者因爲折扣優惠購買產品時，至少代表基本的需求一定存在。當活動結束後，持續分析消費者其他仍然未被滿足的需求，就算不是促銷時間，都有機會讓消費找到原因購買。

用更優質的產品及服務來滿足消費者。若是發現該產品及服務對消費者的吸引力不足，但降價後還有銷售機會時，就必須提升產品及服務本身的品質，用更好更新的內容，創造消費者就算沒有促銷也會主動上門的條件。並且改變消費者的認知，就如同很多品牌在節慶期間，一定要用折扣優惠，但若是改爲設計消費者參與的活動，或是話題熱度的討論，當消費者覺得我們的品牌很夯的時候，就能轉化提升成品牌具有優勢的情況。

10.7別說談錢太俗氣

不論是對創業者、行銷人還是公司來說，獲得實質的收入與報酬，才能眞正存活下去，但是怎麼樣找到自己的收入來源，及建立更穩固的營運模式，就成了必須面對的問題。以企業來說，從每個客戶群交易中，可獲得一種主要收入來源，因此若一個企業有多項產品及服務，可以持續且更完整的滿足一群主要客戶，就能分散風險並持續從不同管道獲得收益。

但若是滿足多種客戶群的單次性消費，則是另一種收入模式。像我們推出三款洗髮沐浴用品，分別是洗髮精、潤髮乳及沐浴乳，在成份及功效上都是以中年的孕婦做爲主要訴求，這時當消費者對產品的使用及品牌認同都已有一定程度，那就是滿足了單一客群。而若是企業只推出洗髮精，但是從香味和包裝來區隔三個系列，甚至各自分命名來溝通，期望吸引愛時髦的女大學生、剛出社會常加班的年輕上班族，以及擔心身上有體味的容易流汗者，這時的收入模式就是以多客群爲主。

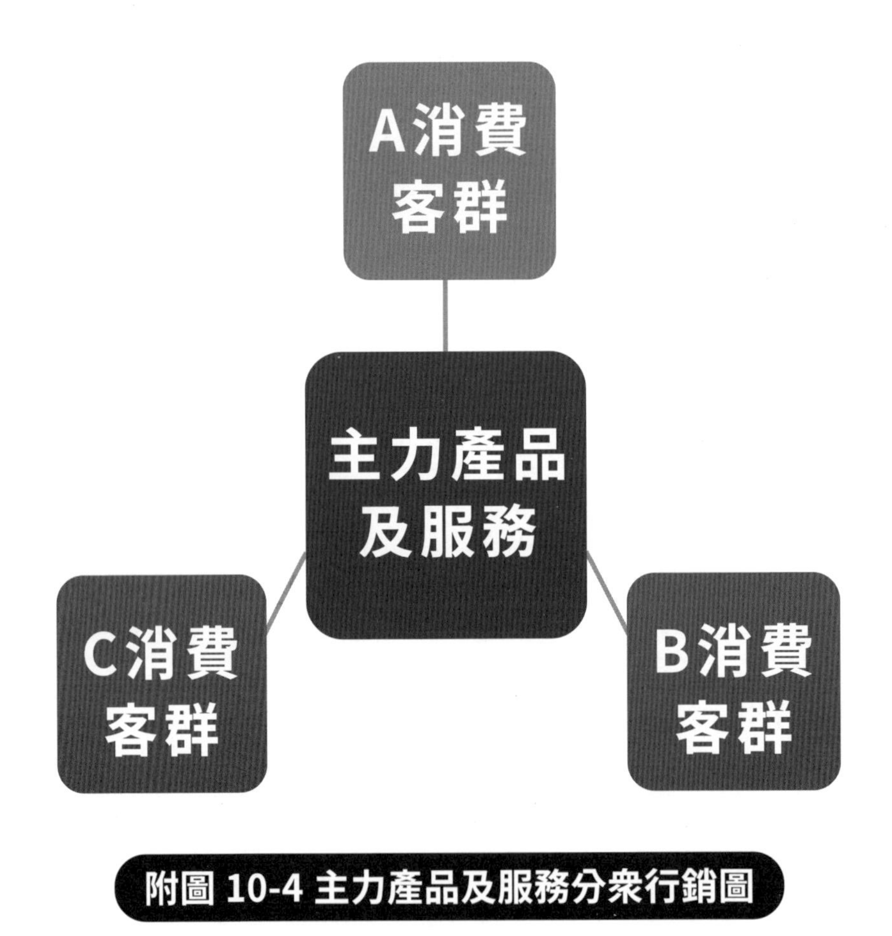

附圖 10-4 主力產品及服務分衆行銷圖

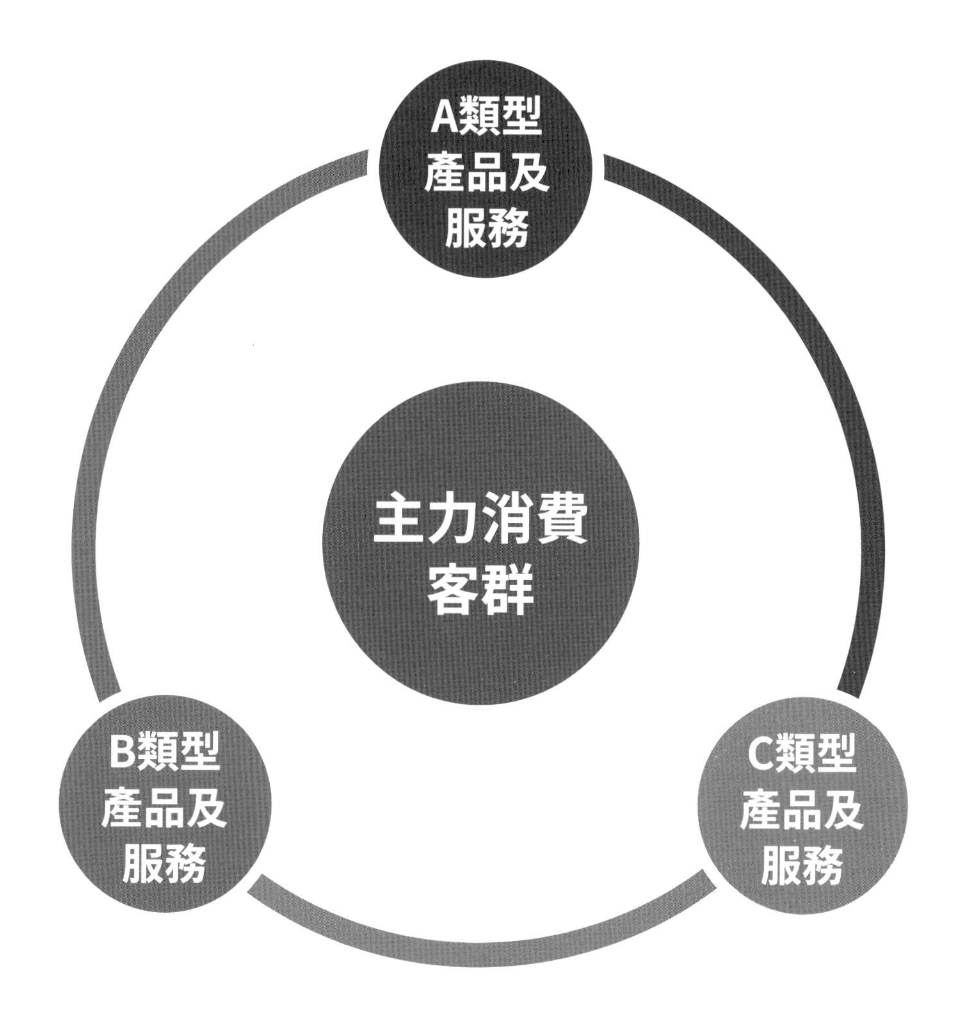

附圖 10-5 主力消費客群需求差異圖

在「元行銷」的發展概念中，我們從消費者的角度就更容易判斷，若是今天一家公司推出十款機器人模型，究竟有沒有辦法都讓我們買單。若是我們只會願意因這家公司的專業、品質與品牌形象，購買最多三款最有興趣的模型，那麼這時切換到行銷人的角度，就可以判斷究竟公司是仍推出十款機器人模型，但找出其他對別款機器人有興趣的客群，還是只先生產其中會暢銷的三款，後經過調查確認再依照已經購買的消費者所期望的需求來開發雕像及限量背包，以持續滿足他們。

這時若是一家擁有龐大資源的公司，就可以同時在這兩種收益模式上都同步進行，開發多產品線，交叉滿足多個客戶群；但如果我們也是新創者，或具備了新創者思維，那就會更明確的知道在資源有限的情況下，初期哪一種模式對自己及企業的生存更有利。像是共享廚房的主要收入來源包括房租、營業分紅、商家入駐費、品牌服務費、配送收益等，主要的客戶包括新創的餐飲企業及網紅品牌。而這樣的收益方式，就是同時在兩種收益模式上，平均投入分配的資源並降低風險。

當核心的產品及服務只能先在其中一種模式獲利時，那取捨就成了生存的關鍵。不同客戶群所能支出的金額，以及購買時在意的原因都各有不同，所以我們在評估及建立收益模式的同時，就要先了解消費者的消費行爲，像是在什麼地方完成交易、願意付出多少金額、哪些是屬於額外願意買單的「價值」等，越是清楚且精準的確認實際情況，就能明白透過什麼樣的行銷方式，可以帶來更有效益的營收提升機會。

對於新創企業來說，資源可分成資金、有形資產及無形資產，但最爲缺乏的常常就是資金，所以這也就是爲什麼很多新創者不敢投入資源做行銷的原因，因爲可能公司初期的資金來源，就是自己的個人存款及銀行貸款，就算公司營運前期有些獲利，但還是會盡量多保留現金作爲周轉及營運，直到獲得了政府補助或創投資金，有多餘的經費可以專款專用時投入行銷。但就算沒有這些投資，新創者也必須在企業有餘裕時，就開始上有計畫地投入行銷資源；不論是幫助獲利提升，還是讓品牌的知名度更高，畢竟企業就算一直賺錢，但沒有與消費者溝通的品牌，勢必在一定的階段就會碰到瓶頸。

有些企業透過舉債作爲資金的來源之一，債務利息爲每年支出的固定成本，但過度運用財務槓桿會大幅提升舉債風險，像是遇到疫情的衝擊和整體的經濟不景氣，當收入減少後很容易導致資金周轉不靈。很多新創者初期爲了讓公司活下去，會特別在意帳務管理工作，完善的帳務處理與規劃是新創企業能夠穩定營運的關鍵。但是財務報表製作、資金循環管理及運用、損益平衡與獲利分析等，都只能使企業維持階段性的運作，要讓品牌眞正更上一層樓，不論是從形象提升、創新研發、市場拓展還是獲利提升，就要從編列正式的行銷預算開始，透過有制度有系統的方式，來幫助企業能夠更上軌道的與消費者和市場溝通，也才能讓獲利的能力更大幅度的提升。

另外透過虛擬的環境來獲利也越來越重要，當消費者願意購買非實體的商品及願意爲更特殊的服務買單時，包含了線上的資金運作、支付方式，以及消費者持有的意願與後續的回購，都是新世代的挑戰。當消費者願意透過購買虛擬的藝術品，或是支付門票線上觀展，甚至是訂閱Netflix、Disney+的線上觀看服務時，對於企業來說就是獲利能力的提升及消費者的實質肯定。只是同樣的，我們也必須從「元行銷」的層面去規劃在虛實之間都能產生的行銷溝通方式，以及品牌應與消費者間互動的程度，才不會在虛擬環境的競爭中，敗給了更強勁的對手。

chapter 11

那些花俏的行銷工具真的有用嗎？

對許多新創者來說，最大的挑戰，就是同時擁有各種形形色色的行銷工具，廣告微電影、公關新聞稿、展覽行銷、社群行銷……感覺每一種都可以幫品牌帶來幫助，但又覺得每一種都要花錢。就算是從事行銷工作的人，其實也很難每種工具全部都搞懂，畢竟儘管自己有心學習也還需要時間，更要有適當的機會才能好好發揮。在「元行銷」的時代，認識這些行銷工具並練習整合應用，才能讓不論是自己或是品牌，能夠眞正的被看見。

你自己願不願意花錢

先搞懂的行銷工具的用處

廣告依然有魅力

故事提升廣告溝通效果

公關還是主流

贊助與運動行銷越來越盛行

疫情衝擊後的展覽行銷

跨界合作打群架

11.1你自己願不願意花錢

對我們來說，「整合行銷傳播」常常是個感覺很厲害，但卻不容易眞正搞懂的概念，原因在於：過去消費者的需求與整體環境的變動性沒有現在這麼劇烈，所以從長期溝通的概念來擬定策略，在一筆龐大而固定的費用下來運作，建立品牌與消費者之間的關係連結，以這樣的邏輯規劃是比較容易達成效益的。但我們也慢慢發現，原本一個龐大而具體的專案模式，越來越不容易發揮原本的功能，雖然整合行銷傳播的專案模式還是有一定的價值，但是也可以發現有更多的企業組織，希望將各種資源與行銷溝工具的運用，回歸到從年度規劃和特定新產品、新服務的行銷專案來思考。

很多新創者及行銷人都有個疑惑——當時代一直改變的情況下，以往熟悉運用的這些行銷工具到底有沒有眞正發揮效用？若從「元行銷」的角度來說，答案其實很簡單，端看我們自己會不會受到這些行銷工具所影響。像是餐廳烤鴨買一送一時，我們就會主動上門消費；或是看到感人的品牌微電影時，我們會感動落淚後分享到社群；又例如當我們看到新聞報導哪家手搖茶推出新口味，就會特別跑去買一杯來嚐鮮……其實回歸到我們自身的消費者認知，就能思考到底有哪些行銷工具眞的發生了效用，而不只是一些似是而非的推論。

就像在信箱中發現品牌的廣告DM或型錄時，我們不一定都是反感的，曾經，能收到IKEA的型錄還被當作是文青族群的象徵，但也因時代的變化讓品牌不再提供紙本型錄給消費者。不過還是有很多附近新開的餐廳、SPA店，或是本土的藥妝店依然採用DM及型錄的方式來將訊息告知消費者，畢竟消費者就位在住家或公司附近，要是能因此上門消費，那就大大值回成本，這時我們還要硬說這是老派而沒用的行銷方式嗎？那或許就太過武斷了。

還記得我在讀EMBA的課程時，接觸到正統的整合行銷傳播理論，當下就想要是能將那些相當不錯的做法，應用在自己服務的企業的話，應該會很有幫助。因爲正確使用行銷傳播工具，能夠提升消費者對於新想法、觀念的接受度，察覺並符合滿足消費者需求，使品牌能從衆多競爭者中殺出血路，後續還能根據消費者資料加以分析，利用資訊科技傳播形式和顧客建立更長期的關係。

一直到多年後我經營自己的品牌，雖然整合行銷傳播的專案形式，必須跟著時代調整，但有些行銷工具我依然會應用在自己創業的品牌身上，這也是從行銷人到新創者的過程中，對於那些行銷傳播工具的觀點，關鍵在於：「要是由我們自己花錢做行銷，你到底願不願意？」雖然很多的行銷工具並不便宜，甚至在操作程度上都有相當的挑戰，但是能了解不同行銷工具的類型和使用方式，對行銷人來說可是工作的能力，更是在職務上期望更上層樓的基礎，也是爲創業者帶來獲利的好工具。

以前大企業願意花3000萬操作一項三個月內完成新產品上市的整合行銷傳播專案，現在我們可能更會考慮，將新產品中的行銷工具預算分散在各個月份，再針對產品上市的主要月份投入強化資源。整合行銷傳播的運用，目的在於達成我們長期期望的品牌經營能力，而中期的年度規劃，則是能夠達成短期營業獲利目標，企業與組織在行銷的投資成本越來越高，只要能有效運用整合傳播工具，可以達到增加消費者接觸與瞭解產品服務的機會。將不同的傳播工具結合運用，能使效益結合達到綜效，不但可以降低行銷費用支出的部分浪費，更使目標受衆能聚集焦點。

附圖 11-1 整合行銷專案的類型

不過有趣的是，若是問新創者是否願意花錢爲自己或爲新創的品牌做廣告時，有些新創者爲自己行銷的意願反而比較高，有時新創設計師可能自己開了一家公司，要花一筆預算去幫企業曝光時，新創者可能更希望在廣告中出現自己身影。但也有很多新創者是不願自己成爲廣告主角的，所以像是新創的保健食品公司，創辦人可能寧願找醫生代言，而不是自己現身在廣告中，但是在數位時代中的創業者，還是應該要盡可能勇敢的直接面對消費者，如此更能從「元行銷」的身分獲得彼此的認同。

對於新創者來說，自己越是能先搞懂這些行銷工具，就算不一定是自己親自操作，但也不至於像門外漢一樣被坑，而且當要花費預算時，至少能有效評估需求及可行性。有限的行銷費用使行銷工具必須彼此相互結合運用，無論是折扣、競賽還是其它能增進短暫銷量誘因的行銷工具，必須結合非大衆傳播工具，才能達成預設的效益與價值。而消費者更會經由體驗活動的參與，增進對品牌的認同。從溝通的層面來說，必須瞭解消費者內在的需求與動機，以及外在影響消費的因素，來決定行銷工具的選擇和內容，這樣才能發揮這些工具的最大效益。

11.2先搞懂的行銷工具的用處

而對消費者來說，因爲生活形態、興趣與對行銷環境的涉入不同，行銷傳播工具的組合更是得確保消費者能接收到訊息，同時也能對不同來源的訊息產生記憶累積，進而獲得需求的滿足。瞭解消費者接觸訊息的地點、時間與方式，運用能達成消費者接受與反應力的接觸點，才能達成品牌接觸的目的。從消費者的觀點確認，掌握顧客接觸傳播工具產生的影響，依照整合行銷傳播計畫的需求將接觸點依照需求順序排列運用，並設計合適的訊息，才能達成消費者對品牌的理想體驗。

行銷傳播的工具其實目的就是溝通，只是在過程中有時必須使用不同的方式才能達到目的，有時則必須考慮影響更多的對象才能產生效益，更進一步來說，在多種行銷工具的組合下，更能發揮各自的功能並產生綜效。在「元行銷」的環境中，就像我們知道促銷的主要功能既是提升銷售，但在消費者心中只有促銷方案卻不一定有效，這時前面加入體驗行銷的接觸機會，或是在虛實整合透過社群的內容產生曝光，再誘發消費者到店內排隊搶購……這時行銷人就必須更明白，消費者在接觸這些行銷工具時，究竟是用什麼樣的方式來理解，以及會產生什麼樣的反應。

附圖 11-2 行銷工具與溝通環境虛實整合圖

從消費者端來說，若是能夠在訊息的接收上更為便利且整合，就會降低浪費在接收無用訊息的時間上，而經過使用過程與體驗的整合，也能夠使消費者對自身本來的需要更加滿足，最終因個人與社群交流的必要性，達到了品牌幫助消費者外顯行為的呈現。從「元行銷」的層面來說，由品牌和消費者產生共鳴的行銷表現，增加並擴大了消費族群，也可能吸引其他潛在的消費者，組織內部的成員能因認同感達成共鳴，讓內在的力量更為強大。

在有限的資源中，我們常常要決定行銷費用投入大眾媒體與分眾媒體的比例，運用大眾媒體溝通時，能更快達到溝通訊息一致、行銷工具整合運用，以及綜效產生的特性。但是我們也明白在企業本身條件不夠理想的情形下，投入大量的行銷資源是很困難的，尤其整合行銷傳播必須經由整體性的規劃才能發揮效果，並從品牌的核心價值與需求選擇傳播工具，且依據各傳播工具的特色來運用發揮。但是若連品牌管理的概念都不清楚，或是對能運用的行銷工具也不熟悉，那就只是徒將一大筆行銷經費給浪費了。

這時分眾媒體的應用，就能更精準地達到與特定對象的溝通，像是針對上班族及商務客的電梯廣告、等待捷運時的燈箱廣告，或是在街上搜尋餐廳時，經由定位裝置推播的手機廣告、在醫院看病候診時的專題衛教新聞，都能達到一定程度的訊息傳遞，也能與大眾媒體的應用結合，進而達到「點-線-面」的行銷溝通效益。

所以我們可以先針對品牌的具體發展，運用策略及創意來規劃出大方向，再來決定使用哪些傳播工具，達到品牌與消費者連結，並將每一項行銷工具的內容給具體擬定出來，當採用多元靈活型整合行銷專案的模式時，就算是資源有限，也可以達成階段性的任務，卻又不會造成散槍打鳥的問題。若是使用一個行銷工具無法達成目標時，在消費者認知中還有哪些行銷工具的組合，是可以發揮功能的，這時就必須更深入的去分析、觀察和理解消費者。

在從更廣泛的面向來說，除了消費者之外還有許多可能與品牌產生關聯的公眾，當他們接觸訊息時，會先從與自身的關聯性及訊息的重要性來決定是否要花更多時間去理解。例如新產品推出時，運用廣告可以快速的傳播，但是廣告的訊息和內容若是設計不當，也有可能對不是消費者的公眾產生負面觀感。例如在廣告中強調專爲華人設計的彩妝，但當中的模特兒可能太過洋化，反而會造成對於文化議題關注的公眾反感。

在我的《整合行銷傳播策略與企劃》一書中，將整合行銷傳播工具分爲廣告及媒體採購、公共關係、體驗行銷、事件行銷、節慶行銷、合作贊助與運動行銷、會議展覽行銷、促銷與人員銷售、關係管理、資料庫行銷、數位行銷、搜尋及關鍵口碑、虛實整合、互動行銷、及社群行銷。也因爲不同的行銷傳播工具有各自的功能，要了解消費者對每項工具的反應並不容易，而使用行銷工具又必須花費預算，如今卻越來越難達成效益。

因此我認爲應該反過來思考，當消費者從可能接觸到的訊息，到完成購買後的問題解決，應該在過程中將哪些工具導入，才能眞正發揮作用。從「元行銷」的角度來說，以消費者爲核心的行銷工具設計，以及所規劃的整合行銷傳播策略，才能對品牌更有幫助。而當溝通結果是要產生實體的產品購買，或是引導消費者在到實體店面消費時，傳統的行銷工具加上創意的應用，還是能達到一定的效果；但是當我們要銷售虛擬的產品及服務，甚至是社會議題的改變與影響時，那就必須考慮更完整的新世代傳播工具，以及更善用具有「元行銷」特質的人，來發揮自己的行銷專業，和消費者自身的擴散力。

廣告及媒體採購	公共關係	體驗行銷	事件行銷	節慶行銷
合作贊助與運動行銷	會議展覽行銷	促銷與人員銷售	關係管理	資料庫行銷
數位行銷	搜尋及關鍵口碑	虛實整合	互動行銷	社群行銷

附圖 11-3 整合行銷傳播工具全貌圖

由於數位時代的行銷方案，許多都是採多個行銷傳播工具整合，因此我們確認在與消費者建立關係時，必須經由哪些溝通管道才能發生效果，也因此行銷成效的追蹤複雜度相當高。透過整合各方面的資訊，並對各項工具進行效益分析調查，才能對比出個別行銷活動，與整體行銷傳播計畫的效益。行銷專案的效果評估，關鍵點在於「時間」和「空間」兩項因素，從整個組織或事業單位的行銷環境、目標、策略和活動等進行全面性的檢查與評估，用以發現行銷機會與問題，並找出改進行銷績效的途徑。例如鼓勵消費者支持特定健康議題，而這時就必須針對不論是正反立場、適合溝通的方式，以及期望達成的階段性結果，都要有更具體的描述。

行銷效益的評估，必須自企業組織由上而下，這也是品牌經營的目的，如果組織自己的目標還不明確，或是以往的行銷計劃，過度偏重短期收益的達成，或對消費者滿意度過度期待，都會影響行銷投資的效益。這時我們應該要重新建立使用行銷工具時的投資報酬的評估標準，並設定最低的達成門檻，做爲整合行銷傳播計畫預算規劃的來源依據，並在組織內確實溝通達成共識。

對於我們所投入的行銷溝通資源，持續監控並適時修改行銷執行的流程，才能讓效益發揮到最大。例如當行銷工具的目標訂在消費者的行爲改變時，溝通的策略就應該盡量使用直接與人溝通的方式，像是由意見領袖告訴消費者，爲什麼在疫情期間回到家時，要先噴酒精來防疫，透過畫面和口述來強化消費者行動；或是當消費者習慣購買A品牌時，由品牌代言人直接呈現出與競爭品牌之間的比較，讓消費者可以在明白產品差異後直接產生購買轉換。並運用「元行銷」的觀念，將與整合行銷傳播計畫相關的組織人員，在薪酬獎賞制度上與目標達成率結合一致，使行銷人員的績效極大化，讓參與成員的付出與能力跟執行專案達成的績效呈正向關聯。

在行銷績效中，包含上市成功產品、銷售量及利潤目標達成，或是提升產品的市場佔有率、顧客滿意度，從通路商的角度則希望創造滿足消費者需求的商品組合，提升特定商品品類的獲利。因此我們在判斷專案效益的確認時，也要同時瞭解行銷計畫的達成過程中，可能發生的變數及原因，以及在未來的決策中不斷改進。行銷效益的評估指標包含：

1.市場銷售和價格資訊。

2.毛利與淨利的財務資料。

3.行銷活動價值的指標。

4.內外部成員績效達成指標。

11.3廣告依然有魅力

對於廣告的概念，可說是行銷人最爲熟悉的行銷工具，但也因此我們必須認知所看到及認識的廣告，多半多離不開最重要的——費用。從報紙廣告到電視廣告，從搜尋引擎排行廣告到社群貼文贊助廣告，當行銷人運用廣告宣傳時，因爲要花的是組織的錢，因此不論是公司或是非營利組織，都希望錢能夠花在刀口上。而新創者對於廣告的觀點，在公司仍有餘裕或願意加碼投資金時，當然是必要的選擇，但若是連財務槓桿都不太能平衡，通常就會優先將廣告的手段先行擱置。

廣告訊息可以運用概念、文字、聲音或其他刺激創造出來，而在數位時代中，消費者更在乎有趣、自我投射及有創意的呈現方式。當過去這些經典廣告在設計訊息的過程中，能運用適當的訊息來以影響消費者，以及符合消費者的需求滿足並具備時代投射元素。而現代我們只要能同樣掌握這樣的重點策略，設計廣告內容時讓消費者能夠瞭解並記住，甚至產生支持與分享的行爲反應，就是成功達成廣告最重要的目的之一。

台灣的電視廣告從過去的台視、中視及華視三台無線台開始茁壯，到了有線電視頻道開放後快速成熟發展，更讓當時的廣告產業猶如淘金一般的充滿生氣，其後因數位時代的興起而稍有式微。但是不論我們是40多歲的成年人或70、80歲的銀髮族，甚至是20多歲剛進入職場的上班族，都因爲在不同的年代中有著一些具有代表性的「廣告符碼」，例如當紅的偶像、朗朗上口的廣告歌曲或是讓人印象深刻的廣告標語，就算時代改變了也依然是讓人回味的頂尖廣告。

從不同時期的廣告可以反映出社會變化與民衆需求的趨勢，廣告能展現當時社會的價値觀甚至創造流行文化。消費者希望經由行爲達到需求的滿足，但有時潛在的欲望需要被洞察、開發與創造，而廣告正是品牌傳遞訊息給消費者的引線。有時消費者需要經由廣告強調消費的合理性與正當性，溝通說服自己接受廣告內的訊息或建議，進而對品牌產生正面的情感連結。筆者自己本身也有不少從小記憶深刻的廣告，在這邊分享幾支具有時代影響力，又對現在數位行銷有所啓發的廣告。

90年代的台灣正是經濟起飛的時期，光陽機車的「潑水篇」由偶像郭富城代言，高明駿與陳艾湄對唱的廣告歌曲《誰說我不在乎》旋律讓人記憶深刻，也帶動了當時的話題和銷量，而當時談戀愛哪是這麼容易，更讓人有種酸甜在心裡的感覺。而從父女之間的互動切入的三菱車業企業形象廣告「爸爸的背、回家的路篇」，更是投射了那些離鄉背井的子女，就算在外小有成就，但只有回到父母身邊才是家的所在，這也是品牌運用故事行銷相當成功引發討論的廣告。

當我們了解消費者對於文案的接收方式與可運用的策略時，如何讓文案成功能就是下一步。不論是社團小編、商品企劃還是負責廣告公關的同仁，每當進行文案發想的時刻就免不了絞盡腦汁、呈現一種讓人苦惱的狀態。常常有人在講「套路」，也就是套用既有的廣告文案架構，就像作文造樣造句，或搭配圖文時的「公版」。但若寫文案能一律使用套路就能生效，又爲什麼那些出奇不意的文案總才是吸引目光的焦點呢？我過去仍在業界擔任企劃的直接執行時，想文案也是一項重大的工作，像當時必須從整合行銷活動的主標題、各種促銷文字、具可讀性的商品推薦文等，都是必須運用到文案的時候。

而在廣告文案的案例中，有不少相當不錯表現的懷舊廣告，其中像是OLAY歐蕾的「我是你高中老師篇」，用演員年齡的反差和職業的對比，搭配讓人容易記住的廣告台詞，也帶出了產品的功能性。另外Konica軟片系列的「貫口篇」，透過資深演員李立群流暢的口條，一連串順利地唸出有如單口相聲般的台詞，最後那句「它抓得住我，一次OK！」更是深刻地被消費者記住。

若講到因歌曲讓人記住的成功廣告，麥當勞的「都是爲你篇」由順子演唱，「歡聚歡笑每一刻」則是張學友，這兩部廣告的歌詞不但跟畫面完美結合，營造了品牌的美好形象及生活感，更讓當時就算是不同世代的消費者也能同步感受到品牌的獨特魅力。若是將品牌名稱融入廣告內，並且在過去至今還能被消費者朗朗上口的，則是像改編自童謠《This Old Man》的綠油精廣告曲，利用的就是消費者已存在記憶中的熟悉旋律，再透過歌詞來強化品牌元素。

文案訊息本身的特徵也會影響消費者的感覺與情緒，包括圖片、音樂、文字內容與呈現方式。傳遞訊息的環境脈絡影響消費者信念的強度，以及信念的獨特性，使訊息更爲可信。訊息的重複可以強化消費者對於品牌的熟悉感，提升在決策時喚起對品牌的記憶。而社群文案因爲又更著重在即時性，所以像是議題的關鍵字應用，也很容易產生連結。文案的撰寫可分爲訊息訴求與訊息策略，訊息是運用概念、文字、聲音或其他刺激創造出來，設計訊息的過程以及運用訊息來以影響消費者就是訊息策略。廣告訊息必須考慮與消費者溝通的基本能力，以及符合消費者行爲中需求滿足的內容要素。

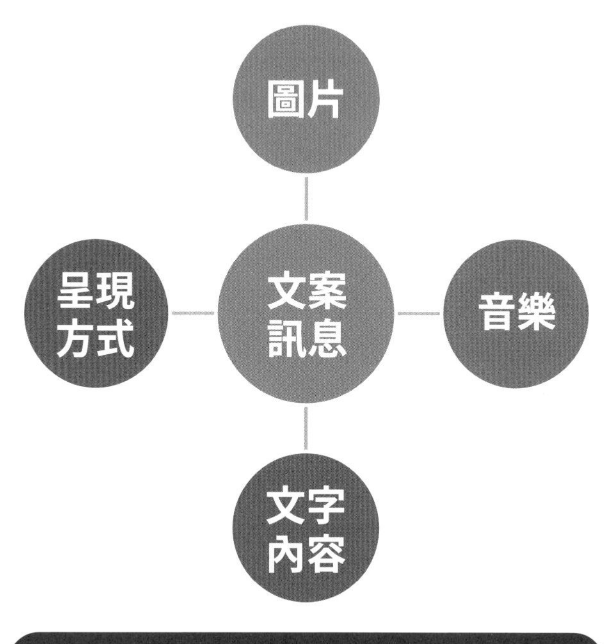

附圖 11-4 文案訊息應用相關元素

訊息策略在設計時必須思考訊息本身、訊息的傳送者及來源，以及接收訊息的消費者，廣告訊息則必須以讓消費者能夠瞭解，並覺得有意義的方式來接收與傳遞。因此筆者將文案訊息的類型分爲目的層面區隔類型與情感層面區隔類型。目的層面區隔類型包含說服創新性訊息，主要是激發消費者對尚未滿足的需求進行思考選擇，而競爭比較性訊息則是強調需求的選擇，直接比較品牌間的差異，提醒告知性訊息是強化消費者的偏好關係，增強與消費關係的維持。情感層面區隔類型則是從情感的差異來設計廣告訴求或主題，以預期消費者產生反應。廣告訊息可能同時結合不同的訴求，分爲理性、感性與道德。

例如針對疫情時的文案出現特定關鍵字，像是口罩、提升防護力等等就能吸引注意，但前面說到不是所有消費者都能認知一樣的文案訊息解讀，所以利用不同的文案標題設計來篩選聽衆，像是「開工保護好自己及家人」或「三歲以下兒童家長必讀」這樣的方式，降低不屬於溝通對象的認知落差。最後在可讀性的前提下傳達完整的文案內容，引導消費者閱讀文案內文並達成溝通效果。

其實文案的套路最上流的，就是在高度的創意與完整的消費者洞察下，產生出能達成溝通的訊息。而那些照樣造句或是套版，也只是一種經驗法則，或許我們不必過度迷信，但不過花個3、5萬買模型就能寫出讓人推坑的文案，或是從來不曾開車卻幻想如何讓消費者看到文案就決定下手買車，似乎是件有相當難度的事情。尤其對於具有「元行銷」特質的消費者來說，很多野生的文案高手就是基於自己對特定產業議題有相當程度的觀察，而進一步透過自我發揮所呈現，這時的文案反而更具有吸引力。

另外也因爲民衆對節慶行銷的認同度越來越高，不少品牌也會在重要的時機點，投入更多的行銷資源來與消費者溝通，甚至邀請明星代言、舉辦大型活動等方式，提升並帶動業績的達成，也趁此更強化消費者對品牌的黏著度。而雙十一則是除了百貨周年慶外，另一個連動衆多品牌共同參與的大型促銷型節慶，自然不少品牌會將一年最後一波達成業績的機會，押寶在這個超大型的活動當中，這時廣告文案及訊息訴求，就成了能不能殺出重圍的重點。

我分析了2021年台灣的四個主要電商品牌，包含PChome24h購物、蝦皮購物、momo購物網及Yahoo奇摩購物，針對雙十一所推出的廣告內容，分享一下可能的策略及溝通目標。PChome24h購物的廣告是邀請音樂人阿達，打造全新主題曲〈帥的事在24〉，用輕鬆愉快的調性帶出購物氛圍，並重點提及24小時內送達的品牌訴求。對於年輕一代的消費者來說，愉快的購物經驗與契合度較高的代言人，有機會拉近在社群當中的討論度，也因爲主題曲的設計，可以提升消費者的記憶點。

蝦皮購物則是邀請到天后張惠妹爲代言人，並且將過去的成名曲〈三天三夜〉改編爲這次的主題曲，也延續了之前品牌運用知名歌手及經典歌曲的策略。廣告調性爲熱情歡樂，更像是結合演唱會現場的氣氛，在品牌的主題色應用上，視覺相當豐富且有清楚的情境營造，帶出在平台上持續購物的訴求。

momo購物網則是選擇Lulu黃路梓茵合作，廣告呈現一種無俚頭的方式，訴求〈脫單〉的議題。代言人本身具有相當的主持經驗，在廣告中扮演像是指揮官的角色，有趣誇張的表演結合清楚的品牌主題色運用，讓消費者更容易被訴求所提醒。另外在廣告留言處，代言人的粉絲也表現出相當程度的支持。

Yahoo奇摩購物的廣告則是以運動健身的形象爲主，像是物流士早起舉啞鈴、超商店員天天練腹肌，或是消費者勤練手指等畫面，將雙十一的訴求設定爲更積極的備戰感。但相較之下消費者的點擊率則是較低，關鍵可能在於共鳴感的連結需要加強。

一般來說，資源足夠的電商品牌在雙十一的時候，除了在YouTube、Facebook這兩大社群平台的自媒體會上架影片外，另外還會增加預算進行推播，提升品牌能見度，甚至加碼在電視廣告上的預算。也因此就算都是以雙十一爲訴求，是否能在過程中不斷的提醒消費者，達成消費者優先購買的機會，則是重點之一。若是進而將廣告中的代言人及主題，運用在後續的整合行銷傳播，就更有機會引發話題並爲品牌的聲量和好感度帶來幫助。

11.4故事提升廣告溝通效果

行銷傳播的目標若是訂在消費者的態度或認知改變時，「元行銷」概念中應用故事的方式行銷，對於品牌來說就是很重要的內容應用，如同前面提到的故事結構，不同的故事有的需要長一些的時間去描述，有的可以用重點的方式呈現，所以在行銷工具中的應用，不論是網站的描述、社群的貼文、podcast的聲音呈現或是影片的完整呈現，都有各自的效益和限制，而行銷人必須了解怎麼運用才能發揮不同的效果。

而要讓故事更容易擴散與理解，廣告中的微電影型式是最常見的作法，當消費者被「影片標題」吸引後，願意花個3～5分鐘好好的看完一支影片，可能是椎心刺骨的感人故事，也可能是歡樂團聚的美好劇情，在故事中經由品牌角色的出現，達成對品牌的認同及形象的提升。例如在華人圈甚至全亞洲地區，母親節的節慶行銷可說是對廠商來說相當重要的一環，除了自古對於孝道的重視外，更重要的是通常要是突然買禮物送給媽媽，不是被當作有什麼詭計，不然就是因各種理由被拿去退掉，畢竟無事獻殷勤，不太像我們的文化習慣。

對於許多品牌來說，在母親節時結合節慶的議題，來增加消費者的關注度，甚至能帶來一定的銷售佳績，通常是一舉兩得。但是當品牌過度著重在「促銷方案」上時，不但可能讓消費者反感，更可能錯過跟適合的對象溝通品牌形象的機會。因此就我的觀察發現，相較於一般節慶促銷的廣告，更多品牌願意嘗試在不同的時間，依然從母親身分的角度，運用有創意的方式作爲溝通訴求，而溝通的對象則更不限於單純的商業消費者，而是更深度且更具有意義的溝通。

其中以母親議題爲訴求的廣告，首先是好奇（HUGGIES）一支很特別的母親節廣告，廣告主角是一名因爲眼睛看不見而無法像其他人能看到自己腹中孩子超音波圖的媽媽。而品牌透過運用3D列印的技術，讓盲人母親「看見」腹中胎兒的樣子，可說是兼具母愛和社會關懷的議題。再來是東京瓦斯（Tōkyō Gasu）的廣告，這個品牌可說是相當關注並運用家庭中的實況，去凸顯常常在背後看不見的地方努力而被忽視的支持者。這支廣告特別的是正好遇到日本的求職海嘯，許多人找不到工作而受到打擊，但母親不論如何都守在女兒身邊。不過也因爲廣告太寫實，當時還引起部分社會輿論的爭議。接著是寶路（Pedigree）泰國的廣告，現今社會也有許多人把毛小孩當作自己的孩子一般，雖然寵物也會有許多溫馨的互動，但是透過從孩子和母親間的羈絆，更強化了那些將生活重心寄託在毛小孩身上，且用心付出的消費者們之形象投射。

最後是寶僑集團（P&G）的「愛讓我們成爲更好的人」，這是品牌針對2021年奧運的全球宣傳片「Love Lead To Good」，主要訴求是關注在奧運選手背後的母親們，因爲有她們的悉心照顧和守候，才能讓這些選手就算失敗了也不害怕，在成功時更懂得謙讓。在台灣也有不少蠻特別的母親議題訴求廣告，像是之前麥當勞在母親節邀請工作同仁的母親，一同與還在工作崗位上的員工一同慶祝的驚喜廣告，或是大衆銀行曾拍攝一位年長的銀髮族女性爲了探望旅居海外的子女，在語言不通的情況下獨自搭機出國的「母親的勇氣」廣告。這些廣告不只爲品牌帶來銷售與話題，更讓人能在感動中省思自己，也讓品牌與消費者建立了更深層而有意義的連結。

而在連鎖咖啡店在行銷手法上，過去很少看到品牌投入拍攝電視廣告及微電影的溝通資源，但自從國內的咖啡市場快速進入了新戰國時代，超商統一及全家，都有相當不錯的品牌微電影運用，像是「CITY CAFE」的【城市–距離】就是從疫情的角度來看待社會，以及之前桂綸鎂代言的系列，另外Let's Café鑑定室則是以理性的方式，來強調品質與品牌的提升，也都對於消費者達到了一定的溝通效果。以往低調持續經營現煮咖啡的全聯福利中心「OFF COFFEE」，找到了國民資深玉女蘇慧倫代言，推出了微電影「媽媽的黑洞Black Hole」。而曾經被人視爲速食業咖啡轉型的勁敵麥當勞McCafé，也與導演蕭雅全、演員陳庭妮及黃健瑋，拍攝迷你劇集《從喝杯咖啡開始》，引發了新一波的討論。

過去超商品牌的現煮咖啡一直都有運用大衆媒體級代言人來溝通的習慣，除了結合促銷方案增加業績外，更重要的是產生品牌的「具象化」及「差異化」，從情感層面結合廣告微電影的訴求主題，能誘發消費者內心與行爲的反應，進而產生品牌記憶點。從情感的差異，設計廣告微電影的訴求或主題運用，以預期消費者的產生反應，廣告微電影透露的訊息可能同時結合不同的訴求，主要分爲理性與感性。理性訴求針對目標族群自身利益的追求，設法證明品牌能帶來預期的好處，而多數短秒數的促銷廣告，告訴你第二杯半價、買一送一，就是用直球的方式與消費者對決，希望立即性獲得消費者購買的機會。

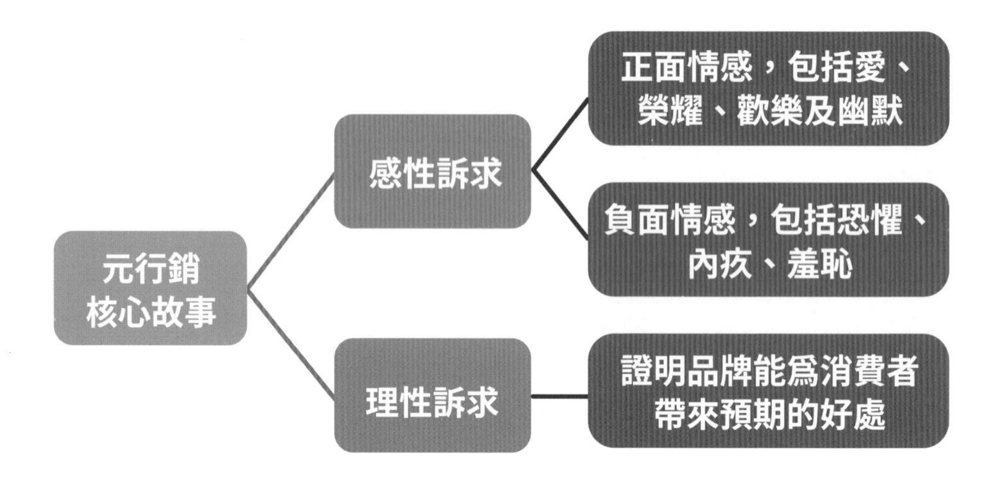

附圖 11-5 廣告微電影的訴求方式

而感性訴求則是用正面或負面的情感，刺激消費者內心與行為的反應產生。正面感性訴求包括愛、榮耀、歡樂及幽默等；負面感性訴求包括恐懼、內疚、羞恥等。有趣的是，全聯福利中心的微電影走向是以運用「內向者」的內疚感，透過父親的關懷、黑洞與咖啡的視覺連結，最後帶出女主角透過喝咖啡時與自己的對話與回憶。而麥當勞的微電影則是運用愛在曖昧不明時的感受，強化空間與對話的連結，最後讓閱聽眾感受到一股甜意。

數位環境中的消費者除了產品本身，越來越重視品牌與自身的連結，尤其是當消費者真的需要時，不只考慮產品本身好不好喝，而是以自己的感受來做品牌的選擇。「OFF COFFEE」有一個蠻特殊的地方，就是必須自己完成咖啡的製作過程，甚至包括放冰塊，乍看之下消費者好像會覺得麻煩，但確實有些人卻對親自完成生活中的各項瑣事，能夠感到平靜。而McCafé在營造「對話」這個議題上已經很多年，也確實跟消費者在品牌使用的環境上，有相當程度的關聯。

11.5公關還是主流

公關活動的運用時機，包含像是還沒有聲量的新產品上市、既有品牌及產品再造，以及跟社會議題有關的內容。所以很多行銷人會將記者發布會，當作新產品上市時的首要戰場，尤其是沒有太多廣告預算的時候，藉著媒體的力量增加能見度。而品牌及產品再造時的公關操作，更可能是爲了強化與潛在族群溝通的機會，並喚起既有顧客的回憶。尤其是現在電視媒體的閱聽衆，和網路媒體的相當不同，但只要能受到媒體青睞，就能在大衆目光與數位環境當中被看見。

而對我們行銷人來說，創新的概念或想法常常都是因爲改變現有的秩序，所以更希望讓議題能夠擴散，這也是媒體自身的價值之一，所以在策略的運作下就更能一拍即合。因此對於沒有什麼行銷經費的中小企業或是新創公司來說，公共關係的概念就是透過媒體曝光；但是對於具備一定規模的品牌來說，公共關係不但是建立品牌知名度的利器之一，也是同步爲降低風險及危機曝光的保險。行銷人可以有計劃的擬定對組織有利的訊息，並且利用合適的議題來做擴散，而中間能夠讓社會大衆甚至消費者認同的原因，就在於媒體的中間角色。當一般人在看新聞或是媒體製作的節目時，還是會思考內容的立場，但商業類的議題多少對閱聽衆來說，是相對中性而比較可以接受的。

消費者經由網路、新聞報導、公關操作等媒體管道，看到有創意的特殊商品，發現跟曾經參觀過的場域有關聯後，還是會喚起原本對該文旅品牌的記憶；就像故宮舉辦不同的藝文展覽後，當消費者想再回味當時的感動時，展後在當場或線上購買的禮物紀念品，就是很重要的品牌連結。另外有些文旅的品牌，使用的空間因爲是古蹟或眷村，本身可利用的元素相對更朝向懷舊復古的基礎，我們則可以思考與有產品開發能力的異業品牌合作，開發更具生活實用性或值得收藏的產品，增加消費者對懷舊與創新同時兼具的期望，也才有機會帶出消費者的商品購買力。

公共關係的經營

品牌、組織與企業的形象	社會責任的連結

議題的規劃與塑造

當下最夯話題的應用	消費者長期關注的內容	企業或組織希望說服的方向

公關活動的執行

與記者媒體的專屬活動	結合意見領袖的話題活動	消費者直接參與的虛擬與實體活動

附圖 11-6 公共關係人才職能養成圖

議題操作並不是一件容易的事，首先要思考操作這個議題的目的，並確認議題發酵後的整體環境形勢能是對自己有利的角度，就像有的品牌會嘗試用PTT帶風向，例如試圖營造國內的戶外運動服飾產業，已經可以跟歐美並駕齊驅，再進而帶到自己的品牌對標某知名大廠。從議題的角度來說，能具有一定的公眾關注度，但是當切入到品牌的曝光時，卻有可能出現正反兩極的爭論，甚至是負面聲量大於正面聲量時，就得要評估這個議題的操作可行性，但若是該品牌的媒體關係良好，則至少能在媒體的能見訊息中，仍是對自己有利。

然而，爲什麼很多時候行銷人儘管知道這個概念，能夠善用公共關係的卻不多？其中很大的原因在於，行銷人過去並不見得對媒體的溝通及媒體的效益有足夠的理解，甚至我們多半看到在媒體新聞當中，品牌的負面消息仍然多於正面，也有很多時候行銷人會認爲，媒體必定有自己的立場，不會只爲自己說好話。要是新聞的內容不夠理想，一旦公司怪罪下來，將很難解釋。但是新創者卻比較願意接受媒體的曝光，這或許還是跟勇於挑戰的性格有關。

11.6贊助與運動行銷越來越盛行

在行銷工具的目標設定時，首先要確認每次的專案的目的，是希望建立或提升組織、還是產品理念的知名度與可信度，或是再造並改善品牌在大衆心目中的形象？也可能是鼓舞銷售人員的動力並達成業績，或直接讓消費者立即購買的誘因。行銷人在資源的運用上常常是有限的，但老闆及客戶的慾望卻是無窮，只有清楚的說明可行性，並且用專業的角度來適度堅持，才不會讓自己遍體麟傷。另外旣然資源有限，我們在選擇特定工具及議題時，也需要越來越精準的與合適的消費者溝通，才能更容易達成所設定的目標。

除了蹭熱度之外，品牌也可以好好思考運動贊助。之前的奧運賽事讓消費者很有感，市場上出現了超越以往的關注及支持。除了正規贊助品牌之外，也有不少品牌雖然沒有機會或足夠的財力，仍然想參與這場盛宴，一起搭上全民話題，但又受限於「奧林匹克憲章」及「國際奧林匹克委員會」的相關原則規範，這時就有不少行銷人員想搞清楚，到底該怎麼做才能夠符合規定的一同參與這場盛宴。但是從「元行銷」的角度來思考可以發現，越是特殊的議題，尤其在虛擬環境中就更容易引發討論和關注，也就更可能爲品牌帶來期望的曝光機會。

運動賽事的贊助有一個很重要的前提，就是所在的環境對於運動本身的連結性是否正面，且具備能產生轉化的效果。例如早年台灣雖然在撞球賽事表現出色，但當時受限於撞球運動的社會觀感問題，贊助商相對的對於投入資源事，較爲謹慎。而像是棒球、籃球這些運動，因爲在國內的發展成熟，而且不論是冠名還是其他形式的贊助，只要隊伍表現不錯，通常對品牌都能帶來正面的效益；不過以往也曾發生過棒球賽事不公的負面新聞，當時對贊助單位來講，也就連帶產生了品牌的形象傷害。運動賽事的贊助行銷，是由贊助方將資源投資在組織、隊伍或選手個人，再將運動賽事本身的議題熱度和贊助者的表現，與品牌產生關聯性。像是冠名馬拉松及路跑比賽，或是資助選手身上的比賽衣物鞋子，甚至在整隊的衣服上露出贊助商商標。

以目的來說，除了增加品牌的曝光機會外，帶動贊助方的產品及服務銷售，也是很重要的因素。所以這些贊助品牌才會在曝光之餘，推出更多限量商品與服務銷售，或結合促銷方案來提升業績，就如同一場品牌與運動賽事合作的節慶行銷活動，帶著狂歡和歡樂創造雙贏的機會。很多時候贊助對象都是以「效益極大化」的前提爲條件來選擇對象，例如奪冠熱門、以往的個人形象良好、隊伍聲勢增強，當然也有少數品牌會將資源分散，例如贊助有發展潛力的選手及隊伍。

而贊助對象的表現畢竟多半要靠比賽來呈現，所以奪冠拿獎牌當然是最理想的情況，但是盡全力比賽卻沒能獲獎的選手及隊伍，還是有機會受到好評。在這種情況下，同時也可以讓贊助商帶來正面的效益，社會大衆也會認爲贊助商願意給尙在努力的選手及隊伍資源，是品牌形象的正面展現。

贊助商可以提供的資源，包括實際資金、服裝衣物、訓練器材、專業技術及其他服務。例如之前世大運時，長庚醫療團隊的醫生、護理師等專業人士，就進駐了選手村開設門診與急診，這就是相當不錯的贊助形式之一。另外贊助商除了付出相對的義務外，也可以善用自己的特色創造價值，例如贊助服裝可以同時在產品設計、包裝甚至廣告宣傳時，提及運動賽事的相關元素，並作爲銷售時的訴求；也可以運用在內部行銷，邀請自己企業內的員工家人，一同來觀看比賽爲運動選手加油，創造與有榮焉的認同感。

雖然以奧運賽事來說，只有極少數的品牌能使用像是奧運、中華隊等關鍵字，但是鼓勵中華健兒的拼搏精神，或是希望更多消費者也關注賽事，其實在「奧運期間廣告商機規範」中也有說明，非奧林匹克夥伴的廣告可以怎麼運用。但其實不論是否品牌方想搭上這股風潮，還是只想蹭個熱度，對於一般社會公衆來說，品牌方的出發點還是很重要的，甚至更多的消費者也會檢視品牌這麼做合不合適，以及當品牌獲得利益時，後續相對又做了什麼，才能讓社會公衆認同。

曾經也有品牌號稱會將活動的收益捐助運動賽事發展，但結果事後被抓包其實沒有履行諾言，或是正規贊助的廠商因爲產品品質不佳，導致選手受傷或輸掉比賽而備受批評。但是若品牌能夠在自己適合發揮的空間，讓社會公衆、選手隊伍，以及運動賽事都有正面的發展和鼓勵，那就可以更進一步好好著手規劃，針對許多具有潛力的運動提供協助，來進行更有策略的運動贊助行銷吧！

11.7疫情衝擊後的展覽行銷

尤其是因爲時代的變遷，越來越多的行銷工具也必須改變作法，沿用以往的模式效益可能已經相當的衰退。就像疫情的最大衝擊之一就是：展覽會議行銷以及體驗行銷這些必須直接與人接觸的行銷工具。但是難道我們就要因此選擇放棄運用了嗎？當然不是，而是改用更符合現代的做法來達成。例如酒商將特定的試飲品，先經由宅配送到消費者的手上，再運用線上溝通的形式來介紹分享體驗產品的內容與特色，雖然少了一點實體活動的體驗氛圍，但卻更能讓消費者願意嘗試，最終當消費者仍舊因爲在體驗中愛上新產品，甚至願意訂購時，就達到了最初的目的。

許多的創意元素在文旅產業中的商品應用，也是疫情後能幫助業者們找回顧客的好方式，例如工業及設計類的文旅業者，可以從藝術方面以線上策展的方式結合時尚，並透過社群來吸引消費者願意在觀展後直接線上下單。或是與本土的玩具公仔廠商合作，推出具收藏價值的商品。對消費而言，每一次的購買行爲都是一個新的接觸機會，如果能不斷的推出節慶行銷主題，就算因消費者沒有機會實際前往觀展，也可以透過網路來購買相關贈禮或自己收藏的情況下，帶動與品牌的互動。

一般展覽的成員組成包含了主辦方、參展方與參觀者，但是三者之間的界線因爲虛實世界的影響，顯得越來越模糊，而且也產生了權力的變化。例如消費者的行爲改變也包含了社爲議題的層面，所以若我們服務於公益單位，則可以思考運用實體的展覽，或眞實呈現議題關注的重要性，像是推動無障礙空間的議題時，可以直接讓消費者看到亂停車會對銀髮族或是身障者造成的不方便，進而讓消費者願意透過自身感受來理解問題，最終透過個人的分享來產生行爲的改變。但這時若因我們是自辦展，所以主辦方就是參展方，而參觀者甚至經由參與的過程，進而成爲了展覽的一部分。

針對實體活動事先評估邀請的消費者之參與意願，是比較容易做到的事情，但有些活動就是期望能更廣泛的接觸到可能的潛在消費者，這時就得要從活動舉辦的地點來著手思考。例如迪士尼，因爲疫情，遊客無法出國親自前往樂園，這時若要舉辦實體的公主主題展時，就要思考可能對公主議題有興趣，且有持續消費機會的目標對象最可能且願意現身的實體場域，這時百貨公司的主題展廳就是最好的選擇之一，因爲在消費能力和購買意願上，目標客群與百貨公司的消費客群重疊度也較高，且展期結束後消費者仍可在百貨公司的玩具樓層回購，或是在線上商城直接下單。

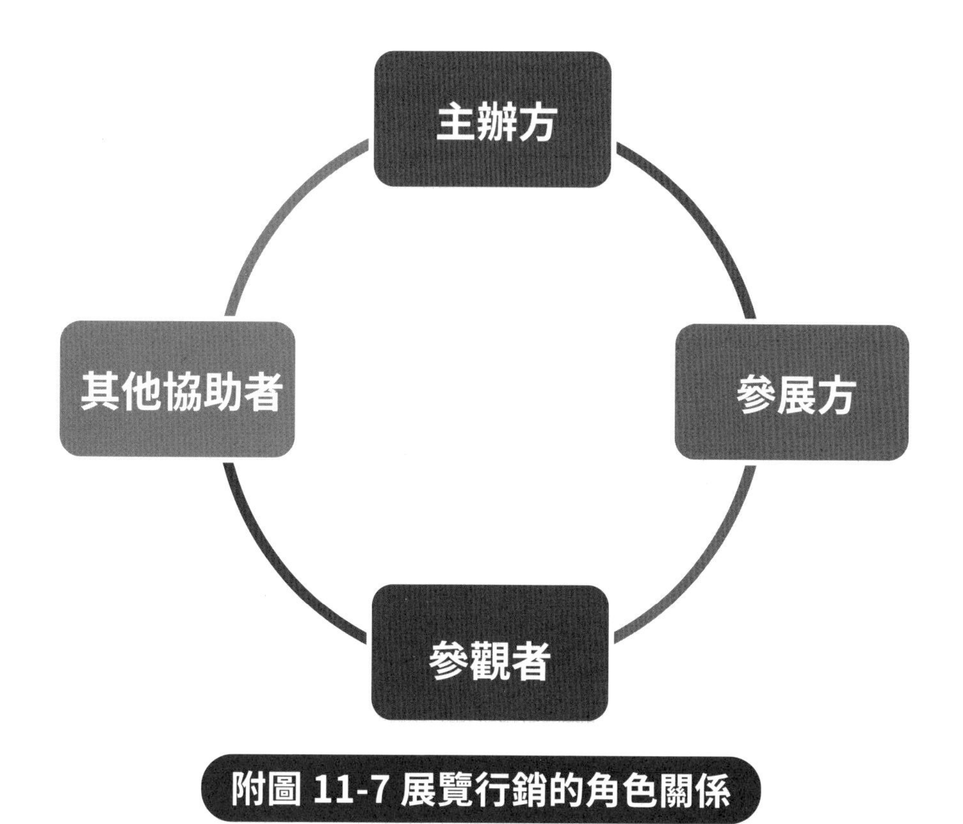

附圖 11-7 展覽行銷的角色關係

但是，也有些實體活動會特別考量能接觸更多陌生、且有機會轉化爲目標客戶的地點，例如愛盲基金會希望吸引更多消費者對盲胞議題有所關注，就將活動場地選在華山1914文創園區，讓對文化議題及社會有可能關注的年輕人，更有接觸的機會。而且在實體場域中，本身可以發揮的宣傳空間也很重要，例如周邊是否能展示大型的廣告看板、關東旗，或是在展區的自有推廣刊物、網站和社群中，是否能露出活動訊息。另外因實體活動本身就有很多需要現場人力支援的地方，所以在不同類型活動的人力配置上，都要有更周全的計劃。

就算只是在賣場舉辦試吃活動，我們在規劃時也需要一次進行數十場、甚至百場的整體評估，才能幫助品牌發揮夠大的效益。這時，在多個場地的協調、時段的確認、適用品與銷售品的數量和進出貨方式與大量人力的運用上，都有許多不同的項目要仔細確認。不過就算今天只是新創者在沒有資源的情況下，一樣可以適用這樣的體驗行銷工具，像是到農業主題市集擺攤，或是參加地方縣市舉辦的主題展售會，都有機會接觸到感興趣的消費者，並利用小成本的方式來提升消費者的購買意願。

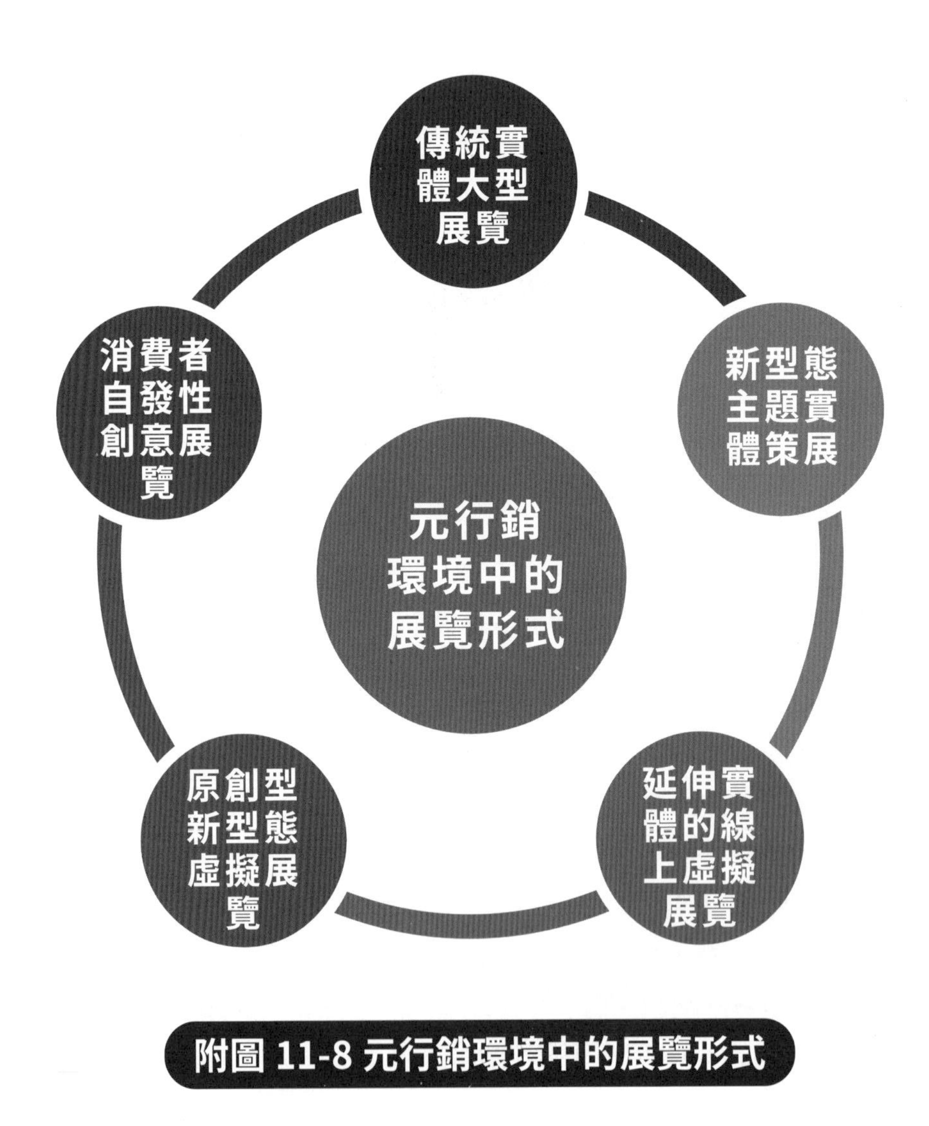

附圖 11-8 元行銷環境中的展覽形式

對很多中小企業來說，需要付出更多的努力才能生存下去，當然有不少人選擇透過參展來增加曝光機會，也能透過虛實整合與資源連結讓宣傳效益極大化。受到疫情影響，明顯看出數位策展的需求大幅度提升，雖然實體展覽還是最能直接接觸消費者的方式，然而像是外國的展覽館、節慶活動，因爲國際觀光客無法前往，但持續性的溝通與互動還是相當重要。衆多品牌在自媒體的應用越來越有成果時，如何將數位策展與自媒體結合，就成了很重要的新課題。透過消費者的自行參與互動，讓數位策展不再只有單向，「使用與滿足」的轉化行爲，讓線上的觀展者可以旣是觀衆也是創作者，而品牌所扮演的更多是內容提供者的角色，適時給予消費者參與的誘因。

在數位策展的情況下，想將原有的社群貼文、網址內容甚至虛實整合，以展覽的方式來呈現，就必須對「展覽意識」有所了解，而不只是單純分享資訊。實體策展因爲成本高，相對來說要有明確的主題和獲利模式，且重視品牌溝通與體驗。然而數位策展可以有更多的實驗性與互動性，運用多元的新媒體來展示、傳遞訊息，並且讓觀展及有意願參與互動的觀看者，能感到驚喜及有趣。

品牌在社群上有系統的針對特定主題來傳遞訊息，讓接受者不但能了解議題很重要，更要能記住品牌的獨特形象才是重點。不論是使用哪種載體，以合適的內容讓閱聽衆著迷才能達到數位策展的目地。通常策展品牌會擁有一定規模的訂閱戶、追隨者或好友，也有些只是淺層的追隨者或閱聽衆。當爲品牌策展時，保護品牌形象與資產是相當重要的工作。

實體策展通常是場硬戰，決勝也常在細節與落實度，而數位策展則是馬拉松，要長期經營、測試、建構、調整，自有內容創造和相關資源連結。要是做到跨社群溝通時，那更要隨時注意議題發展和可能的危機。我很喜歡策展的發想與執行過程，因爲能具體看到展場風格、展品呈現及創意實踐。數位策展則更可以將品牌的理念、想法，透過數位媒介傳遞得更遠，也更沒有距離。或許疫情改變了過去的策展型態，卻也幫助了數位策展找到新的發揮空間！

11.8跨界合作打群架

當我們走進超商時，看到了知名的早餐店或砂鍋魚頭，透過聯名的方式可以容易的購買，或是經典遊戲機的手把成了悠遊卡，不但吸睛還能實用，甚至是當在賣場買東西時，居然發現可以透過集點換購，獲得自己喜歡的動漫商品周邊，這些都是品牌與品牌之間，透過「跨界合作」的方式，呈現出更多元的商機，也讓消費者常常可以看到原本喜歡的品牌，經由合作後呈現出另一種不同面貌。

品牌透過跨界的方式，達到接觸新的消費群體機會，也提升了消費場景的使用範圍，像是本來筆者偏好的「星際大戰」，經由與超商跨界合作後，推出了可以烙印上IP圖案的烤麵包機，就是一個成功拓展品牌與消費者接觸領域的成功範例。跨界合作在許多不同的領域，都能幫助原有的品牌找到更多商機，兩個甚至更多的品牌之間，因原有的品牌形象不同，也能利用跨界合作達到形象轉換的機會；例如台灣代表的大同電鍋、鼎泰豐和台啤等品牌，透過與Uniqlo優衣庫的合作，達到了品牌年輕化的訴求。

透過創新的思維，無論是電影圈、動漫圈或藝術圈，與服飾業、電器業以及食品和連鎖通路的合作，這些年在台灣市場都激起了許多火花，也引發了不少話題。不同品牌的合作也同時形塑出共同的價值，甚至因爲推出獨創商品，進而創造出一波波的市場熱度。之前清心福全與哥吉拉的合作杯套及周邊，或是Mister Donut與GODIVA合作的巧克力甜甜圈，都創造了搶購的熱潮，更一度成爲當時的打卡熱點。

但是並非兩個品牌跨界合作就一定會成功，就像有些超商合作動漫品牌的集點活動，若是商品吸引力不足或設定條件不合理，依然會有消費者興趣缺缺的問題。另外像是有的老品牌希望將自己的火鍋鍋底，透過跨界合作與超市聯名推出，但卻出現風味改變及使用添加物來延長保存期限等問題，是否對品牌就一定都是正面效應，就是值得思考的重點。要做好跨界合作就要先明確目的，不同的合作方式與深度，影響了專案能否達成效益，尤其是對自身品牌和消費客群的認知與了解，以及對合作品牌的熟悉程度。

也因此要完成一個成功的跨界合作，重點在合作品牌之間的關聯性，維持相當程度的品牌形象一致，但又能在矛盾及「適度違和感」中，創造出成功關注的話題。像是百靈電鬍刀與餐飲品牌鬍鬚張的合作，不但把品牌中的鬍子給創意「刮了」，卻又不會讓消費者感到無法接受，進而引發消費者對兩個品牌的討論度及關注，也是跨界合作運用上的正面案例。

因此，就如同有城市舉辦休閒農場的農特產品及伴手禮市集，參與重點旅展及跨縣市合作活動，都能讓更多消費者產生關注。甚至是將休閒農業與大眾媒體結合，透過議題曝光及置入性行銷，再搭配社群的持續溝通，當消費者對於特定行程感興趣，甚至是主動詢問時，所能創造的效益比起只在網站公布，或等待消費者開車路過更爲實際。當然休閒農業中除了休閒農場，合作的民宿業者、鄰近的加油站，特定簽約的旅行社，都可以是異業結盟的對象，透過共同曝光的機會能讓好的旅程更被看見

另外在便利性上，除了外帶外送的形式之外，跨品牌合作也是行銷人可以嘗試的作法，例如將本來只有中部區域限定的知名烤鴨，用限時限量提供的方式，一個批量的送到北部的披薩店，讓北部的消費者可以有機會更便利的嚐鮮；或是在南部知名的西裝服飾店，在特定節慶時與文化新創者合作，派老師傅到北部的時尚選品店一日快閃，協助現場丈量訂製西服還能之後寄送到府，這些方式都能讓消費者更有機會完成最後階段的消費，並且能帶動話題和社群的關注。

透過合作，品牌雙方既有的接觸點，能覆蓋更多目標人群的購買與認識機會，並且藉由跨界合作了解合作品牌的產業知識與操作關鍵，經由新元素的刺激，幫助品牌在營運模式上帶來內部提升的機會。同樣在相當層面當中，消費者也是爲了能獲得CP值較高的產品及服務，當迪士尼樂園的類似玩具要價上千元，透過跨界合作的超商集點只要一半的價

格，或是去五星級飯店消費一碗牛肉麵，通路聯名款等於打七折，這些原因雖然現實，但還是消費者眞實接受品牌聯名的原因之一。

我整理了以下四種跨界合作的模式，可做爲想要運用品牌跨界合作的企業，甚至是非營利組織來參考。

一.識別元素合作，把品牌名稱、標誌、象徵物等元素，或是品牌當中具有代表性的符號元素，透過合作授權的方式允許對方運用。例如國際化妝品品牌與知名藝術家的跨界合作，運用了標誌性的普普風元素，作爲產品包裝及行銷議題的連結。

二.創新產品及服務合作，將品牌當中原有的製作方式、材料、口味等元素，藉由合作品牌來重新製作生產，藉此推出新的產品及服務。例如速食店品牌與台灣在地酒品牌跨界合作，推出期間限定新品，帶動消費者嘗鮮購買意願。

三.行銷傳播合作，運用合作品牌的線上平臺或線下門店資源，充分發揮各自的通路及傳播優勢，達到相互爲對方品牌曝光的效益。例如化妝品牌與陶器專賣店跨界合作，結合乳癌防治資訊與手作陶藝體驗，達到提醒目標客戶定期自我檢測的議題溝通。

四.商業模式合作，運用合作品牌的成功商業模式，作爲互相支援及延伸的一部分，不但降低相互競爭的可能性，更形成聯盟形式的合作關係。例如銀行品牌跨界與聲音社群品牌合作，將消費者的定存利息轉換爲合作品牌的儲值金額。

因此如何更進一步擴大品牌本身的延伸效益，成爲了跨界合作更被重視的關鍵。不少消費者其實會爲了能獲得自已喜歡的品牌而產生購買或行動支持，不論是中秋節的庇護工場聯名插畫家產品推出，還是耶誕節的城市行銷，結合國際玩具廠商的裝置藝術與打卡場景，跨界合作帶來的更多是議題上的曝光，以及社群上的互動。只有持續發揮創意，讓消費者感到驚喜甚至是感動，那才能讓跨界合作爲品牌帶來的幫助，不只是曇花一現。

chapter 12

發揮元行銷的特色——訊息與行動的完美結合

當虛實整合的世界越來越常見，消費者花大錢在買虛擬貨幣，而另一方面實體的賣場越開越多，但是消費者都在網路社團討論，自己喜歡或討厭的品牌，這時代數位行銷已經不再是附屬品，行銷人想要在網路上找到自己的同溫層，新創者更是在社群努力建立自己的一席之地。別再區分實體還是數位，更別等待別人成功了自己再跟上，在這瘋狂的時代，數位行銷就是未來的主戰場。

當別人迎頭趕上時

重新開始的一里路

產品及服務的時空循環

用品牌創造新世代

虛實整合的事件行銷

數位行銷時代的新議題

用口碑替品牌發聲

讓消費者一起參與

12.1當別人迎頭趕上時

每隔一段時間，我們就得將心態重返創業之初，不論組織在成立時是以營利爲主的公司還是建立服務的公協會，都可能是當時的先鋒，能滿足當下的需求，然而隨著時間進程，我們可能已成功的改變了一些事，也滿足了當時的消費者需求，但我們若未能再持續進步，原來的消費者也會慢慢流失，因爲沒有繼續跟上他們新的需求。20年前最受年輕人歡迎的品牌，當那些年輕人都成了中年人，但品牌卻還在用過去的思維和方法來滿足時下的年輕人時，就只能說是：落伍了。

大家在討論最夯的元宇宙、比特幣甚至是NFT時，我們是覺得這些跟自己沒什麼關係，還是一頭熱的急於分享自己的觀點呢？數位環境的變動對於行銷人來說，常常會有一種必須跟上腳步，但又覺得力不從心的感覺，但是對於新創者來說，只要嗅到錢的味道，就是機會所在。也因此那些內在積極的行銷人，就越不希望自己在數位行銷的戰場上落後，但是如何說服企業的其他同仁，甚至是老闆願意跟上腳步，就必須花費更多的時間。

數位轉型的工作常常會落到行銷人的身上，原因在於多數組織都認爲，行銷人是較爲追求流行並跟得上數位環境的一群人，雖然這多少有些偏見，但也確實很多的我們是因對創新挑戰的接受度高，才會從事這項工作。這時若是接手這樣的專案，可以先思考從內到外的情況中，可能會遇到的障礙；像是數位轉型後對品牌是否更有價值？公司及同事是否能更賺錢？而在轉型的操作過程中是否會過度複雜及違背既有認知？最後是轉換後可能付出的代價。

在資訊如此發達的時代，就像當我們好不容易規劃了APP準備上線時，卻發現競爭品牌的APP已經上線了，而且還比我們多了電子支付的功能！這時我們到底該延後新品上線並強化功能，還是硬著頭皮先上之後再想辦法事後更新？這個選擇其實並不容易。那麼爲什麼我們已經明白數位時代及工具的影響，卻還是來不及跟上腳步？這就要回到現實層面，多數組織的發展並不是突然出現的，在企業發展的過程中有當年加入如今卻已邁入銀髮的夥伴對數位工具及內容的使用並不熟悉。

另外當品牌過於積極轉型數位化時，不論是創新的行銷方式或是產品服務，原有的消費者是否也能跟上腳步？畢竟若是本已購買20年產品的忠誠支持者，他們的生活型態也仍是一直維持以往的消費模式，若突然發現新產品只能在線上購買或是便宜很多，那反而可能造成消費者的流失。因此，階段性的促使希望影響的消費者試用體驗數位服務，或是將消費者可能在過程中碰到的痛點更加以釐清，才能讓數位轉型的過程不至成爲一場災難。

在數位環境中，消費者除了產品本身，也越來越重視品牌與自身的連結，尤其是當消費者不只在乎咖啡好不好喝，而是著重在自己在品嘗飲用時的感受與購買前的品牌印象來做選擇時，願意投入資源做品牌溝通的業者，就更有機會被消費者給記住。數位行銷傳播是從全方位的面向來規劃品牌的行銷傳播需求及與消費者溝通的管道，而行銷傳播工具的運用與效果，與品牌對工具的掌握與執行監控能力有密切關聯。

當運用「品牌耶誕樹」的理念來發展我們的品牌時，在不同目的議題及資源投入時，同步將數位整合行銷納入，貫穿在尤其像是社群媒體這樣具有動態持續性的媒介當中，達到品牌訊息的累積，以及整體品牌效益的提升。當品牌希望能在一年當中，讓消費者有規律的關注自己設計的節慶活動時，就不能亂槍打鳥，而是運用專案企劃來系統性的告知，在持續累積數位行銷的溝通結果後，自然就能達到更多消費者願意加入我們的「元行銷」陣營。

像是經歷了這幾年的疫情衝擊後，國內的整體旅遊市場，已經發生了徹底且劇烈的改變，在消費者對未來何時能再出國觀光，甚至是回復以往的便利性及安全性的期望中，仍需要相當漫長的時間來等待；相對來說，安全的國內旅遊就成了今年最重要的市場。而在國際觀光客也無法如以往進到台灣的情況下，國內的各種不同類型的旅遊觀光相關經營者，也持續地進行產業升級與品牌再造，希望能讓那些以往只願意出國的消費者，開始重新喜歡上國內的旅遊內容，也希望能藉此逐漸改善部分曾經不太理想的國旅經驗。

以往其實國內就有許多台灣美景是值得去旅遊的，當無法出國看看異國的自然風景時，尋找國內有特色的自然季節美景，像是特色花季或是高山大海，就成了消費者另類異國風情的一種投射。在消費者討論熱度高、消費者偏好提升及關注的原因下，以及在國內旅遊市場中，有相當持續發展商機的類別，很多都是數位行銷的議題所塑造出來的；而我們是否能從中找到機會，才能讓自己的品牌在數位行銷中不落人後，更要把握過去有機會願意使用購買我們產品服務的消費者，更進一步的願意透過社群替我們的品牌發聲。

12.2重新開始的一里路

若我們品牌的主要對象是末端消費者，這時不同的零售通路對品牌的表現還是會產生影響，尤其是有些消費者很在意選擇性，當品牌的知名度較高時，在衆多品牌中還是比較有機會能脫穎而出。所以不論是進駐量販店還是超市，只要基礎支持的消費夠多，就能有一定的銷售量，但是較沒有知名度的品牌，若是願意在這些通路中投入資源，像是讓消費者可以透過試吃試用，或是新品上市時直接買一送一，都能夠提高被選擇的機會。最容易銷售的主力品牌，也常在超商見到，價格還稍微貴一點，就是因爲論便利性，指定購買的行爲能夠省去最多時間，這時若是較沒有知名度的品牌，就算在超商投入資源，也不一定會有太多效益。

但若是在已經具有組織品牌光環下的新產品，或是原有產品的新風味，就一樣能獲得消費者願意選擇的機會，例如統一集團的自有茶飲新品牌，或是可口可樂的新風味茶，不論在量販店、超市及超商中，都較容易完成銷售。那若是行銷人所在的公司，正好不是一線品牌，或是剛創業成立的新品牌，手上也沒有資源時，那該怎麼辦呢？最直接而快速的方式就是網路銷售，「探索型消費者」對於嚐鮮的意願通常較高，但是一般傳統通路較不會常常出現新品牌，所以若是能在電商平台上看到推薦，或看到有其他網紅開箱，當消費者有興趣購買時，能夠立即上網下單購買，就成了很大的樂趣和滿足。

對於新創者來說，在資源有限的情況下，要選擇直接面對零售通路及消費者，還是採取企業對企業的交易模式跟批發商經銷商打交道，這個選項也會影響了後續怎麼完成最後一里路的延伸。因爲當我們選擇與中間商交易時，看中的就是對方在後端銷售的掌握能力；例如製作檯燈的公司，若想直接將產品打進知名大賣場並不容易，因爲商品數量和品牌知名度都不夠，但如果將銷售交給專門跟通路打交道的中間商，除了可能一次保障訂單數量外，也更有機會藉由中間商已經和通路建立的交易關係，而使產品上架銷售。但反觀未來若是想等品牌做大了就切斷與中間商的合作轉向直接接觸通路，就可能發生利益衝突，甚至遭遇抵制。

而另外一個重點則是品牌的發展藍圖是否夠完整。以檯燈公司的例子來說，新創者當然希望自己能提高利潤，或降低好幾層的經銷制度的分潤，直接用較低的價格吸引消費者；但若將通路的全面性分開來看，原價的四折是中間商可以接受的收購範圍，而原價的六折則是通路商可以接受的金額範圍，保留常態性活動及促銷方案大概是八折的金額，才是消費者最終買到的結果，那麼品牌就可以思考逐步轉換銷售占比，例如多多透公司的網站直營電商，或是線上購物商城的上架，只要末端消費者在不同的平台依然願意以差不多的價格購買，在平衡中就能提高品牌的能見度，並同時持續提高自己的獲利。

運用線上門市來補充實體店不足的地方，以及完成銷售時所需要的服務，再用實體店本身的優勢來強化與消費者的互動及關係管理的維繫，這是同時具備線上及實體門店的好處。但若我們眞的只能先從電商切入時，選擇與自己的品牌形象、產品特性及競爭力都相符的平台上架，才能讓銷售的機會不被競爭者給搶走。而越是倚靠電商的通路，也就更需要有計劃的在社群及關係管理上投入資源。因爲在元行銷的環境中，虛擬世界的訊息更快速的相通連結，只有讓身處在其中的消費者，經由流暢且有效的溝通後，完成線上購買，才不會讓數位行銷的努力，在線上的最後一里路完成前功虧一簣。

也因此像是蝦皮購物的出現，讓大量的新品牌及微型企業有了新的戰場，當每逢特定的活動推出，雙十一、周年慶等各種節慶時，只要能讓消費者看見，或是給予誘因，就有機會在線上將自己的產品銷售出去。而若是已經完成首次銷售的品牌，也能在出貨時引導消費者到自己的FB粉專上，透過直播更關注品牌的活動，或是邀請消費者加入品牌經營的社團，持續提供新品的資訊，這時就能形成品牌與消費者之間的銷售與推薦循環，也讓最後一里路能夠一直延長下去。

12.3產品及服務的時空循環

當我們著迷於開發新產品、新服務時，卻可能忽略了有些事情其實是循環的、會重複發生需求，疫情中最明顯的一件事，就是台灣早年也曾發生過重大疾病，所以在防疫的控制上，有著相當不錯的經驗，而從SARS嚴重急性呼吸道症候群發生的時候，口罩的銷售就曾有一段時間出現高峰，在疫情逐漸緩解之後，也還有不少人家中囤積著當年的口罩，我在新冠肺炎爆發的初期一下子買不到口罩時，也是從家中翻箱倒櫃找出當年的存貨，直到搶到新鮮貨後才更換成新的。

再說說讓人感到開心的事情。就像玩具的收藏，不少三、四十年前風靡各國的太空超人、忍者龜，甚至是更早的星際大戰，在時光不斷地前進中，儘管玩具曾經風靡一時，成爲當時大人小孩的最愛，卻也會被衆人遺忘在遙遠的記憶中；然而這些玩具只要仍有消費者依然喜愛，總有一天仍會翻身。而這幾年的復古風潮更是證明了這點，經過修正缺點的玩具以全新的售價重新上市，在歷經兩個世代後再次獲得消費者的喜愛，星際大戰電影更從三部曲變成了九部曲，甚至都成爲了迪士尼樂園的新寵兒。

而服務的再現也發生在許多地方。小時候我們會聽到專人騎著攤車，叫賣著修理電器及回收，經過了很長一段時間都沒有再次聽到這樣的叫賣聲，但這兩年消費者懷念過去的美好時光，不少觀光景點就將這樣的服務文化保留下來，讓消費者可以在探訪過程中找到曾經的回憶。更例如眷村園區的餐飲和符號，經過了重新淬練後，成爲了家中三代在休閒時的新目標，更是讓有價值的產品及服務，用創新的方式保存下來。

例如曾經在民國60年代左右，在美系與日系品牌的挹注下，台灣靠著代工的生產實力，可說是當時最大的玩具製造國，龐大的訂單也帶動國內經濟的發展，同時也開始累積出不少後來台灣本土玩具產業發展的基礎。像是美系品牌的美泰兒Mattel、樂高LEGO、孩之寶Hasbro，或是日系品牌的萬代BANDAI、多美TOMY等，但早期台灣玩具產業的發展，根基於較爲廉價的勞工，且當時的生產過程環保法規沒有現在嚴格，國外品牌因爲發展自有版權的能力較強，所以也能持續地讓生產維持一定規模，並且達到國際化的曝光。

而台灣本身的消費者其實也有很長一段時間，收藏都是以美日系的動漫及相關作品爲主。以玩具類來說，日系的機動戰士鋼彈、聖鬥士星矢、魔神英雄傳，美系的太空超人、忍者龜、星際大戰，對消費者來說收藏有著紀念與懷舊的意義。而眞人化的日系特攝，像是假面騎士、戰隊及超人力霸王，更是讓當時的電視台及錄影帶出租業帶來相當理想的收視與收益，自然在台灣的玩具市場上，販售與流行的都是舶來品。

但是當過國外品牌因爲成本及環保法規的考量，不再將生產重心放在台灣時，部分的生產廠商只能選擇轉型，幸運的是近10年來，因爲數位環境的興起以及創作者對於智慧財產權的重視，台灣本土的玩具業者像是研達國際、牛奶玩具、夥伴玩具、路遙原創等公司，開始找到新的商業模式，包含幫只有數位圖像的網路插畫家設計生產扭蛋及盒玩、與本土的新銳設計師共同開發有國際話題的設計師公仔、像是米腸駿的恐龍黑幫，甚至是直接與國際動漫品牌接軌，進行聯名與設計生產的玩具。

市場的普及化也讓更多的台灣消費者除了關注美日系的玩具外，像是TTF台北國際玩具創作大展的話題性曝光、遍地可見的扭蛋機與盒玩販賣通路，甚至是超商及手搖茶店的聯名，都讓本土的動漫版權及玩具產業有了更多的發展機會。雖然玩具產業畢竟不是民生用品，但是能帶來人心的療癒與安慰，台灣本土的玩具生產設計產業在經歷代工、實體轉型到版權設計開發，也花了不少時間才重新站上舞台。近年來包含香港及對岸也開始關注台灣的本土玩具，雖然疫情造成了巨大衝擊，但或許也是讓整個本土的動漫玩具產業鏈，一起思考更合適的溝通及發展機會。

這樣的影響和變化，也存在像是眷村文化演進成爲懷舊時空的再現、經典台菜的重現與再定義，甚至是老屋的翻修再利用與新生。因爲「元行銷」讓以往的消費行爲、文化背景及價値，透過了虛擬的環境產生持續關注，而實體的空間與交易讓品牌、企業及組織有了繼續生存的條件；更重要的是，對於相同特定文化與消費有偏好的人，可能是長大的消費者或是接班的企業二代，也可能是在行銷工作中特別偏好某一文化與記憶的行銷人，經由「元行銷」人的身分轉換，讓歷史當中具有價值的元素，重新出現在新世代中。

12.4用品牌創造新世代

流行文化使消費者的消費行爲接受了更多來自於行銷傳播的影響，這時越能創造風潮及議題的品牌，在當下的市場競爭中越有機會脫穎而出，雖然流行文化有時與消費者自身的次文化或是生活經驗並不相同，但消費者又能在參與的過程中找到了新的群體認同之關係建立。所以回歸到我們自己，我們是否曾去思考自己是什麼樣的消費者？跟爲什麼會成爲品牌的一分子？這一點或許是讓我們更容易找到並與目標消費者溝通的重要因素之一。

有一次我去某新創服飾配件公司開會，新創者親自出來接待我時，身上的配件就是自家生產的產品，但是當會議進行到一個段落時，他問我：「怎樣讓同仁更願意在日常生活中穿搭公司的產品？」因爲他不只一次看到同仁放假時，身上沒有一件公司的服飾配件。這時我反問：「你有向公司同仁行銷過自己的產品嗎？如果同仁不使用自家的產品，是不喜歡還是沒有足夠合適的產品呢？」這時我們就可以發現，這位新創者至少自己應該是個強迫且固執型的消費者，所以也對自家品牌有著高度的愛好，但是他缺乏對自家同仁的認識及了解，也沒有讓同仁成爲品牌的愛好者。

消費者受到品牌的影響有多深，在這個資訊爆炸的時代，其實雖然沒有以前那麼明顯，但仍相當容易看出潛移默化的結果。就像我們在校期間幾乎都曾聽過那些成功的品牌案例：蘋果公司、微軟、麥當勞、星巴克……從翻譯的教科書開始，一些歐美系的知名品牌早就耳濡目染在生活當中，再來日系品牌像是集英社、萬代玩具、SONY等，也常出現在文化創意類科系的課堂中。雖然知名的本土品牌也不少，華碩、王品或是巨大機械，也都是台灣學生時期不但常見，且會在學習過程中認識了解的品牌。

整合行銷傳播由消費者的需求出發，決定說服溝通計畫發展的形式及方法，其目標就是與消費者建立關係，並改變消費者的行爲，這時我很喜歡問一個問題：「到底是消費者影響品牌的發展，還是品牌影響了消費者的行爲？」從臉書的出現我們可以發現整個世代都受到了巨大的影響，網美族的形成就是在社群平台中找到了舞台，而YouTube及抖音更是讓年輕人從根本上的閱聽習慣發生變化。當然擁有這龐大影響的品牌並不多，但卻可以說甚至連行銷人的養成和塑造，都受到了這些主流品牌的影響。

在與消費者溝通時，行銷人員必須瞭解消費者接收訊息的平台及有興趣的內容，並根據消費者的需求與習慣，運用適合的行銷傳播工具並設計內容。消費者容易受到像是文化、家庭及學習過程等特定影響，於很多消費認知產生「對與錯」、「是或否」的規範限制，像是從過去流傳下來的習俗、深植於次文化的特有觀點，或在行爲上的制約。例如對「性行爲」中的消費，像是保險套的使用與情趣用品的購買，就受到極大的認知差異，但回歸到消費者行爲的需求，不論是從衛生教育、對人尊重或是自我滿足的角度，都可自己做出適當的選擇。此時，品牌扮演了更重要的角色——幫助消費者重新建立認知，並且從中學習。

雖然絕大多數的品牌，並不具備這麼龐大的影響力，但是部分品牌或多或少，也塑造了一部分消費者新的認知，就像有的社會企業對公益議題較其他品牌更爲重視，所以也有消費者也在這個過程中被教育和影響。新創者其實多半期望能與以往的競爭者不同，但要將眞正的差異讓消費者接受理解，就必須有足夠的力量去教育消費者，最後若是能讓消費者產生變化成爲新一代的消費族群，那才能增強維持品牌的影響力。

以國內的消費者來說，最明顯受到影響的就是環保和旅遊行爲及對應的品牌和產業，像是特別訴求環保的洗髮精品牌歐萊德，就在這些年對不少消費者來說，達到了一定程度的環保教育，也改變了部分消費者的生活需求，凝聚了一批忠誠的支持者。另外像是以往偏好露營的族群，早期不多且還有不少是受到救國團的影響，但是這個品牌還是塑造出了一群不同的新消費世代，當這群消費者的經濟能力和生活條件都成長後，也就更願意投入露營甚至是邀朋友一起加入。不過以這個例子來說，消費者群體和產業都成長了，但前述的品牌卻可能光環不在。

當我們充分了解自己品牌的消費者時，就能規劃出更合適的顧客關係方式，不同的消費者類型期待，與品牌建立或維繫的關係型態也會不同。自戀型的消費者可能希望由品牌主動，讓自己擁有一種備受尊榮的感覺，而反抗型的消費者則希望能透過自己的建議被採納而看到品牌不斷進步，依賴型的消費者則是希望品牌能有更貼心的服務及關懷，就像家人一般，而探索型的消費者則是希望品牌常常有新鮮事發生，而更立即性的優惠誘因更是不可少。

維持特定顧客關係所需花費的成本，常常是品牌所不容易拿捏的，尤其是品牌在初期資源缺乏時，應該先吸引更多的消費者上門，還是先掌握核心消費者的回購？這時就要回到現實問題，如果今天我們的消費者是以探索型爲主，其實在初期的顧客關係維繫上效果有限，因爲這群消費者還是持續在尋找最新、更新的產品服務，但是我們尚且沒有足夠的資源來滿足他們；但若主要面對的是依賴型消費者時，越快建立穩固的關係，對於品牌的發展越能打下有利的基礎。

12.5虛實整合的事件行銷

關於疫情對行銷人所帶來的衝擊，主要在無法聚集人潮並擔心群聚，這都導致了事件行銷的大規模停辦，比起會議展覽更嚴重的問題是：通常品牌就只有一次三十周年、會員破100萬也是終生難得一次，因此不太可能隔年再來，更重要的是，原本要透過大型活動凝聚的熱潮，也在種種限制下無法點燃。

我過去專門研究事件行銷，將事件行銷定義爲「品牌或組織針對目標受衆的生活型態，在特定時空、場域中，規劃特定議題並以活動方式呈現的媒體、公共關係及行銷工具，並亦爲其他媒體之訊息來源。」因此，事件行銷的關鍵在於大量的曝光和群體的接觸，最終爲品牌帶來效益。

我們在規劃事件行銷時，主要出錢的單位包含品牌、媒體、企業、組織（包含政府單位及非營利組織），而希望並邀請參與活動的對象，則包含了消費者、潛在消費者及其他目標受衆，溝通過程須透過其他媒體及事件行銷本身的媒介效果傳遞。這種根基於公共關係，以及整合行銷傳播的大型行銷活動，讓品牌直接與消費者接觸，以往必須透過實體才能達到溝通效益，但是在「元行銷」的新世代中，卻也能透過虛實整合找到新生的發展機會。

就像由企業舉辦的五十周年演唱會，現在除了實體活動的進行之外，還能透過虛擬的空間來進行，或是與遊戲公司合作，讓本來就在線上互動的消費者，經由品牌的實體消費後，獲得線上演唱會的入場券，

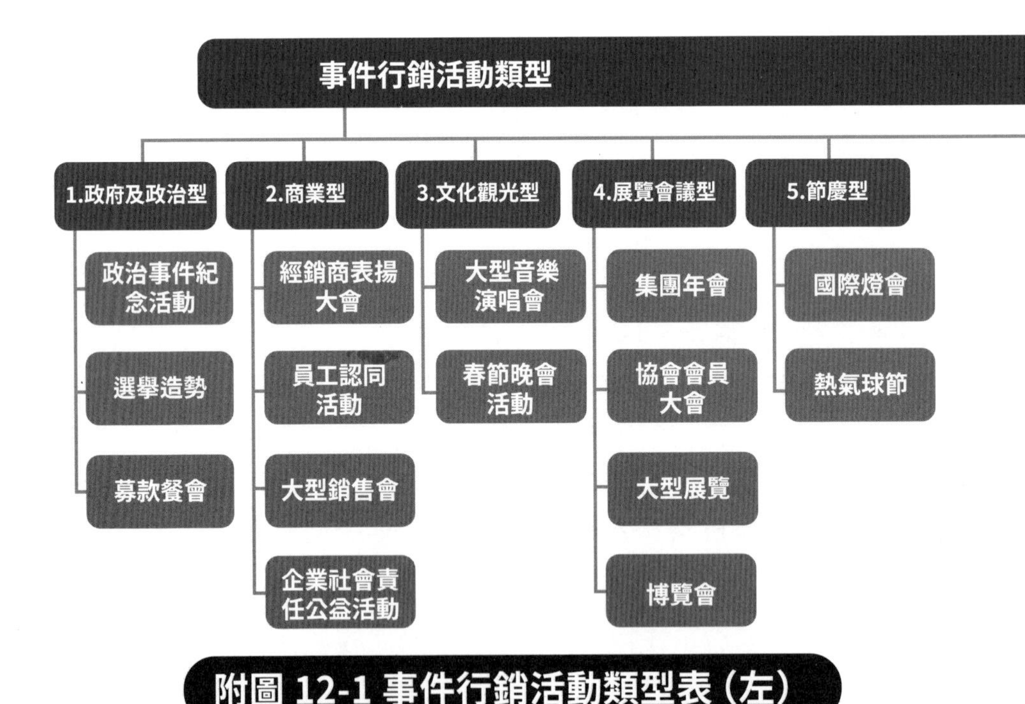

附圖 12-1 事件行銷活動類型表（左）

就能直接參與虛擬的體驗活動。事件行銷活動區分爲針對企業或組織本身的主題，以及原生於消費者生活的主題，而不論是實體還是虛擬，本質上來說還是一場大型活動與公關議題的升級版。

我們運用事件行銷的本質，以具有創意的話題，結合廣告、媒體，達到宣傳與曝光的效果，進而吸引消費者參與，並針對不同類型的目標市場或生活型態，結合特殊時刻及參與體驗的營造，建立並提升參與者對品牌的認同度，甚至還能同時影響品牌中的內部同仁，達到「元行銷」的理想溝通效果。

很多的事件行銷像是品牌舉辦的露營日、主題市集或是野餐日、路跑，都跟消費者的休閒活動相似，只是加入了品牌本身的溝通元素，而消費者願意參與的原因像是透過活動找到自我認同、家庭關係的凝聚、社會互動與社群交流、文化探索學習、享受愉悅的舒適環境，以及嘗試具有挑戰性的經驗。我們發現更有趣的是，不少消費者本來對於舉辦事件行銷的品牌，過去不一定有好感度或是購買經驗，例如知名時尚雜誌

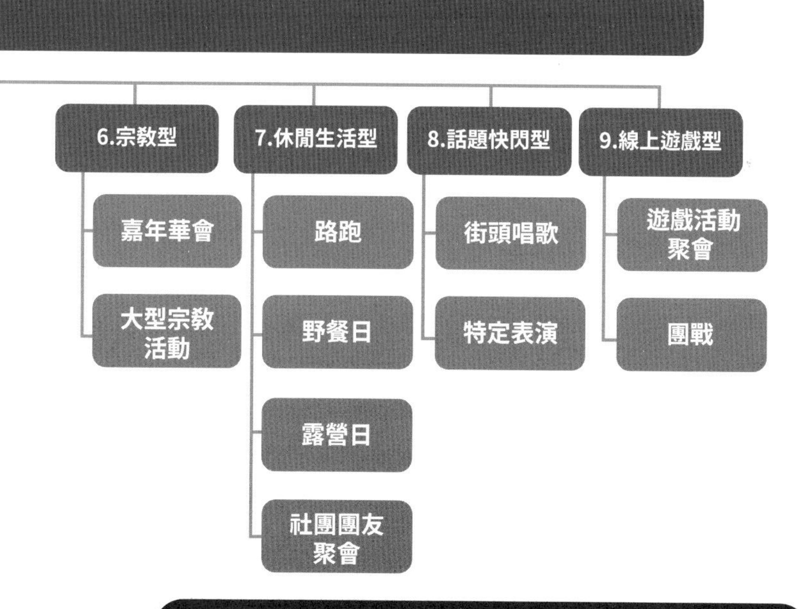

附圖 12-1 事件行銷活動類型表（右）

品牌，但是在參加該品牌舉辦的實體活動後，因爲滿足了消費者自身的行爲投射，反而有意願在社群上成爲品牌的支持者。

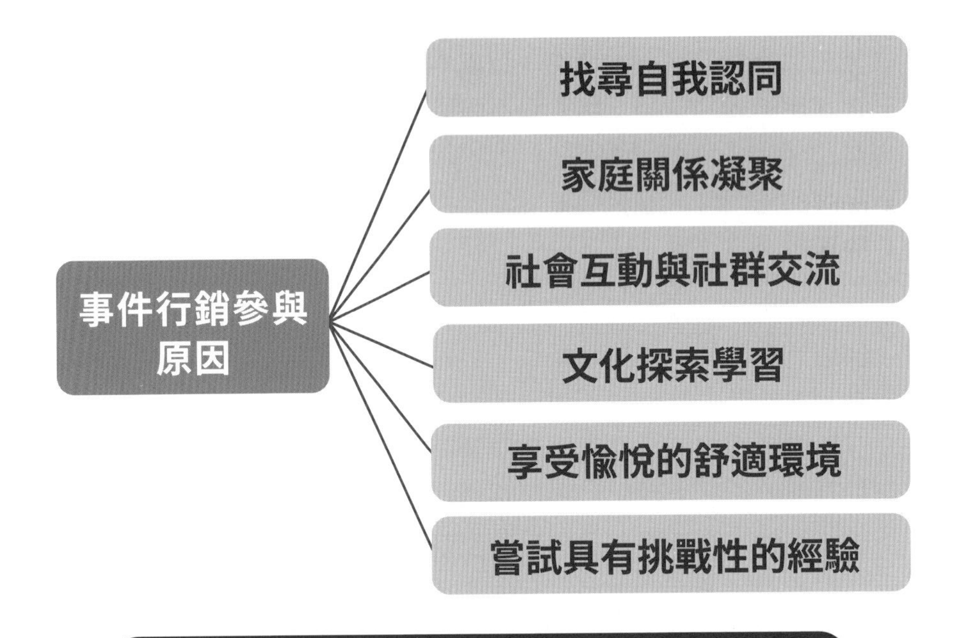

附圖 12-2 消費者參與事件行銷的因素總覽

在事件行銷的議題操作上，我們若是從活動本身的特色來說，可以分爲創意特色及故事性塑造，而要能夠更有效吸引參與者，就得強化分衆溝通，以及對特定對象的意義連結，最後再與外部媒體合作，適時提供訊息來滿足新聞曝光，甚至進一步與媒體結盟，讓行銷資源發揮更大的效益。就像我們舉辦快閃活動時，有創意的題材媒體也會感興趣，而擴大成大型的一天野餐日時，若是與媒體及意見領袖合作，甚至能讓更多題材產生自發性的擴散。

12.6數位行銷時代的新議題

消費者的服飾購買習慣，相當受到品牌知名度與媒體溝通影響，像是電視廣告、新聞報導或是口碑推薦，都會產生一定的效果，而不論是平價日系服飾、快時尚的歐系品牌，或是運動為主的美系品牌，都投入了相當多的媒體資源，同時也在門市店面或電商上積極布局，就為了讓消費者能在購買時，更容易產生品牌指定的機會。也因此可以看到近來崛起的本土品牌，也是透過廣告曝光、代言人及網紅宣傳等方式，讓消費者產生記憶，也有老字號的本土服飾品牌，經由深入各鄉鎮與城市的開店策略，並運用公益活動來維持消費者的關注。

當品牌知名度不足也缺乏資源時，首次購賣機會和顧客關係管理就成了關鍵，尤其當品牌只有一或二個店在經營時，消費者願意上門常常剛好是逛街路過，但就算首次購買也不代表他記住了品牌名稱，更有可能就算下次經過也不一定會再上門。因此透過社群的群組或自媒體持續曝光，更即時性的提供消費者需要的訊息，並配合節慶促銷活動的規劃，持續累積品牌與消費者之間的關聯。當消費者願意主動推薦，甚至是分享品牌資訊給其他人時，才能算是品牌溝通的效果達到一定程度。

品牌形象的建立必須透過無形資產的累積，從行銷傳播活動、新產品服務，甚至是社會議題的影響，如果想要運用節慶來創造議題，就必須先了解節慶背後的意義與價值。節慶活動多半原生於社會公眾的文化、信仰及生活指標，會運用什麼樣的節慶來跟消費者溝通，並不是亂搶打鳥，而應該從品牌文化中的象徵意義與價值來思考；像是在乎家庭價值的品牌應該要規劃父親節、母親節的節慶活動，關注專業從業人士的企業或組織應該針對勞工節、魯班節、建築師節甚至與教師節來做連結，而特定的公益非營利組職更應該在世界地球日這樣的時間點積極參與。

對於創造議題這件事，一直都是讓我們既興奮，又期待的一大挑戰，尤其在尋找議題的過程當中，要從哪些地方來累積有意義的訊息有系統的溝通，更是耐人尋味。對於眾多議題中，最讓人感興趣的，莫過於一些帶有爭議、甚至會引發多方討論的敏感性內容。並不是多數品牌都能駕馭這樣的議題，有時甚至當議題的討論未能獲得妥善的控制時，還會對品牌造成負面影響；但如果議題根本沒有引發討論，那就只是平淡的過場，並沒有任何效益。

像是之前曾有以幽默圖像搭配犀利文字的插畫家，會在不少知名品牌的社群下留言，而內容多半是以反諷慣老闆、揭發職場黑暗面等切入角度，來回覆一些原本是鼓吹「職場正能量」的貼文。剛開始不少正反兩極的支持者出現時，甚至有人會私訊這位插畫家，不論是鼓勵還是批評，他仍然堅持自己的風格，甚至也會在利用網上的負面評論操作一番。在社群時代，我們常常可以發現，那些每天貼著正面鼓勵的貼文不一定有人支持，但是能反應一些社會現象的「負能量」貼文反而更有熱度。

在社群的環境中，知名品牌想透過貼文來跟消費者互動，成了這個時代的公關操作方式之一，所以當有人在貼文之下留下了立場鮮明的反向留言時，品牌該怎麼回應也成了新的挑戰。不少品牌會選擇主動出擊，利用標註插畫家的方式來正面互動，甚至有的就是之前被diss的品牌，卻也大氣的參與跟上熱潮，就算被說是「蹭熱度」，也成功引發了閱聽衆的關注。「有新聞總比沒有好」——曾經是早先媒體與公關微妙平衡的說法，之後才逐漸轉變成盡可能維持品牌的正面形象才更理想。

在一些網紅、名嘴甚至像這次的插畫家，都採取另類的爭議方式，不但爲自己的品牌帶來了更多的曝光，甚至也引來品牌的流量；因此這也讓我們反思：什麼才是在「元行銷」中能夠眞正長久的溝通方式？還是品牌只能用更多的短線操作帶來關注？或許在這個新社群時代，更多元的議題操作方式，只是反應了閱聽衆原本內在的想法，誰能用合適的方式，把話勇敢說出來，就有機會獲得曝光機會。但要怎麼讓品牌能一直持續走下去，就要有更完整的策略，才能讓自己不是曇花一現。從「元行銷」的角度思考，核心還是在於人的視野與觀點，只有使用自己眞心認同的溝通方式，來面對新世代之於議題和品牌的觀點才能更長久。

社交網路與社群的力量最重要的功能之一，就是我們可以更容易找到對議題感興趣的閱聽衆。只要將自己的訊息發布在網路上，其他的平台對此議題有興趣的使用者也能看見並跟著關注，甚至當我們想建立個人品牌時，不論是運用文章、聲音還是影片的形式，都能更容易的去表達。但是單方面的訊息傳遞在數位環境中是不夠的，最重要的關鍵在於內容的產生者與觀看的閱聽眾之間的互動，不論內容是行銷人、新創者所發佈，還是組織的粉絲專頁，甚至是閱聽眾自己，當有人對於內容感興趣，或是對發布訊息的主體也產生關注後，就能凝聚成群體的社群力量。

在數位環境中，消費者社群是一群對某種特定興趣和愛好的人們進行交流所建立，像是品酒、模型、露營等，同樣的這種社群模式，又可能從單純的網路世界，經由設備進入類似眞實的環境，這就是未來在FB上的社團，可能透過VR擴增實境的視效，大家宛如在眞實世界一般面對面交流。而包含了大量用戶的網路遊戲、聊天室甚至是展覽會議，都將實體搬上了網路，卻又在其中感受到眞實。這也就是「元行銷」未來最重要的應用，讓與品牌、企業或組織、產業，不論是內部的行銷人和經營者，或是外部的消費者，之間產生緊密的連結與對話方式。

越來越多的消費者也開始在乎虛擬時代的浪潮，原因往往因爲是害怕自己跟不上時代，當身邊的朋友都在討論最新的議題，而我們卻一頭霧水……這時品牌又同樣的再次扮演了重要角色。例如：現下就算只是鹽酥雞都能發行NFT，但卻讓就算對NFT一無所知的消費者，在與同儕聊天時有個話題；或是採線上授課的老師，運用了最新的數位技術來展現人體的內在構造，然後透過贊助來帶入品牌的特色，最後才發現原來是專業的電視節目……這些新領域都是儘管消費者尚未使用購買，就已經成爲數位時代中重要的最新議題項目，我們可以盡快跟上的腳步，並創造與消費者連結的機會。

12.7用口碑替品牌發聲

產品與服務是直接影響消費者對品牌使用與體驗的主要因素，透過附加價值與潛在需求的滿足，能讓消費者對產品進一步產生需求。例如休閒農業的業者可以提供的產品，包含休閒農場的解說導覽、消費者的手作體驗、民宿的住宿空間、特色餐飲的提供，以及伴手禮的選購。合理收費與理想服務是以往市場上的基本條件，但現在消費模式更呈現M型化的發展，有的消費者願意付出更多的費用，但要能在更優雅的帳篷裡拍照，或要求有水準的牛排大餐，這時目標瞄準金字塔頂層發展的高端業者，就必須能了解消費者的需求，甚至是滿足消費者能在社群上分享的考量。

若是品牌希望吸引不同型態的家庭爲主要對象，就得更加仔細考慮包含像是無障礙設施、幼兒照護環境等條件，最重要的是清楚自己的定位。別因爲消費者之間的不同需求，而壞了自己的口碑。就像有些打著寵物友善旗幟的休閒農業場域，就得要顧及可能有顧客害怕動物叫聲或氣味的問題；或是主力接待較小孩童的業者，也要在隔音及經營環境上，考量到需要特別投入的服務資源。推行會員制也是一種經營方式，不但能累積消費者的持續關注，更能透過口碑帶來新的推薦客源。

像是不少旅行社業者爲了搶國旅商機，這時若家中有養寵物的朋友，就必須面臨帶毛小孩一起出遊，還是幫牠們找地方安置。另外因爲不少消費者在乎與寵物一同拍照的機會，想製造共同的回憶時光，所以在旅遊景點上偏好更具有經典特色的地點，或是能讓寵物拍出好看照片的環境。疫情後也影響不少消費者對於像是露營、休閒農場等戶外活動的選擇意願增加，戶外還能同時兼顧寵物感到天然舒適的環境，也就使消費者更有意願前往旅遊，至於天數通常較短，能避免寵物感到不安和不可控制的意外。

許多具有消費能力的族群，也更願意飼養寵物當作陪伴的對象，願意給寵物更好的生活，這也影響了市場的改變，例如精品寵物飾品，以及可與寵物一同用餐住宿的場域也越來越受青睞。這類的寵物飼主比較在乎口碑，因此參考身邊同好群體的討論議題，對提供寵物友善服務的品牌，會有更高的敏感度與消費機會，在社群的表現也較爲吃香。如果從「元行銷」的概念來應用，成功的故事行銷、更符合新世代期望的創意服務，以及社群上的口碑經營，就會成爲我們與消費者一連串從接觸到購買的溝通流程。

數位行銷中，口碑行銷的本質其實就是人際影響力，就像我們透過搜尋引擎，看到網紅介紹的吃到飽火鍋，當我們對這個網紅一無所知時，文章所能產生的影響力相對有限，但是若看到網上已有一萬人按讚支持時，就會先主觀認定這應該是位受歡迎的人物，所推薦的內容應該可以信任。口碑傳播對消費者購買決策的影響力越來越大，其實我們更可以說，是消費者將原本的實體人際互動轉化投射到數位環境中，而本來身邊很會吃懂喝的朋友，代換成了意見領袖或是網紅。

名人背書的效益是不是越來越差，這對很多行銷人來說，是一個很關鍵的課題。當主管說要找個網紅或意見領袖來合作時，我們還能從網紅影片的觀看效果、意見領袖的文章影響力作爲選擇時一定的判斷基礎，但像影視歌星或是模特兒這些演藝人員，能否在他們自己精采的銀幕表現之外，一樣能幫品牌帶來幫助呢？這時同樣要回歸到元行銷的概念，不論是哪一種類型的名人，若他們不是品牌的使用者，那在這個世代中也就越沒有說服力，就像全身體態勻稱、肌肉健壯的影星，至少要在自己代言的健身房好好使用一番，若只是做做樣子，哪天被人發現其實在另一家健身房運動時，就成了欺騙。

有時名人可能幫多個有競爭關係的品牌背書，若品牌只是利用他們的名氣增加能見度，有時還可能可以理解，例如知名咖啡師在上個月的影片中推薦了A品牌的咖啡，這個月又分享了B品牌的咖啡，從專業的角度來說，兩者都是一次性的背書，但若希望藉由這位名人的專業背景和形象，來深化品牌的獨特形象，例如找人氣男演員或是金曲獎得主樂團時，就必定得在一段期間內避免重複代言的情況，以免導致消費者產生混淆或矛盾，就算這個代言人確實有多個自己喜歡也常用的品牌，也要有一定的職業道德。

早些年我們也常常看到，那種每天穿得光鮮亮麗的歌星，生活日常買的是精品服飾，卻突然代言了本土平價品牌，當時似乎只要靠明星的光環就可以打動消費者，雖然確實有些粉絲會買單，但是當粉絲看到明星日常又穿上了精品時，可能就跟著又轉移了目光；這若這是我們的品牌，心裡應該會有些矛盾，畢竟衣服不會天天穿同一家牌子，但是收了錢、曝了光之後，如果就讓人感到代言人對品牌沒有興趣了，這不但是對行銷資源的一種浪費，更會傷害了其他對品牌原本忠誠的消費者心理。

相較於大衆媒體，人際溝通的呈現可以讓消費者有更強大的社會連結，認爲這是有人願意爲品牌背書的表現，但是當我們過度依賴口碑行銷時，反而會將原本屬於品牌自身要建立的形象，像是可靠、值得信賴等訊息，拱手讓給了第三人。這時就得提到我所認爲之「元行銷」更重要的價值——讓品牌成爲意見領袖或網紅！這個概念其實一直都存在，像是早期會有品牌用象徵物來做爲廣告的主角，或是創辦人親自上陣擔當代言，但那只是淺層的識別溝通。而由公司的同仁擔任品牌行銷的元素，像是獲得很棒的年終而主動發文在社群分享、認同自己的公司而主動推薦朋友加入，甚至是行銷人本身就成爲公司的代表的意見領袖之一。

在社會不同群體及需求中，本都有意見領袖的存在，影響著多數需要資訊來幫助自己做判斷、做決定並避免風險的公衆，但意見領袖這個角色並不容易，不一定是名人就特別有優勢，必須具備專業知識與足夠的經驗、在社群中累積足夠時間的聲望，而這樣的角色也可以是品牌中的行銷人或新創者。更重要的是，品牌自己本身必須也要願意，投入資源去塑造自己。在「元行銷」的環境中，一個連自己都不願意爲自己發聲的品牌、企業或組織，將越來越難獲得消費者及可能的潛在員工支持，甚至可能有流失包含投資人、合作夥伴及現有員工的風險。

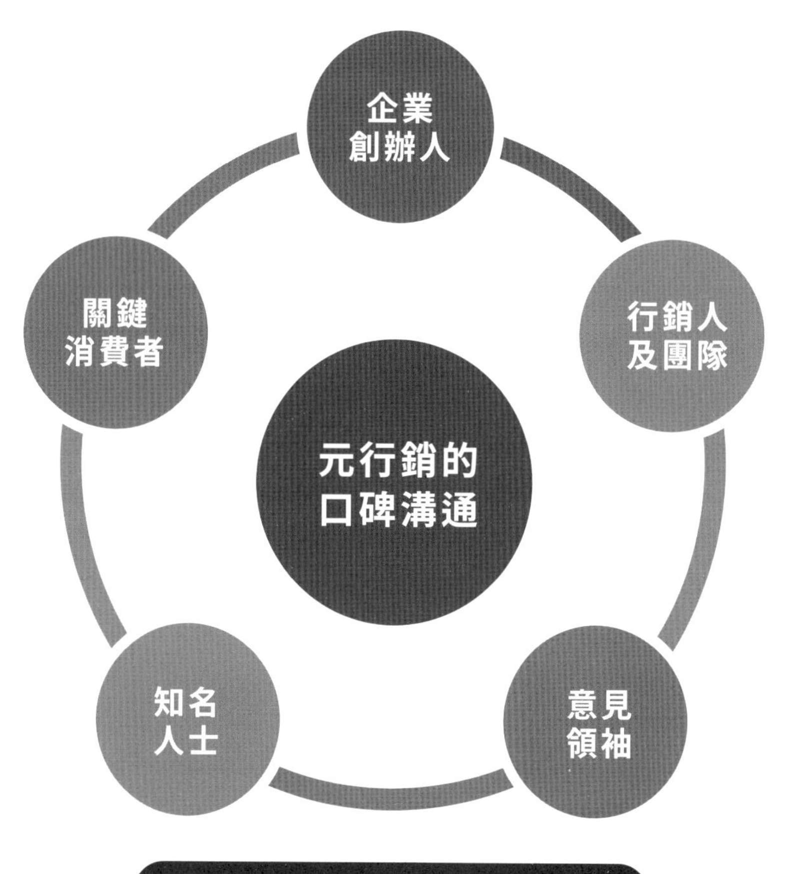

附圖 12-3 元行銷的口碑溝通

在數位環境中，不論是產品、服務還是品牌本身，口碑的經營已成了最重要的關鍵，從其他消費者或推薦者身上，判斷爲什麼要買、買了之後的好處及壞處，甚至爲什不買的原因。對於我們來說，口碑不是能夠單純使用行銷傳播工具就能達成，更牽涉到那些願意分享口碑的眞實消費者，但我們至少可以用意見領袖的口碑做爲橋樑，引導消費者去關注及分享。同時不論是我們自己身爲創辦人或行銷人，適度的站出來維護口碑是必要的，但也要更爲謹愼並且避免發生爭議。

從社群的基本概念來說，口碑行銷就是運用人際影響力的策略，而越有影響力的人越有行銷的效益與價值，因此行銷人總希望能運用意見領袖或是有影響力的對象，不少新創者則是希望自己能夠成為社群上的意見領袖。但是要找出消費者喜歡什麼樣的意見領袖時，就得要從這群人平常會關注的議題、內容及對象來分析，就算他們有多個喜歡的對象，行銷人也可以在品牌適合度與預算評估的情況下，向自己服務的組織提出建議。

當然有人可能會問，那些在網路上拍影片、寫文章甚至做節目的人，難道就是意見領袖嗎？從現實面來說，有的人確實具備了這樣的特性，但是從內容屬性來說，可就不一定都值得我們學習效法。因此我們運用意見領袖的目的，不論是為了幫助品牌曝光，還是達成銷售目的，多半都會選擇與品牌適合度高的對象，因為有些意見領袖儘管知名度和流量都很好，但也可能因為製作的內容及行為有了爭議，才引發出自身的曝光度，這時對合作品牌來說，甚至可能會造成負面影響及觀感。

我們有時會好奇，在學校或班級的群體內，為什麼有人會成為意見領袖？而在辦公室內的上班族，當中階級較高的是否就一定會是意見領袖呢？甚至已經退休的銀髮族群中，難道年紀比較大的就會成為意見領袖嗎？其實透過我從教學時的觀察，在不同的群體中，越是願意表達意見，同時在知識、行為及品格上，都較能被其他人肯定的人，就越有機會成為意見領袖。所以不同的產品及品牌，在溝通不同的目標消費者時，除了透過外部的影響力之外，更可以直接去尋找個群體中的意見領袖，像是在辦公室中的「飲料達人」，或是大學校園的「風雲人物」，就算是銀髮群體也可以從次文化中的基督教徒中，尋找教會志工中的「領頭羊」。

當然就算是同一間辦公室或同一個班級，也還是許多人沒有加入特定群體，這時就要回到外部的溝通方式來確認，這些人是否有在數位環境中的群體裡。我曾有一個學校的教授同事，平常在學校除了教書和必要交誼外，很少與其他老師互動，其實這在大學教授中還蠻常見；但有一次我居然在動漫展中看到他打扮成COSPLAY的造型，而且還是當時最流行的動漫角色，這才知道他一直都活耀於線上的動漫社群中，而且還是該群體的意見領袖。所以當我們要去尋找意見領袖時，還是要回到在文化、次文化及興趣等三個面向來思考，或許才能幫品牌達到更好的連結效果。

而自己若是想成爲意見領袖的新創者，除了個人品牌建立外，更應該思考藉由自己傳遞的資訊，除了品牌產品與服務的介紹之外，還有什麼是眞正能夠吸引目標對象的，像是抒發品牌理念或是社會責任，才不會讓把格局做小。像是有的新創者懂得將創立品牌的故事和未來期望，不斷努力地透過文章讓社群上的公衆了解，又或者是經營podcast頻道，讓閱聽衆了解某些獨特的新創技術，進而再分享自己經營頻道的理念。

要如何讓自己成爲一個意見領袖，對於行銷人或是新創者來說其實都有一定的需求，尤其是希望自己的個人品牌不只是一個空殼，更希望自己的行銷價值提升，這時我們可以先思考自己在原來專精或服務的產業，是否具備豐富的知識以及自己獨特的觀點，進而思考哪些目標對象會對這些觀點同樣感興趣，最後選擇合適的媒體媒介形式，表達能夠讓閱聽衆有所收穫的內容。就像我曾經收藏了玩具一段時間，觀察到確實有一些社群上的朋友，對於懷舊玩具是感興趣的，這時我選擇以文章的形式，與知名媒體GQ合作來撰寫部落格，讓對於想懷舊的朋友們，有一個資訊接受的機會，也同時滿足他們對於懷舊玩具的群體認同。

意見領袖能夠發揮影響其他公衆的原因，包含了自我對於相關領域的高涉入度，像是有人會願意提早付出較高的金額，購買產品及服務並開箱分享，也能夠在開箱時讓感興趣的社群成員有所收穫及幫助，比如像是3C用品及玩具模型。也有些人則是對特定產業有高度的關注，透過專業的分析影片及文章來表達自己的立場，像是餐飲產業的分析及品牌間的優劣比較。還有一種相對比較特殊的意見領袖，就是本身已經在專精的領域具有高度的學識素養，而成爲了媒體的諮詢對象，透過觀點的分享來讓大衆有更淸楚的訊息認知。

意見領袖對品牌能發揮的幫助，除了自我對品牌的認同與表現外，當其他社群成員關注及詢問相關意見時，可以主動提供跟品牌有關的訊息，或是當成員討論話題時，適度的參與並提出看法，甚至當發現有惡意帶風向或負面訊息時，可以給品牌一些回饋。當然，並非意見領袖都不願意與企業打交道，但是考量到身爲意見領袖自身的超然性與可信任度，若願意接受特定品牌的贊助合作時，中間的平衡點拿捏可得要相當注意。不過也有越來越多的意見領袖明白，「洽飯」不見得都是負面的，更早獲得自己認同的品牌產品及服務來開箱分享，或是更能在有資源的情況下來做產業及品牌的分析，畢竟也是能讓不少社群成員認同意見領袖的實力。

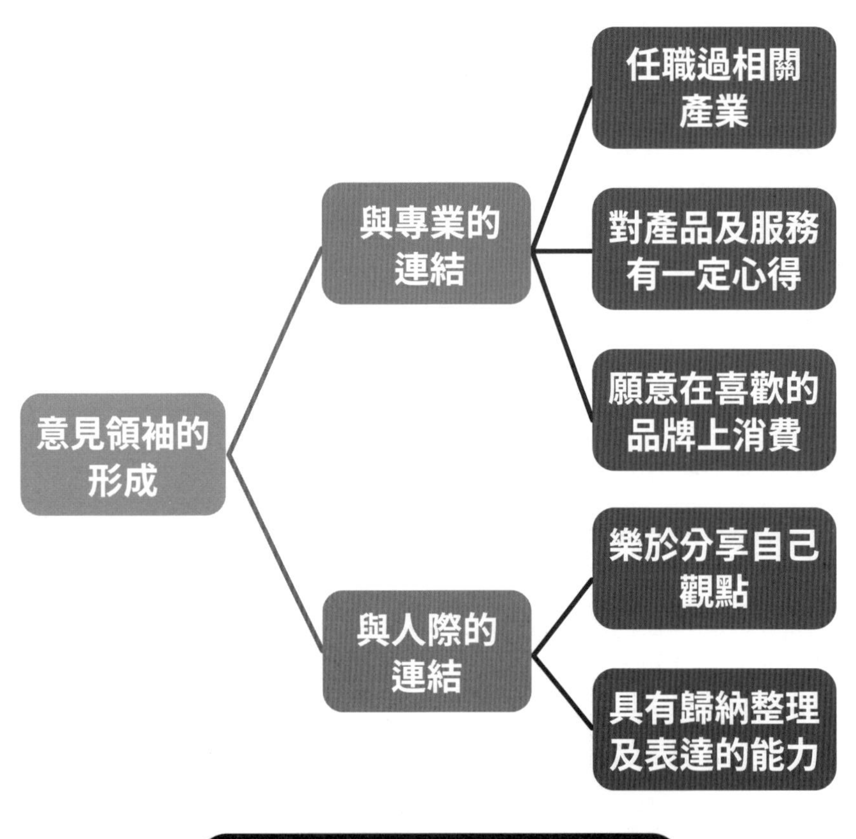

附圖 12-4 意見領袖的形成

12.8讓消費者一起參與

在消費者自主意識越來越強烈的現代，不論是對大衆媒體或是社群媒體來說，溝通的效益都在逐漸遞減，但是對於品牌來說，直接與消費者溝通的方式卻越來越重要，尤其是消費者比以往更希望認識了解自己所支持的品牌。元行銷中的行銷人因爲自身也是消費者，同時也是自媒體的使用者，所以能夠更了解品牌該怎麼對消費者說話，當延伸到了整體品牌溝通時，雖然必須顧及整體組織的需求和方向，但是也更能降低品牌與消費者之間的隔閡。

在新世代中，我們每個人的傳播設備可以藉由網路來進行連結，其他使用者就能在任何地方藉由網路觀看，消費者可隨時取得資訊，選擇收到資訊，並自創內容甚至分享，傳播的內容、時間也都能由消費者自行決定安排。網路充滿動態及自我創作的資源，消費者可以將這些素材塑成適合自己的風格形式，對於客制化的使用需求越來越高，想要製作屬於自己的內容，成爲消費者、創作者與傳播者的合體，而品牌更適合扮演的角色就是加入提供素材以滿足消費者。

現在的數位媒體已經能掌握使用者瀏覽搜尋的習慣，網路媒體的演進，代表行銷人員要讓消費者成爲傳播的一環，消費者可以參與並且讓有興趣的觀看者自行選擇，之後才連結到影片。參與者可以期待與自己相關的廣告內容，並分享給朋友，使自己也成爲廣告的媒介。在循環的溝通過程之中，目標受衆會接受訊息後會形成某種認知或情緒，就像我們突然看到民生物資漲價的新聞，剛開始也許不以爲意，但也可能有些擔心，因爲一直重覆看到相關新聞，焦慮感就會提升，好像不趕快先買不行，這時我們就可能會一直分享或更參與這個事件的討論。

但同樣的消息，也可能是讓我們產生負面情緒的原因，覺得自己好像被剝削，但其實那只是一種「群體焦慮」造成的感覺，說不定自己根本就沒買過那些漲價的品牌，但擔憂的是自己會購買的品牌也會跟著漲價。最後又回到社群中提問，想尋找對自己比較友善的品牌，包含漲價幅度較小、有漲也有降價或促銷的品牌，甚至是選擇宣告一段時間內一定不漲價的品牌來購買。在這個過程中，消費者首先接觸到的訊息是新聞，在品牌的應對上則是公共關係，但是當消費者開始表達對漲價議題的反應時，有準備要漲價的品牌可能就要考慮先透過自媒體及社群來逐步溝通，但若是確定一段時間內不會漲價的品牌，則可以另外運用廣告來強化提醒消費者自身的優勢。切記！讓議題眞正發生擴散的其實還是消費者本身。

以議題爲主的整合行銷策略，在我們考量行銷工具的循環性並同時運用的加成性上，就得要觀察消費者的反應來跟著調整，當然也有品牌本來表態不漲價，但沒多久卻又漲價就會更造成消費者反感，這時代表即使初期有好的行銷策略，但是當沒有考慮到消費者反應時，就可能變成危機了。我常說，其實多數消費者往往偏好負面訊息大於正面消息，也因此當品牌要利用議題時，在行銷工具的內容上也要更加注意。

就像當消費者都關注於農曆年節的準備和慶祝時，當有品牌要推出針對弱勢群的「消費者參與故事」時，本是想利用消費者的認同感與關注，但是卻過度醜化了特定希望溝通群體的形象，例如刻意提及目標對象被父母親拋棄，但是在「轉」的階段又太過強調品牌的救贖感。若這個故事本只在非節慶時推出，可能引發的討論度也不高，但是在農曆新年時，消費者可能會特別去討論廣告的內容，這時若負面的評論較多時，就可能讓原本的行銷策略失去準度，甚至還要進行回應和危機處理。

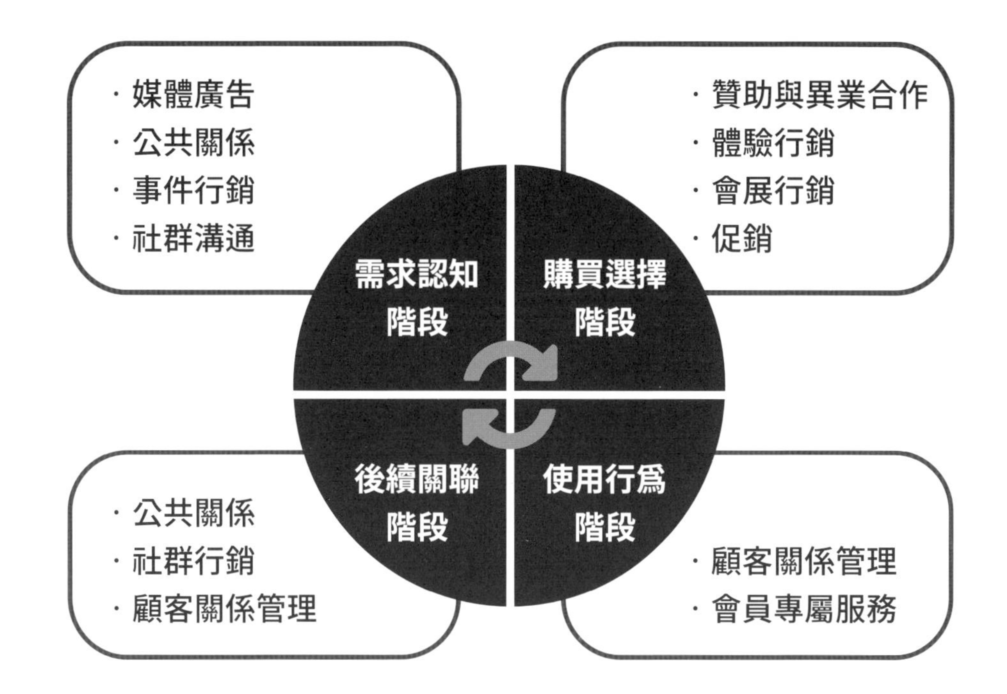

附圖 12-5 消費週期對應行銷傳播溝通圖

針對這個案例，其實我們可以反推到當故事在設計時，先找到跟故事內容接近的弱勢族群，或是以真人故事改編，再透過公共關係的社會公益行動，來證明確實有一群需要幫助的明確對象；至於品牌的救贖感過當，則可以運用具公益形象的意見領袖或社會賢達來溝通，降低消費者對品牌沒有如此高度的疑慮。最重要的是，在思考主要溝通的目標消費者時，面對最可能對故事產生認同的「反抗型消費者」，就得優先取得這群消費者對故事的看法，也可以在後續的溝通時，提升消費者的接受度。

品牌的新產品上市時，也可以從這樣的循環中來思考，雖然以往我們常見的步驟是：記者會–廣告–社群，但是將行銷目標放在使用行爲階段時，一開始就從顧客關係管理作爲首先行銷工具的運用，例如透過品牌APP針對入會超過一年，且近3個月有消費記錄的人，而在新產品上市前先邀請特定消費者體驗試用，並透過社群的社團來討論交流心得，等到消費者的反應都不錯時，最後再針對其他潛在消費者，運用廣告及公共關係來溝通。而首批嘗鮮體驗的消費者，則可以鎖定「探索型」消費者，像是咖啡、手搖茶或是下午茶餐廳，都可以嘗試這樣的模式來溝通。

當「元行銷」的影響從品牌內部到品牌外部，從消費者到行銷人、新創者，對新產品與服務的出現、傳播工具與整體的虛實環境整合，都帶來了更巨大的改變時，消費者不再是消費者，而是品牌整體的一環，經由人的行爲與思想，影響了更多外來發展，最終在可被驗證與價值的持續創造中，爲社會帶來更正面的循環幫助，這也是我最終希望在本書中能傳遞的意義。

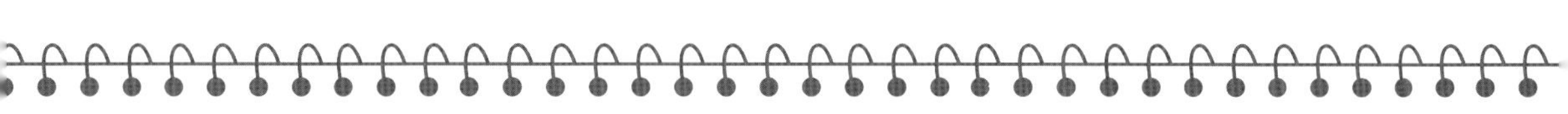

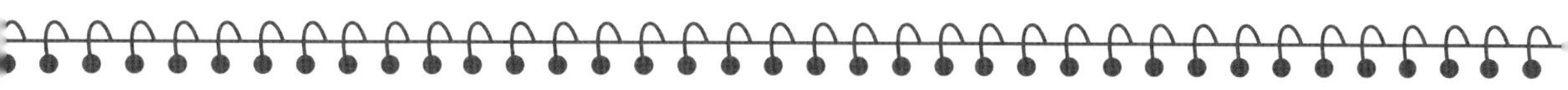

【渠成文化】Brand Art 005

元行銷｜元宇宙時代的品牌行銷策略，一切從零開始

作　　者　王福闓
圖書策劃　匠心文創
發 行 人　陳錦德
出版總監　柯延婷
執行編輯　蔡青容
校對協力　孟　臻
封面設計
內頁編排　賴　賴
E-mail　cxwc0801@gmil.com
網　　址　https://www.facebook.com/CXWC0801
總 代 理　旭昇圖書有限公司
地　　址　新北市中和區中山路二段352號2樓
電　　話　02-2245-1480（代表號）
定　　價　新台幣420元
印　　刷　上鎰數位科技印刷

封面與內頁攝影場地提供　德事商務中心　台北101大樓

初版一刷　2022年06月

ISBN 978-626-95075-4-2(平裝)

國家圖書館出版品預行編目(CIP)資料

元行銷：元宇宙時代的品牌行銷策略,一切從零開始/王福闓著. -- 初版. --［臺北市］：匠心文化創意行銷有限公司, 2022.06

面；　公分

ISBN 978-626-95075-4-2(平裝)

1.CST:行銷策略 2.CST:品牌行銷

496　　111005100